U0397372

环长株潭城市群：空间·规划·建设丛书

赵运林　主编

环长株潭城市群生态绿心地区空间发展研究

湖南省自然科学基金（12JJ3047）

湖南省普通高等学校城市规划信息技术重点实验室

赵运林　邱国潮　著

·南京·

内容提要

环长株潭城市群生态绿心地区位于长沙、株洲、湘潭三市交界的三角地带，面积约为522.87平方公里，是环长株潭城市群的“绿肺”，国家不可多得的生态绿地资源。本书主要阐述了生态绿心地区的发展理念与功能定位及该地区的生态整合、空间整合、产业整合、设施整合、机制整合五大空间发展战略和未来发展远景。

本书可供城市规划、城市建设、城市研究人员阅读，也可供相关领域研究人员学习参考。

图书在版编目（CIP）数据

环长株潭城市群生态绿心地区空间发展研究／赵运林，邱国潮著. —南京：东南大学出版社，2012.10

（环长株潭城市群：空间·规划·建设丛书／赵运林主编）

ISBN 978-7-5641-3747-2

Ⅰ. ①环… Ⅱ. ①赵… ②邱…Ⅲ. ①城市群—生态区—发展—研究—湖南省 Ⅳ. ①X321. 264

中国版本图书馆CIP数据核字（2012）第203988号

书　　名：环长株潭城市群生态绿心地区空间发展研究
著　　者：赵运林　邱国潮
策划编辑：徐步政　孙惠玉　　　　编辑邮箱：894456253@qq.com

出版发行：东南大学出版社
社　　址：南京市四牌楼2号　　　　邮　　编：210096
网　　址：http://www.seupress.com
出 版 人：江建中

印　　刷：南京京新印刷厂
排　　版：江苏凤凰制版有限公司
开　　本：787mm×1092mm　1/16　　印张：15　字数：272千
版 印 次：2012年10月第1版　2012年10月第1次印刷
书　　号：ISBN 978-7-5641-3747-2
定　　价：79.00元

经　　销：全国各地新华书店
发行热线：025-83790519　83791830

---

*　版权所有，侵权必究
*　凡购买东大版图书如有印装质量问题，请直接与营销部联系（电话：025-83791830）

环长株潭城市群：空间·规划·建设丛书

编委会

主　　编：赵运林

副 主 编：汤放华　郑卫民　朱　翔

执行主编：邱国潮

编委（按姓氏笔画排列）：朱　翔　吕文明　吕贤军
汤放华　邱国潮　郑卫民
冒亚龙　赵运林　焦　胜
曾万涛　谭献良

序

环长株潭城市群是湖南省东部城镇密集地区，国家“两型社会”建设综合配套改革试验区、“中部崛起”的重要增长极以及“十二五”规划和全国主体功能区规划确定的重点发展区域。它由核心区和外围地区组成，总面积9.68万平方公里，人口4 073万。其中，核心区面积为8 448.14平方公里，范围包括长沙市、株洲市、湘潭市市区和益阳市主城区，浏阳市、醴陵市、韶山市、湘乡市、宁乡县、长沙县、株洲县、湘潭县、云溪区、湘阴县、汨罗市、屈原管理区的一部分；外围地区为长沙、株洲、湘潭、益阳4市行政辖区的其余地区和娄底、岳阳、常德、衡阳4个地级市的大部分地区。它正朝着具有湖湘特色和国际品质的现代化生态型特大网络城市群迈进。

本地区湖湘文化浓郁，科研实力雄厚，伟人辈出；区位优势突出，承东启西、联南接北；生态本底良好，丘陵盆地交错、田园山水交织；城乡建设提速，交通网络日趋定型、空间发展日新月异、生态保护日显重要。

在日益全球化、城市化、信息化和多元化的关键时刻，本丛书著者从国际化视角出发，以“四化两型”和“四个湖南”建设为契机，立足湖湘本土，跟踪研究前沿，围绕本地区空间发展核心主题，力图深入系统地探究复合生态系统与生态空间规划建设，历史文化名城、名镇、名村保护与开发，历史街区复兴、历史建筑保护与修缮，经济生态态势与可持续发展，城镇空间结构、形态与发展管理，交通结构与网络构建，城乡统筹、新型城镇化与新农村建设，基础设施支撑体系一体化与公共服务均等化，城镇特色塑造，丘陵与平湖地区城市规划设计，湘江流域与环洞庭湖地区生态规划设计，“两型”示范区规划建设以及“两型”规划体系等方面的理论成果、先进技术、实践经验和建设新成就。

作为内陆省区第一所以“城市”命名的全日制普通高校，湖南城市学院突出“城市”主题，围绕“城市”的规划、建设、经营、管理、文化、信息化等领域，培养与城市发展和区域经济发展相适应的高级应用型人才。拥有城市规划研究所、城市设计研究所、生态规划与设计研究所、景观规划与设计研究所、数字城乡规划研究所和湖南省城市经济研究基地等相关研究机构，规划建筑设计研究院具有城乡规划、建筑工程、工程咨询和科技咨询4项甲级资质。我们期望联合省内外长期研究相关主题的知名专家学者和相关研究机构，依托湖南省长株潭两型社会建设综合配套改革试验区领导协调委员会办公室、湖南省两型社会与城市科学研究会与湖南省普通高等学校城市规划信息技术重点实验室，形成以湖南城市学院为核心，根植湖湘大地、跨越学科、跟踪“两型”规划前沿理论的学术研究团队，共同探究环长株潭城市群的空间发展、规划设计与城乡建设。这套丛书正是我们探索环长株潭城市群空间发展理论、城市群创新发展模式、总结“两型社会”规划建设经验的主要平台，展示“两型社会”建设管理成就、促进百家争鸣的重要窗口。

2012年5月24日 于益阳

前言

随着生态意识的全球觉醒、城市人口的急剧增长，人类已经进入了生态文明时代和城市文明时代。科学发展、资源节约与环境友好、和谐社会正成为当代发展的主旋律；城镇群也正成为城市发展的主体形态。

在（生态）城市（镇）群空间格局及其空间发展过程中，生态绿心作为生态基础设施的核心组成部分之一，充分地发挥着维系生物多样性、保障生态安全、提供生态服务的引擎作用。环长株潭城市群生态绿心地区不仅是目前世界上少有的城市群绿心之一，而且还是国内第一个严格意义上的城市群绿心，因而对于正在蓬勃发展的（生态）城市（镇）群规划建设的理论探索和实践创新而言都具有一定的借鉴作用与指导意义。

本书以我们先后完成的长株潭城市群生态绿心地区空间发展战略规划和总体规划的研究成果为基础，经过多次充实与提炼，力图探索出城市群生态绿心地区空间发展的研究框架。

作为湖南省向全国示范“两型社会”建设的三大成就（湘江治理、绿心保护与节能减排）之一，生态绿心地区总体规划的颁布与实施，凝集着湖南省委省政府省人大、长株潭三市市委政府、专家学者以及社会公众的集体智慧，见证着我们湖南城市学院及其规划建筑设计研究院近百位专家和技术人员两年多以来虚心学习、集思广益、日夜奋战、数易其稿的艰辛历程。尤其值得一提的是，湖南城市学院汤放华教授和郑卫民教授（战略规划和总体规划技术负责人）、曹永卿教授和曹扬明教授（技术顾问）、谭献良教授级高级工程师、吕文明教授、吕贤军高级规划师、李黎武教授、文彤副教授、李志学规划师和周婷规划师等为两项重大规划项目的顺利完成以及本书的出版，付出了大量的心血，湖南城市学院规划建筑设计研究院为出版本书提供了资助。由于时间与水平的限制，书中难免不足与疏漏之处，恳请读者批评指正。

著者

2012年1月

目 录

1 生态绿心地区概况

2 生态绿心地区空间发展认知

3 理念与定位

4 生态整合——构建复合生态系统

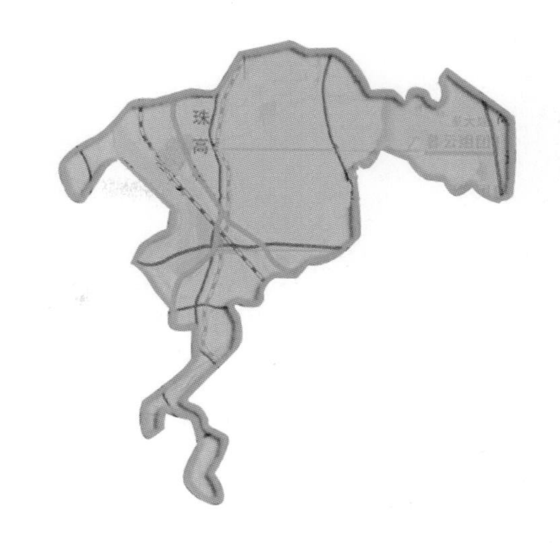

1 生态绿心地区概况

1.1 环长株潭城市群形成历程

20世纪50年代，提出三市合一，建设“毛泽东城”的构想。

20世纪80年代初，原省社科院副院长、经济学家张萍提出长株潭经济区的构想，并且进行了初步试验和理论探索。

1985年，省政府成立长株潭经济区规划办公室。1987年该办公室不复存在。

1997年，湖南省委、省政府作出推进长株潭经济一体化的战略决策。

1998年，编制实施交通同环、能源同网、金融同城、信息同享、环境同治五个网络规划。

2000年，编制《长株潭经济一体化“十五”规划》。

2002年，编制实施《长株潭产业一体化规划》。邀请中国城市规划设计研究院着手编制《湘江生态经济带开发建设总体规划》、《长株潭城市群区域规划》。

2003年，湖南省政府颁布《湘江长沙株洲湘潭段开发建设保护办法》。

2004年，编制实施《2004—2010年长株潭老工业基地改造规划》。

2005年，湖南省政府颁布实施《长株潭城市群区域规划》，这是我国内地第一个城市群区域规划。编制实施《长株潭经济一体化“十一五”规划》。

2006年，湖南省第九次党代会提出大力推进长株潭交通同网、能源同体、信息同享、生态同建、环境同治；提出加快以长株潭为中心，以一个半小时通勤距离为半径，包括岳阳、常德、益阳、娄底、衡阳在内的“3+5”城市群建设。三市党政领导联席会议召开，制定《联席会议议事规则》，签署《区域合作框架协议》。

2007年，经国务院同意，国家发展和改革委员会（简称“发改委”）正式下文批准，长株潭城市群为“全国资源节约型和环境友好型社会建设综合配套改革试验区”。

2008年，《长株潭城市群区域规划条例》实施，对试验区事权划分、区域规划的编制和调整等方面作出系统规定。

2008年，首部“两型书”——“长株潭城市群蓝皮书”，在长沙首发，提出长株潭区域经济一体化综合政策体系。

2008年12月，国务院一并批复《长株潭城市群资源节约型和环境友好型社会建设综合配套改革试验总体方案》和《长株潭城市群区域规划（2008—2020年）》，使得长株潭城市群发展正式纳入国家战略层面。

2009年1月，湖南省政府举行国务院批准长株潭城市群“两型”社会建设改革试验总体方案新闻发布会暨“两型”社会建设综合配套改革试验区领导协调办公室（简称长株潭两型办）成立授牌，宣布改革方案和区域规划全面实施。

2010年，国家“十二五”规划和全国主体功能区规划，确定环长株潭城市群为国家重点发展区域，其范围与之前的长株潭“3+5”城市群保持一致。2011年出台的湖南“十二五”规划纲要也沿用“环长株潭城市群”这个便于记忆、便于与国际接轨的新名词。

1.2　生态绿心地区区位

环长株潭城市群位于京广经济带、武汉经济区、泛珠三角经济区和长江经济带的结合部。生态绿心地区位于环长株潭城市群核心区内长沙、株洲、湘潭三市交界的三角地带，是株洲盆地、湘潭—湘乡盆地、长沙盆地3个盆地间的边缘高地，长株潭城市群的“绿肺”，三市城际生态隔离带，国家不可多得的生态绿地资源（图1.1）。

生态绿心地区交通比较便利。京广、湘黔—浙赣、武广等铁路干线交会，京港澳高速、上瑞高速及G107、G320两条国道贯通，水运以湘江为主，通过洞庭湖外达长江；规划中的沪昆客运专线铁路也将穿越此区，株潭南外环线、长株高速在此交会；改造后的芙蓉大道已经南延至湘潭九华；正在建设长株潭城际铁路；区内还规划扩建湘江码头。

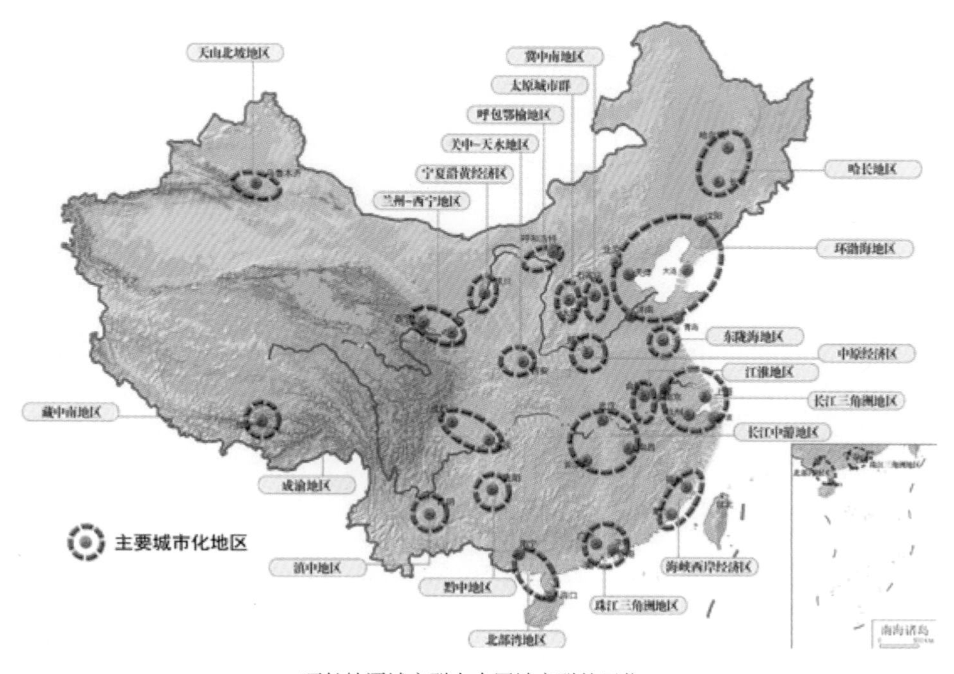

a　环长株潭城市群在中国城市群的区位

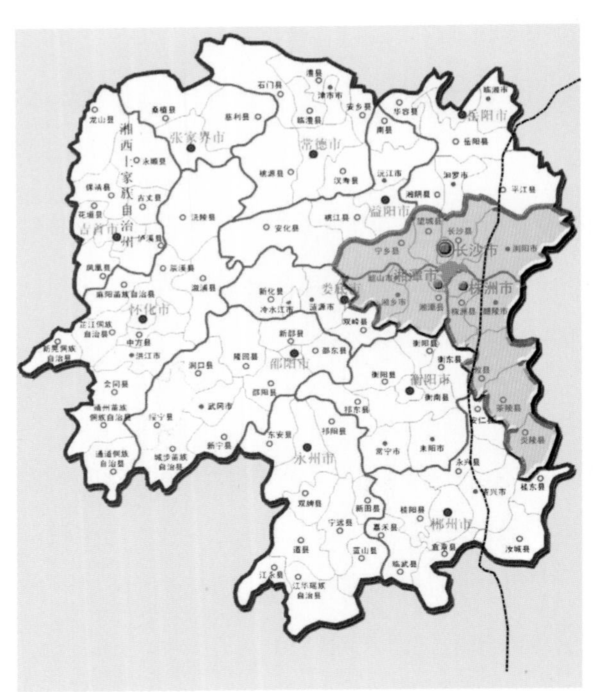

b　环长株潭城市群在湖南省的位置

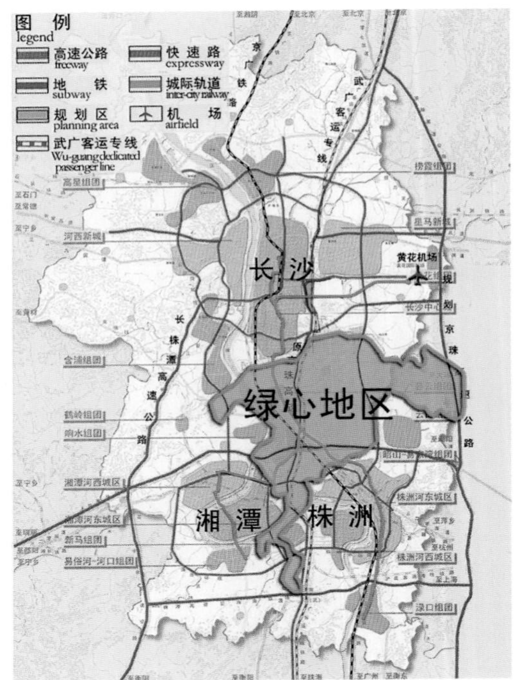

c　生态绿心地区在环长株潭城市群核心区地区的位置

图1.1　生态绿心地区区位图

资料来源：欧振、柳树华、张凤绘制

1.3　生态绿心地区范围

生态绿心地区以长沙、株洲、湘潭三市规划建设区边界为基准，北至长沙绕城线及浏阳河，西至长潭高速西线，东至浏阳柏加镇，南至湘潭县梅林桥镇，具体按照1：10 000地形图参照现状图明显地物和主要交通道路划定。

共涉及洞井镇、坪塘镇、暮云镇、跳马乡、柏加镇、仙庾镇、龙头铺镇、云田乡、马家河镇、群丰镇、昭山乡、易家湾镇、荷塘乡、双马镇、易俗河镇、梅林桥镇16个乡镇，1个示范区（即九华示范区），清水塘街道办事处、铜塘湾街道办事处、井龙街道办事处、栗雨街道办事处4个街道办事处，124个行政村（或居委会），638个居民点。其中，昭山乡、易家湾镇为全覆盖，其余均为部分覆盖；暮云镇、跳马乡、柏加镇、昭山乡、易家湾镇镇区和清水塘街道办事处、铜塘湾街道办事处、井龙街道办事处、栗雨街道办事处政府所在地位于生态绿心地区范围之内。

生态绿心地区面积约522.87 km^2。其中，长沙305.69 km^2，占58.46 %；株洲82.36 km^2，占15.75 %；湘潭134.82 km^2，占25.79 %（图1.2，表1.1）。

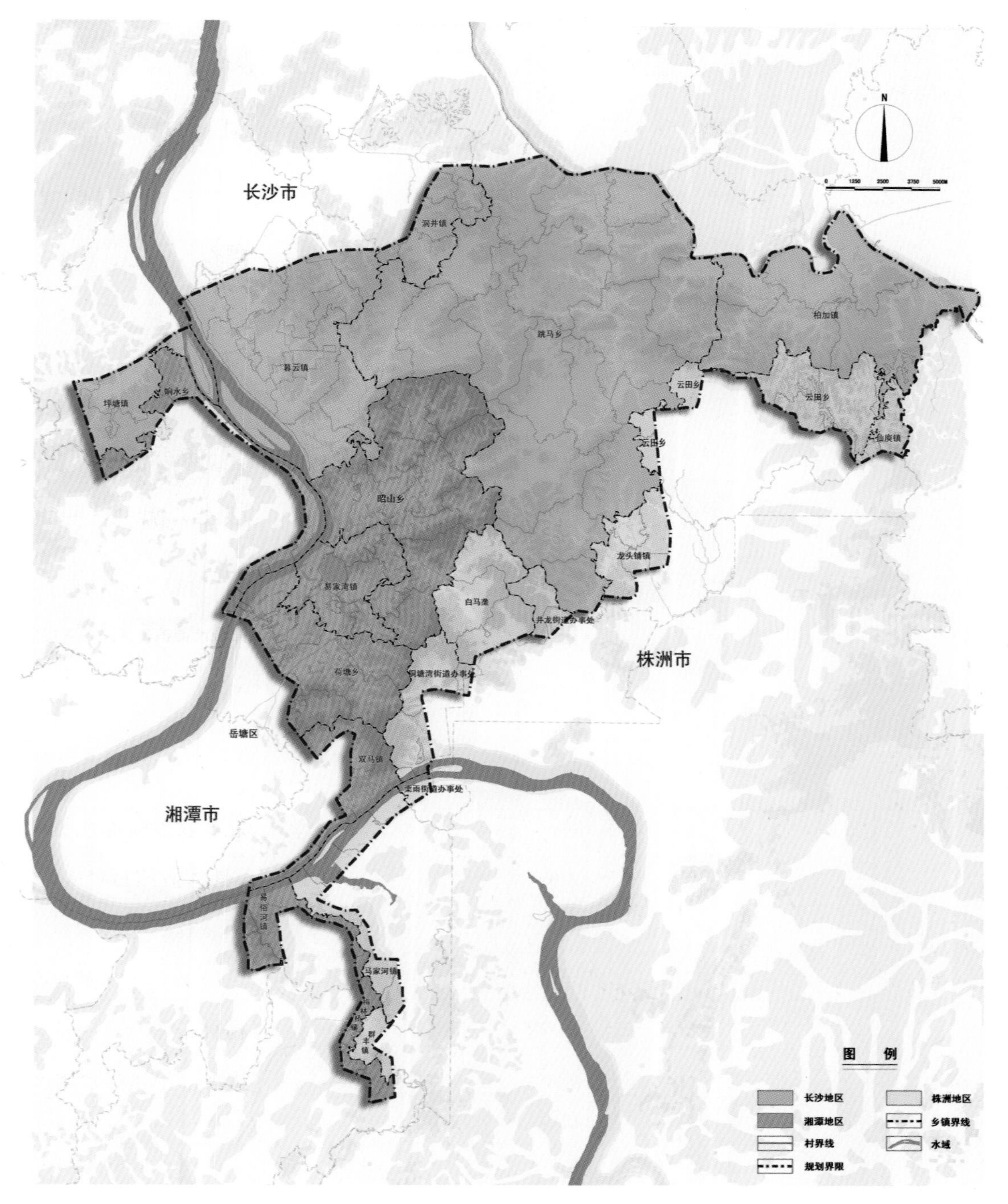

图1.2 生态绿心地区规划范围图

资料来源：黄田、柳树华绘制

表1.1　生态绿心地区基本情况一览表

市县名称		乡镇名称	规划区	
			面积（km^2）	比例(%)
长沙市	雨花区	洞井镇	11.90	2.28
	岳麓区	坪塘镇	14.40	2.75
	长沙县	暮云镇	58.00	11.09
		跳马乡	171.99	32.89
	浏阳市	柏加镇	49.40	9.45
株洲市	荷塘区	仙庾镇	4.40	0.84
	石峰区	龙头铺镇	9.98	1.91
		云田乡	19.04	3.64
		清水塘街道办事处	16.90	3.23
		铜塘湾街道办事处	11.05	2.11
		井龙街道办事处	4.16	0.80
		栗雨街道办事处	1.22	0.23
	天元区	马家河镇	12.83	2.45
		群丰镇	2.78	0.53
湘潭市	昭山示范区	昭山乡	53.48	10.23
		易家湾镇	16.84	3.22
	岳塘区	荷塘乡	28.30	5.41
		双马镇	10.91	2.09
	九华示范区	九华示范区	12.99	2.48
	湘潭县	易俗河镇	7.94	1.52
		梅林桥镇	4.37	0.84
总计			522.87	100%

资料来源：黄田、柳树华、徐娟统计

1.4　生态绿心地区主体功能分区

《长株潭城市群区域规划（2008—2020年）》将生态绿心地区划为禁止开发区、限制开发区和建设协调区三个层次，面积分别为120.0 km^2、199.87 km^2和225.13 km^2（图1.3，表1.2）。

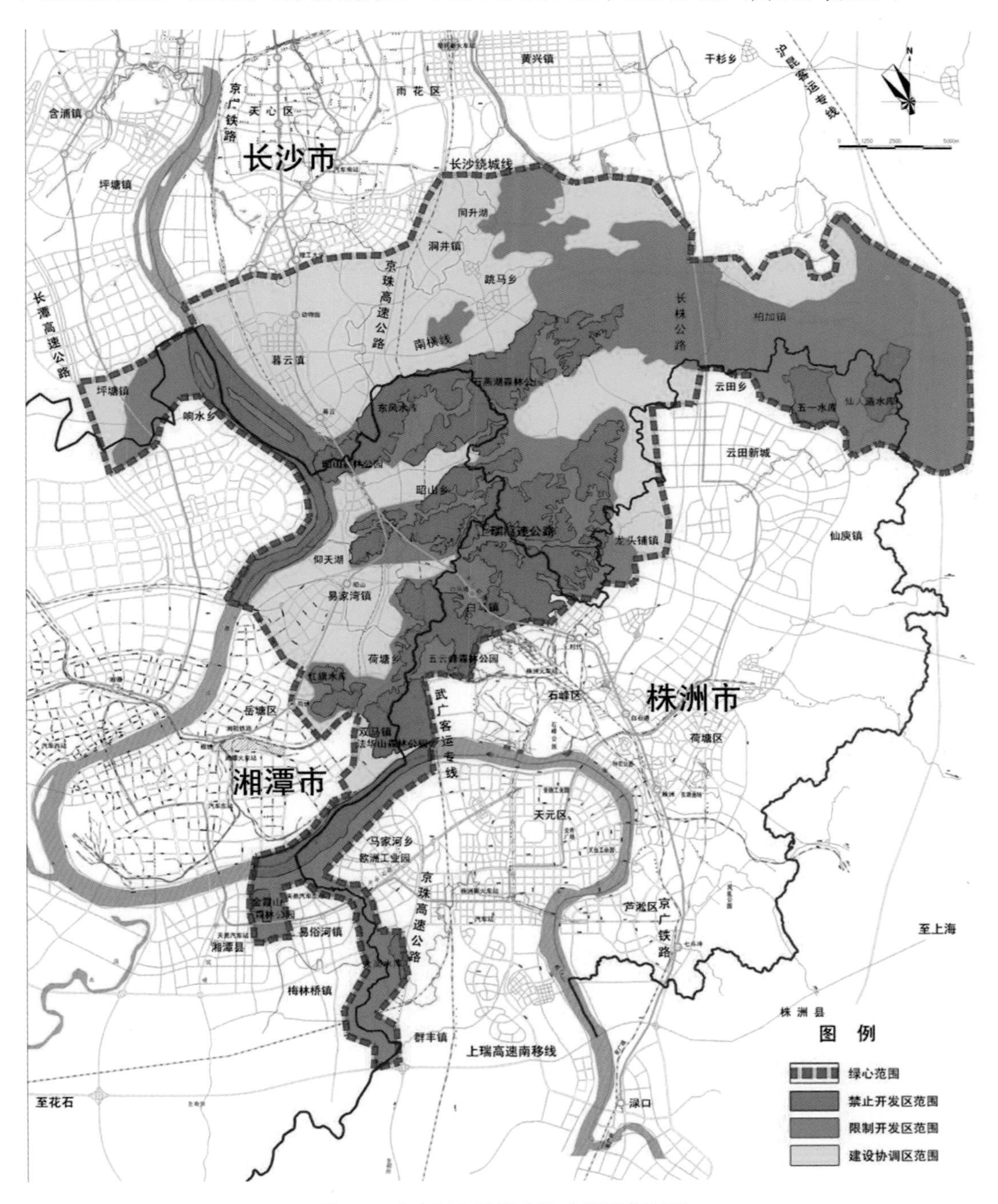

图1.3　生态绿心地区主体功能区范围图

资料来源：黄田、柳树华绘制

表1.2　生态绿心地区主体功能分区

	禁止开发区		限制开发区		建设协调区		合计	
	面积	比例	面积	比例	面积	比例	面积	比例
长沙	19.46	3.72	137.08	26.22	142.69	27.29	299.23	57.23
株洲	28.47	5.44	28.30	5.41	24.89	4.76	81.66	15.62
湘潭	49.94	9.55	34.49	6.60	57.55	11.01	141.98	27.15
总计	97.87	18.71	199．87	38.23	225.13	43.06	522.87	100

备注：面积单位为km^2，比例单位为%

资料来源：周婷统计

1）禁止开发区

禁止开发区指生态绿心地区范围内生态环境好、具备良好自然景观的区域，是生态绿心地区的核心和重点保护的地段。在与省林业厅、国土厅以及长株潭三市充分协调并提供相关森林、农田等资料的基础上，划定了该范围，面积为97.87 km^2，旨在重点保护。

该区包括：自然保护区、森林公园、风景名胜区、景观山体及湘江水系等地质灾害危险性大区域、地下水饮用水源一级保护区、地表水饮用水源一级保护区、湘江和浏阳河等主要河流、蓄滞洪区、河湖湿地、坡度大于25%的区域、重要生态景观山体、生态廊道，以及主要河道两侧绿化隔离带、铁路两侧各50 m绿化隔离带、高速公路两侧各50 m隔离带、高压燃气长输干线走廊100 m控制区等。

该区内除生态建设、景观保护、土地整理和必要的公益设施建设外，非经特殊许可，不得进行其他项目建设，不得进行开山、爆破等破坏生态环境的活动。其中地表水饮用水源一级保护区内，停止一切农业生产活动，实施退耕还林，严格禁止与水源保护无关的任何建设活动。

2）限制开发区

限制开发区指处于禁止开发区周边、生态环境较好、具备一定的保护性开发价值的区域，为禁止开发区的环境控制区。面积为199.87 km^2。

该区包括地质灾害危险性中等区域、基本农田、地下水饮用水源二级保护区、地表水饮用水源二级保护区、一般农田、山林绿化区、坡度小于25%的山体不适建区及其他山体保护区、高压走廊（500 kV高压架空线走廊宽为75 m、220 kV高压架空线走廊宽为45 m、110 kV高压走廊架空线宽为25 m）、集中乡镇建设区、生态控制用地、保护开发区等。

该区应当坚持保护优先、适度开发的原则，经严格法定程序审批后可进行特许类型、特许开发强度建设。可以发展生态农业、旅游休闲，除禁止开发区内可以进行的项目建设、村镇建设和适当的旅游休闲设施建设外，不得进行其他项目建设。

3）建设协调区

建设协调区指生态绿心地区范围内除禁止开发区、限制开发区外的区域，包括现有集中建设区、远期规划控制发展区等生态控制协调地区，面积为225.13 km^2。

该区内城乡规划建设必须严格控制在空间增长边界之内，高效集约利用土地，避让生态廊道。

2 生态绿心地区空间发展认知

2.1 时代背景

《长株潭城市群区域规划》（2004—2020年）构建了长株潭城市群核心区“一主两副环绿心”的空间结构框架（参见图1.1(c)），正式确定了“绿心”的法律地位。随后长株潭两型办与长株潭三市政府通过反复协调，最后拟定生态绿心地区522.87 km^2的空间范围（图1.2）。生态绿心地区空间发展才正式提到省委、省政府的重要议程上来。

在制定环长株潭城市群生态绿心地区空间发展战略规划时，我们敏锐地发现正处于以下利好的时代背景当中。

1）小康社会的人生观与价值观转变

随着生活水平的不断提高，人类社会的人生观与价值观相应地随之呈现曲线式上升：当生产力较低、生活水平较低时，能否生存成为人类面临的最大难题；当生活水平一般、能够解决温饱问题时，人类就不断地追求物质享受，不断地向大自然索取各种资源，在有限的地球上无止境地追求增长，带来了种种后果；而当人类整体生活水平达到小康甚至更加富裕时，人类就日益意识到生存质量至关重要（具体而言，干净的空气、干净的水、干净的食物尤其必要），因而日益重视生态环境保护、倡导可持续发展，更多地关注生态利益（图2.1）。

2）城市规划的价值追求转向

随着社会的不断进步，城市规划的价值追求也日益呈现出雁行式上升趋势：文艺复兴后追求艺术的唯美；城市功能混乱时追求空间的机械功能分区；追求经济的发展以便满足不断增长的物质文化需要；回归社会现实问题，提倡以人为本和公众参与；追求生态与文化，倡导人与自然的和谐共生（图2.2）。

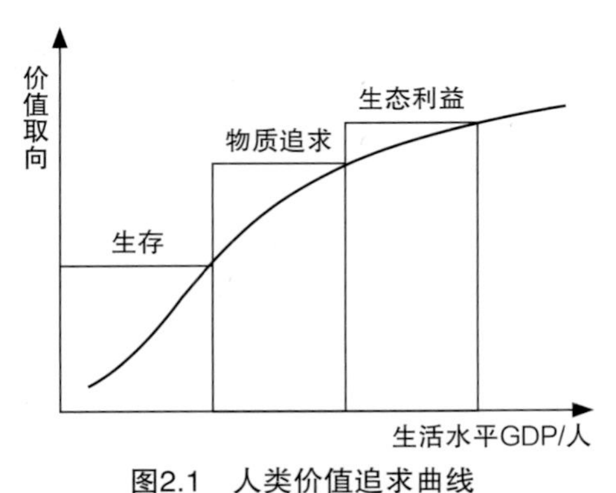

图2.1 人类价值追求曲线

资料来源：邱国潮、江丽绘测

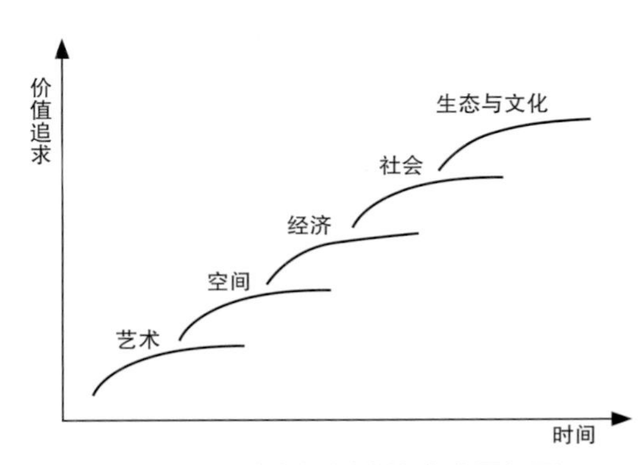

图2.2 城市规划价值追求雁行图

资料来源：邱国潮、江丽绘测

3）城市区域化与区域城市化对生态保护的挑战

随着现代化和城镇化进程的提速，一些大城市随着产业发展、功能提升、规模扩张而导致城市空间、产业、人口、设施在区域空间层次上大规模扩散，产生了新的城市—区域空间形态，成为所谓的城市区域化；另一方面，整个城乡按照城市功能进行整体化布局，通过城市各产业组团的建设，实现产业集群崛起和城市发展的良性互动，带动区域经济社会全面发展，提升区域城市化水平，成为所谓的区域城市化。这两种过程不可避免地造成区域层面的空间无序蔓延，大量日显宝贵的生态空间被无情地蚕食，整个区域趋向逐渐成为一个密不透风的“大饼”，从而导致一系列生态问题甚至生态灾难。

4）党中央生态文明观的提出

2007年党的十七大报告提出“要建设生态文明，基本形成节约能源资源和保护生态环境的产业结构、增长方式、消费模式”。将“建设生态文明”作为全面建设小康社会的新要求，作为深入贯彻落实科学发展观、全面建设小康社会的必然要求和重大任务，为保护生态环境、实现可持续发展进一步指明了方向。因此要求全社会必须以确保生态安全、提高生态服务功能为主要目标，大力推进生态规划和生态建设进程。

5）十七大报告提出中部地区崛起及城市群发展战略

为贯彻落实科学发展观，深入推进区域发展总体战略，国家实施中部崛起战略，编制促进中部地区崛起规划。力图大力推动形成“两纵两横”经济带，加快形成东中西互动、优势互补、相互促进、共同发展的区域发展新格局。要求中部地区各城市群不断壮大城市群经济实力，增强产业集聚能力，提高城镇化水平，把城市群建成支撑中部地区崛起的核心经济增长极和促进东中西部良性互动、带动全国又好又快发展的重要区域。

6）国家批准长株潭城市群为全国资源节约型和环境友好型社会建设综合配套改革试验区

2007年12月，发改委下文批准武汉城市圈和长株潭城市群为全国资源节约型和环境友好型社会建设综合配套改革实验区。这是国家促进东中西互动和中部地区崛起的重大战略部署。它要求长株潭城市群深入贯彻落实科学发展观，以资源节约型和环境友好型社会建设为目标，加快转变经济发展方式，发展“两型”产业，走出一条新型的经济发展之路，推进经济又好又快发展；为推动全国体制改革、实现科学发展与社会和谐发挥示范和带动作用。

7）“四化两型”建设背景

为深入贯彻党的十七大，十七届三中、四中全会精神和中央关于加快转变经济发展方式的重大战略部署，大力推进“两型社会”建设，全面开创湖南科学发展、富民强省新局面，2010年8月，湖南省委省政府下发了《关于加快经济发展方式转变，推进“两型社会”建设的决定》，就我省加快经济发展方式转变、推进“两型社会”建设做出了全面部署。这是在新的起点上进一步开创湖南科学发展、富民强省新局面的纲领性文件，它要求坚持以人为本、又好又快、“两型”（即资源节约型、环境友好型）引领、“四化”（即新型工业化、新型城镇化、农业现代化、信息化）带动、改革创新、分类指导，走出一条符合湖南实际的科学发展之路。

国家综合配套改革试验区

截至目前,我国有10个综合（及/或配套）改革试验区。继2005年上海浦东新区成为综合配套改革试点之后,国务院又先后批准天津滨海新区综合配套改革试验区、重庆市和成都市全国统筹城乡综合配套改革试验区、武汉城市圈和长株潭城市群全国资源节约型和环境友好型社会建设综合配套改革试验区、深圳市综合配套改革试点、沈阳经济区新型工业化综合配套改革试验区、山西省为国家资源型经济转型综合配套改革试验区、厦门市深化两岸交流合作综合配套改革试验区10个综合配套改革试验区以及浙江省义乌市国际贸易综合改革试点和温州市金融综合改革试验区2个综合改革试验区（表2.1）。

表2.1　国家综合配套改革试验区一览表

序号	试验区名称	批准时间	定位
1	上海浦东新区	2005年6月	探讨政府职能转变，完善社会主义市场经济体制，希望把经济体制改革与其他方面改革结合起来
2	天津滨海新区	2006年5月	探讨新的城市发展模式，既引进外资又引进先进技术，在推动环渤海地区经济发展的同时，走新型工业化道路，把增强自主创新能力作为中心环节，积极发展高新技术产业和现代服务业，提高对区域经济的带动作用
3	成都市 重庆市	2007年6月	探索改变中国城乡二元经济结构，希望形成统筹城乡发展的体制机制，促进城乡经济社会协调发展，最终使农村居民、进城务工人员及其家属在各个方面，享有与城市居民一样平等的权利、均等化的公共服务和同质化的生活条件

续表2.1

序号	试验区名称	批准时间	定位
4	武汉城市圈 长株潭城市群	2007年12月	探索推进经济又好又快发展，促进经济社会发展与人口、资源、环境相协调，希望在解决资源、环境与经济发展的矛盾问题上有所探索，避免走“先发展、后治理”的老路，切实走出一条有别于传统模式的工业化、城市化发展新路
5	深圳市	2009年1月	探索行政金融、社会事业、港深合作、自主创新、环境友好，强化全国经济中心城市和国家创新型城市地位，加快建设国际化城市和中国特色社会主义示范市的目标
6	沈阳经济区	2010年4月	以区域发展、企业重组、科技研发、金融创新四个方面体制机制创新为重点，紧扣走新型工业化道路主题；配套推进资源节约、环境保护、城乡统筹、对外开放、行政管理等体制机制创新，为走新型工业化道路提供支撑平台和配套措施
7	山西省	2010年12月	要通过深化改革，加快产业结构的优化升级和经济结构的战略性调整，加快科技进步和创新的步伐，建设资源节约型和环境友好型社会，统筹城乡发展，保障和改善民生
8	义乌市	2011年3月	到2015年，基本形成有利于科学发展的新型贸易体制框架；到2020年，率先实现贸易发展方式转变，提升义乌在国际贸易中的战略地位，使义乌成为转变外贸发展方式示范区、带动产业转型升级的重要基地、世界领先的国际小商品贸易中心和宜商宜居宜游的国际商贸名城
9	厦门市	2011年12月	更好地发挥厦门市在海峡西岸经济区改革发展中的龙头作用，促进两岸关系和平发展，为全国贯彻落实科学发展观和完善社会主义市场经济体制提供经验与示范
10	温州市	2012年3月	要求通过体制机制创新，构建与经济社会发展相匹配的多元化金融体系，使金融服务明显改进，防范和化解金融风险能力明显增强，金融环境明显优化，为全国金融改革提供经验

"两型社会"试验区

与发达国家相比，中国资源利用的效率依然十分低下。据统计，中国的GDP占全球4%，而煤、铁、铝等的消耗占世界的30%以上。近年来，在我国经济高速发展的同时，带给地方环境的压力相当大。加快建设资源节约型、环境友好型社会是在十六届五中全会提出的，是从我国国情出发提出的一项重大决策。

温家宝总理在政府工作报告中提出，"要在全社会大力倡导节约、环保、文明的生产方式和消费模式，让节约资源、保护环境成为每个企业、村庄、单位和每个社会成员的自觉行动，努力建设资源节约型和环境友好型社会。"也就是说，经济的发展不能以牺牲环境为代价，必须建立在优化结构、提高效益、降低消耗和保护环境的基础之上。

随着经济的发展，资源的约束越来越突出，为了保证经济"又好又快"地发展，我们国家经济结构要面临转型，即从过去那种"高投入、高能耗、高污染、低产出"的模式向"低投入、低能耗、低污染、高产出"转变。中部地区作为国家重要的能源产出地区，资源消耗和环境污染问题在全国来说显得更加突出，在这种情况下，国家在中部的改革试验区提出"两型社会"建设目标，是一种具有全局意义的战略考虑。中部地区两个全国资源节约型和环境友好型社会建设综合配套改革试验区（简称"两型社会"试验区，分别为武汉城市圈和长株潭城市群"两型社会"试验区）的获批，将成为"两型社会"建设的重要示范基地和产业结构调整的一个重要的突破口。

武汉城市圈又称"1+8"城市圈，即以武汉为圆心，包括周边一百公里以内的黄石、鄂州、黄冈、孝感、咸宁、仙桃、天门、潜江八市。武汉城市圈经济一体化的重点，是推进基础设施建设、产业布局、区域市场和城乡建设的四个"一体化"。

环长株潭城市群以长沙、株洲、湘潭3市为核心，辐射周边岳阳、常德、益阳、衡阳、娄底5市的区域。其中，作为城市群核心的长株潭3市，沿湘江呈品字形分布，两两之间半小时车程。

环长株潭城市群"两型社会"试验区总体要求是"三个率先"，即率先形成有利于资源节约、环境友好的新机制，率先积累传统工业化成功转型的新经验，率先形成城市群发展的新模式。

资料来源：http://baike.baidu.com/view/3369476.html?wtp=tt（百度百科）
http://www.whcsq.gov.cn/（武汉城市圈门户网站)
长株潭两型试验网

2.2 现状条件

2.2.1 生态环境

1）地形地貌

生态绿心地区位于株洲盆地、湘潭—湘乡盆地、长沙盆地3个盆地之间的边缘高地上，地貌以低山丘陵为主。大部分地区海拔在10—330 m（不含湘江），其中海拔120—260 m的低山占了接近一半的面积，其余以谷地平原为主。10°—15°坡地以及15°—25°坡地占比例较高，而5°以下平地所占比例较低（图2.3）。

在生态绿心地区1：10 000数字高模型（DEM）上，通过坡度分析可知：中部地势高，向东西两侧地势逐渐降低，区内坡度大于25°的用地占15%，小于25°的用地占85%，建设协调区和限制建设区地势相对较平坦，禁止建设区坡度较大，不能作为建设用地。

通过坡向分析可知：东、西、北朝向用地占35%，南向、东南向、西南向用地占45%，平地占20%。整个生态绿心地区都比较适合植物生长，因而有利于生态环境建设和生态修复。

通过高程分析可知：地势由中部向四周递减，禁止建设区高程相对较高，不能作为建设用地，限制建设区高程次之，建设协调区高程相对较低，适合作为城市建设用地（图2.4）。

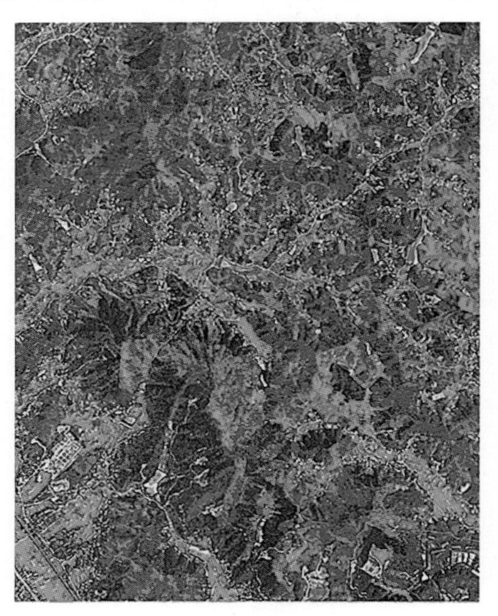

山体航片图

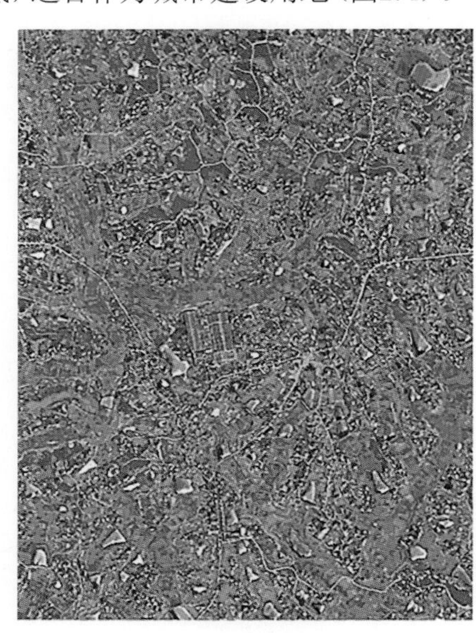

水系航片图

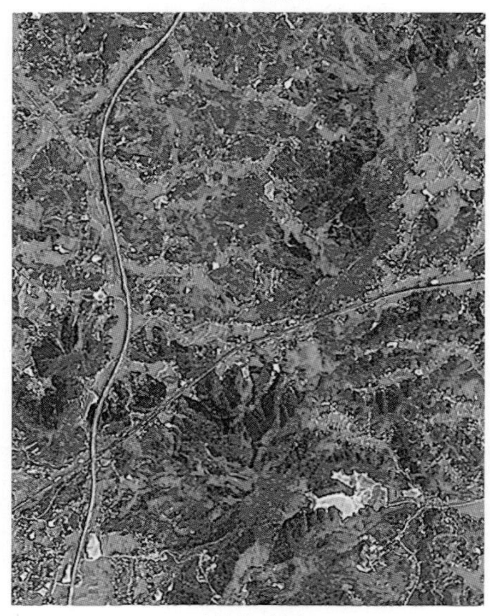

丘陵航片图

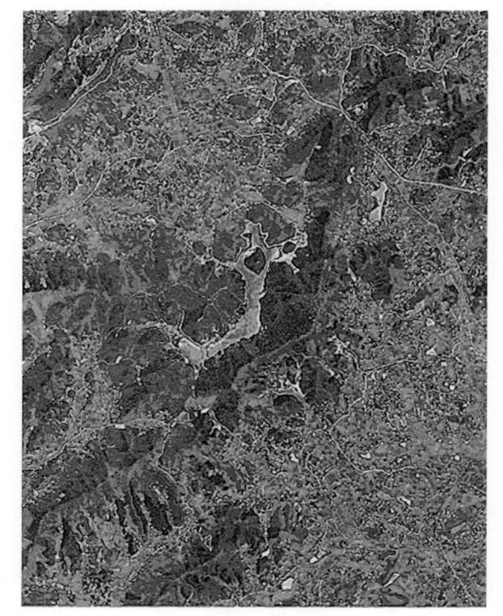

石燕湖山水航片图

如梦如幻的五一水库

一望无际的冲积平原

丘陵山体间的平原

村落依山面水而建

风景秀美的新农村的建设

村庄农田丘陵小平原

图2.3 生态绿心地区地形地貌图

资料来源：航、卫片来自Google Earth
照片由郑卫民、蒋刚和黄田等拍摄

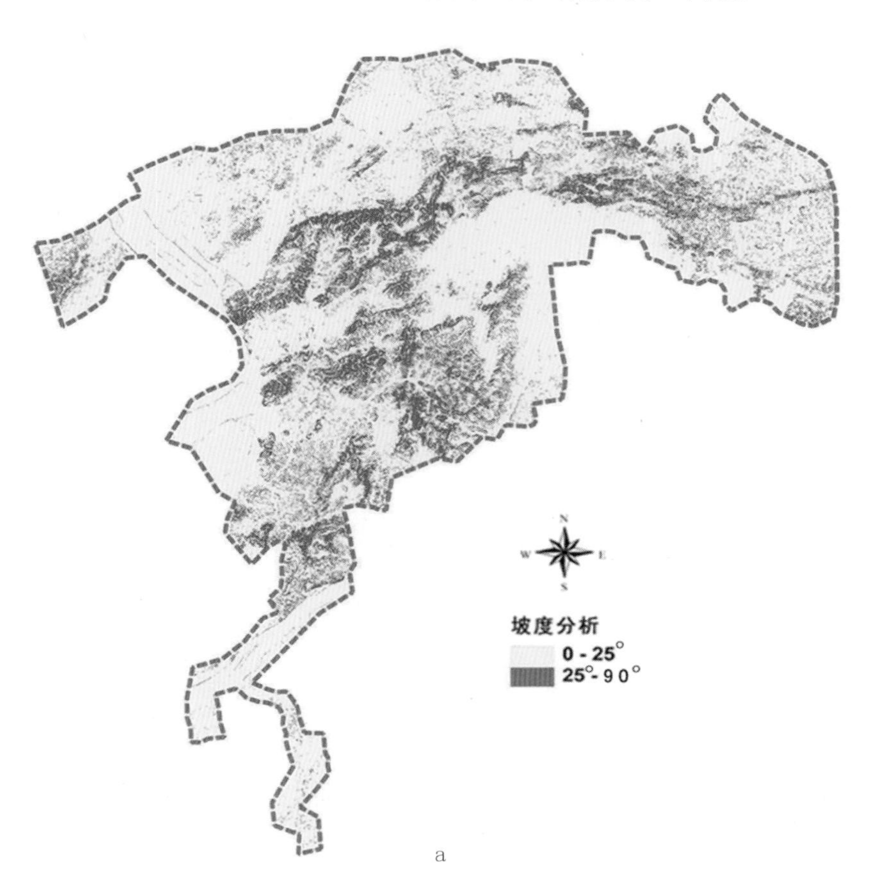

a

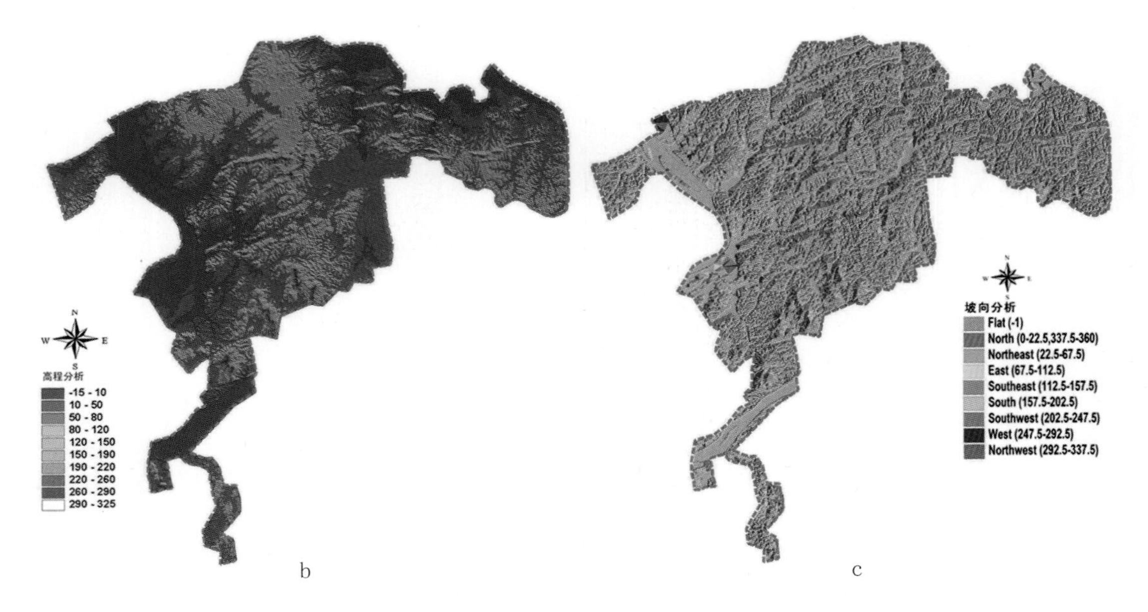

图2.4　生态绿心地区地势分析图

资料来源：黄田、马楠、柳树华GIS处理

2）水文与水资源

湘江湘潭段1950—2000年的水文资料分析结果表明:10年、20年、50年和100年一遇洪水水位分别为41.05 m、41.82 m、42.76 m和43.39 m（吴淞高程），洪峰流量分别为18 400 m^3/s、20 500 m^3/s、23 000 m^3/s和24 800 m^3/s。长沙湘江综合枢纽工程建成后，水库正常蓄水位为29.7 m。

生态绿心地区历年平均降水为1 300—11 500 mm，历年平均暴雨（日降水量＞50 mm）日数3.7天，最大日降水量192.5 mm，年际间降水量最大为最小的2倍以上，年内3—6月份降水量占全年的55%以上；历年平均相对湿度为80，多年平均蒸发量为1 310—1 369 mm。生态绿心地区西面湘江流过，流经面积约为26 km^2；东北部浏阳河东西向蜿蜒而过，生态绿心地区内部没有大的河流水系，地表径流以中部山脊为分水线，西部的地表径流汇入湘江，东部的地表径流汇入浏阳河。水资源丰富，补给主要靠降水，但是雨量分布不均，夏秋易涝易旱。

生态绿心地区地表水资源量估算为4.26亿m^3；湘江流域属山区性河流，其地下水资源量近似等于河川基流量，按面积比法计算出生态绿心地区本地多年平均流量为0.95亿m^3；湘江干流多年平均上游入境客水资源量为718.2亿m^3。

生态绿心地区现有水利工程主要有中小型水库8座，即东风水库、红旗水库、石燕湖、同升湖、五一水库、仙人造水库、百培冲水库、太高水库，主要以满足农业灌溉及部分农村生活、工业生产用水等功能为主。因而实现水资源优化配置与合理利用，是保障该区可持续发展的重要前提（图2.5，表2.2）。

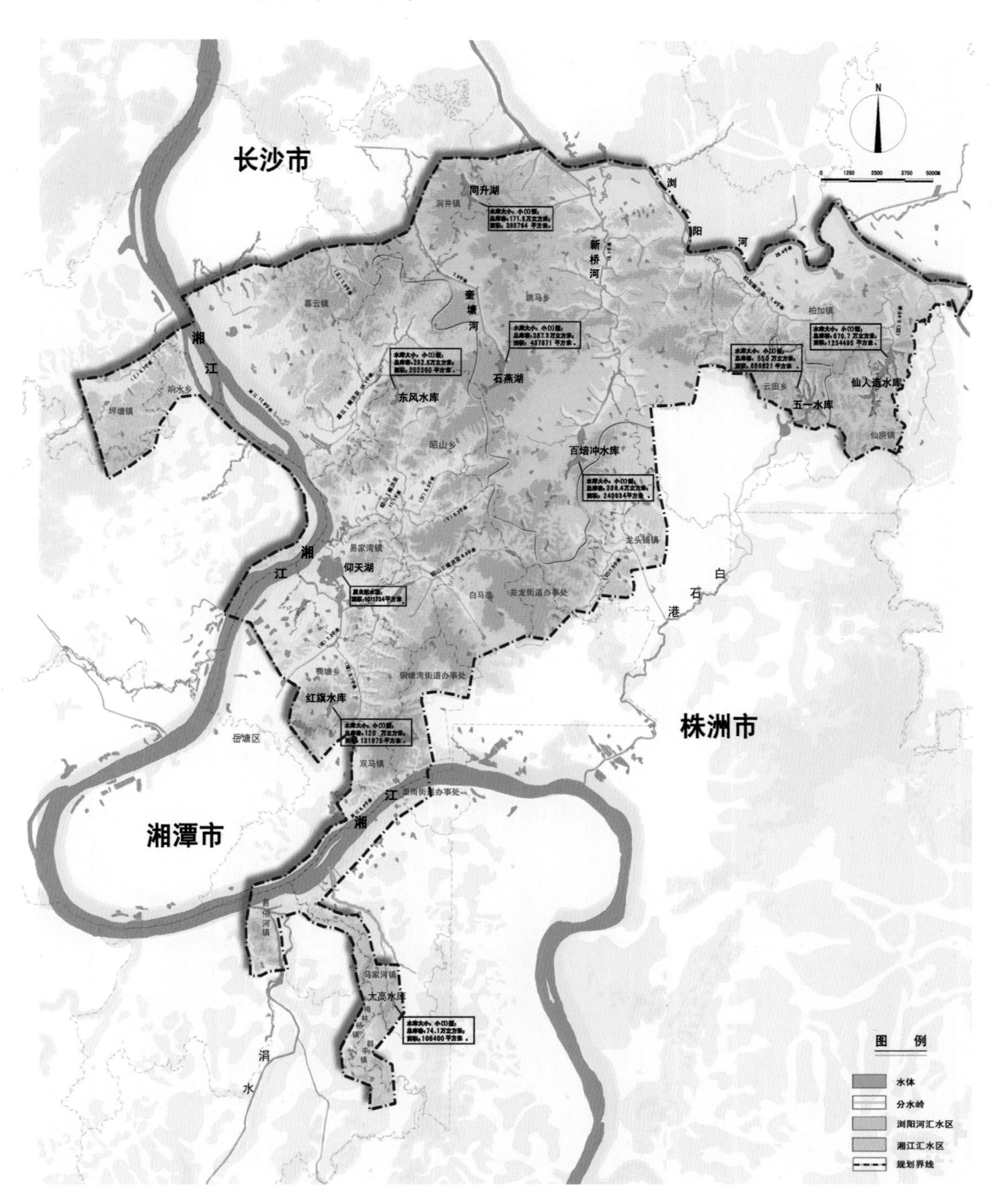

图2.5　生态绿心地区水系分析图

资料来源：马楠、罗瑶根据调研资料绘制

表2.2　生态绿心地区水库库容统计表

编号	名称	面积（m^2）	库容（m^3）
1	东风水库	202 360	252.5
2	红旗水库	131 978	120
3	石燕湖	437 871	387.3
4	同升湖	385 764	171.5
5	五一水库	686 621	550
6	仙人造水库	1 234 495	670.7
7	百培冲水库	240 934	238.4
8	太高水库	108 400	74.1

资料来源：周婷根据水利部门相关资料统计

3）气候

生态绿心地区位于中国中亚热带的典型地段，属亚热带季风性湿润气候，具有春季低温多雨、夏季高温光强、秋季干旱少雨、冬季冷湿的特点，而且暑热期长、严冬期短。冬季盛行偏北风，夏季盛行偏南风，全年主导风向为西北风。区内年平均气温在16—17.3℃，气温年较差24.6℃，年平均无霜期275天（2.27—11.28），年均日照总时数为1677.1h，日照率38%。

4）自然人文资源

生态绿心地区自然资源比较丰富而又独特，丘陵与盆地交错、田园与湖泊相依、青山与绿水相融；历史悠久、文化底蕴深厚、人文景观、文物古迹、神话传说较多。这些资源甚至已经成为国内外、省内外比较知名的旅游景点（图2.6，表2.3）。

5）生态环境

生态绿心地区是长株潭三市重要的生态隔离地带，具有城市群重要的生态屏障功能和许多生态服务功能（图2.7）。

本区大气质量环境较好，能够达到国家大气质量二级标准。区内各水库汇水区域内没有

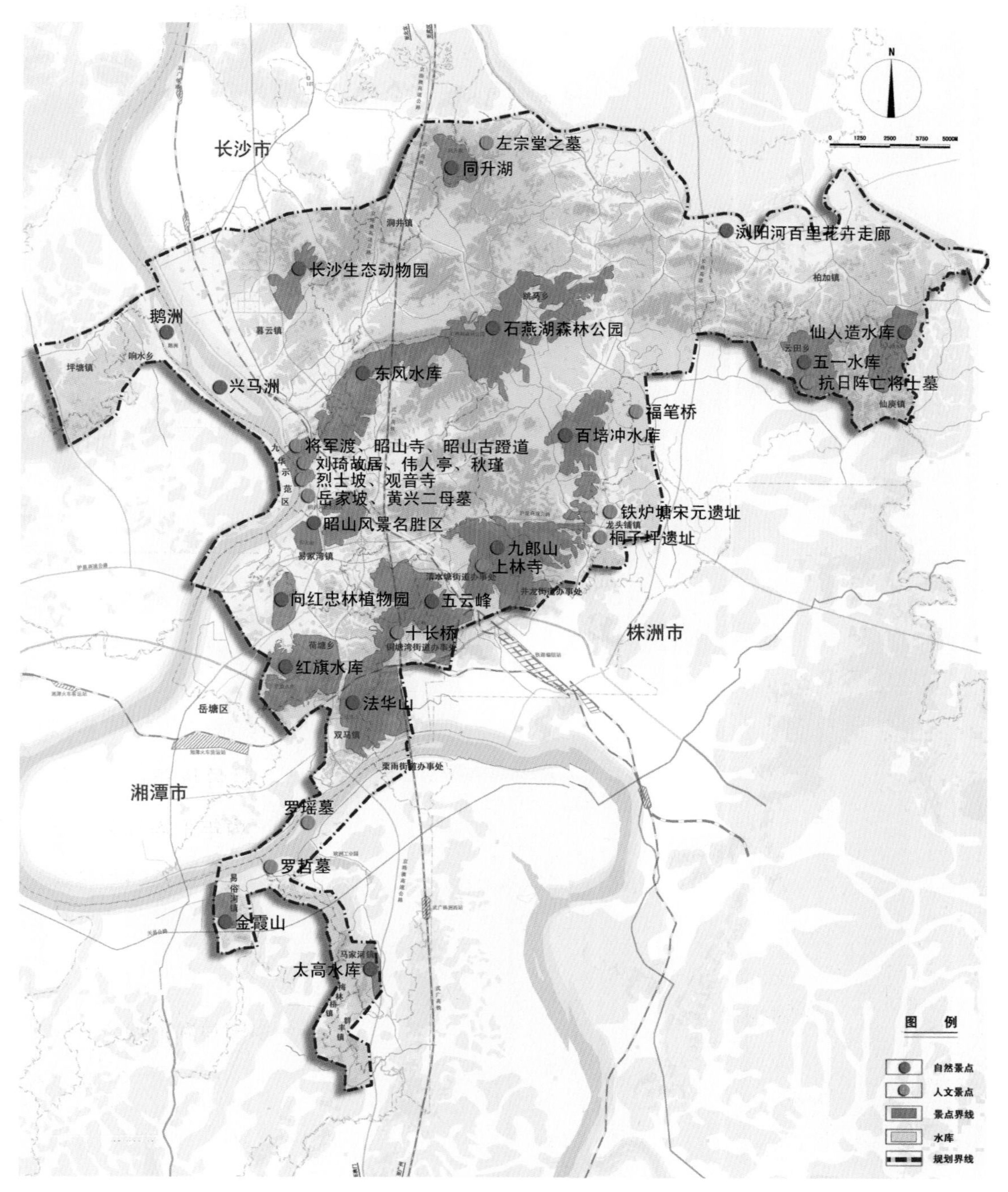

图2.6 生态绿心地区自然人文资源分布图

资料来源：欧振根据调研资料绘制

表2.3 生态绿心地区自然人文资源一览表

名称	地址	组成	特色
石燕湖森林公园	位于长沙县跳马乡境内	总面积465.0 hm^2，林地面积382.0 hm^2，园内有金龟岛，岛上有石菩塔等自然景观，以及舜帝南巡留下的舜帝石等历史足迹	国家旅游局认定的AAA级旅游景区，湖南省十大水体旅游景区、湖南百景、专业拓展训练基地
昭山森林公园	位于湘潭岳塘区昭山乡，长沙交界处，湘江之畔	昭山风景名胜区总面积为5 027.0 hm^2，林地面积为3 238.7 hm^2	昭山因周昭王南巡至此得名，至今有近三千年的历史。以历史名山、湖光山色为风景特征，融自然与人文景观于一体的具有浏览观光、宗教祭祀、休闲度假功能的城市型省级风景名胜区
五云峰森林公园	位于株洲石峰区白马镇	总面积167.0 hm^2，林地面积134.0 hm^2	风景秀丽的南岳七十二峰之一的五云峰，坐落其中
红旗水库自然保护区	位于湘潭市岳塘区荷塘乡	总面积566.0 hm^2，林地面积368.0 hm^2	市级自然保护区
法华山森林公园	位于岳塘区荷塘乡、双马镇、石峰区白马乡	总面积801.0 hm^2，林地面积645.0 hm^2	自然条件优越，山峦起伏、气象万千，是旅游度假、休闲观光的风水宝地
金霞山森林公园	位于湘潭县易俗河镇	总面积457.0 hm^2，林地面积405.5 hm^2	北临湘江，俯瞰潭城，高峰叠立，秀拔耸翠，是湘潭四大名山之一
五一水库	位于株洲市石峰区云田乡东北部	为小Ⅰ型水库，群山环抱，水域总面积100 hm^2，蓄水量540万 m^3，为长株潭三市城区最大的人造湖	周边拥有数万亩山林，并有老虎洞、寨子山、九龙庙、抗日将士墓等丰富的人文自然景观
仙人造水库	位于株洲云田乡	又名友谊水库，小Ⅰ型水库	—
太高水库	位于天元区马家河镇太高村	小Ⅱ型水库	—
同升湖水库	位于长沙市雨花区洞井镇	小Ⅰ型水库	新建的同升湖山庄获得国家颁发的中国名盘50强、生态别墅示范区等荣誉称号
东风水库	昭山乡东风街附近	水库长达10 km，水面宽0.2 km，水库面积20.8 hm^2	水库水质清澈透明，周围生态保持良好，风光秀丽
仰天湖	位于株易路口西侧	总面积为101.17 hm^2	—
长沙森林野生动物园	位于长株潭三市之交的长沙县暮云镇	总面积274 hm^2，林地面积182 hm^2，为省级综合性野生动物园	建成后的长沙生态动物园将成为具有生态性、文化性、景观性、娱乐性、安全性的大型综合性的文化、娱乐、休闲旅游目的地

资料来源：徐娟根据调研资料汇总

较大污染源，水质良好，符合《地表水环境质量标准》（GB3838—2002）中的Ⅱ类标准。山林分布广泛，气候湿润，各乡村人口聚集程度不高，工业污染整体较轻，区域环境整体优良。

安逸的同升湖山庄

碧色苍翠的山峦

沐浴着春光的金霞山

云腾雾绕的昭山

碧水莹莹的云峰湖

图2.7　生态绿心地区生态景观

资料来源：胡小敏整理

旅游资源良好，包含了石燕湖森林公园、昭山森林公园、五云峰森林公园、红旗水库自然保护区、法华山森林公园、金霞山森林公园、五一水库、仙人造水库等8个自然保护区和森林公园（水库）。其中长沙市已建设石燕湖森林公园、同升湖休闲山庄等休闲旅游项目；湘潭市已有昭山省级风景名胜区，开始建设法华山森林公园、金霞山森林公园，同时计划近期开展东风水库、红旗水库等旅游项目的开发；株洲市近期计划建设云峰湖生态公园（五一水库）、仙人造水库、尾沙坝水库、百培冲水库等生态旅游项目（图2.8）。

随着经济发展，建设用地相应增加，生态绿心地区生态环境问题日益凸显： 区内多为生态环境保护区，目前对生态绿心地区的重要性认识不足，生态保育与生态安全关注不够，生态环境保护压力大；各种交通干线穿越本区，因而景观生态日益破碎化，生态系统修复、生态安全格局的形成都较为困难；生态绿心地区生态系统较为脆弱，森林植被类型不多，群落结构简单且质量不高，不能较好地发挥蓄水保土、生态调控等功能；流经本区的湘江和浏阳河的水质目前为III类地表水水质标准，富营养化趋势明显，治理难度较大；三市开发建设不断蚕食本区，城乡用地矛盾最为突出，空间争夺尤为激烈；范围大，三市分头管理，造成生态绿心地区建设管理的无序与失控（图2.9）。

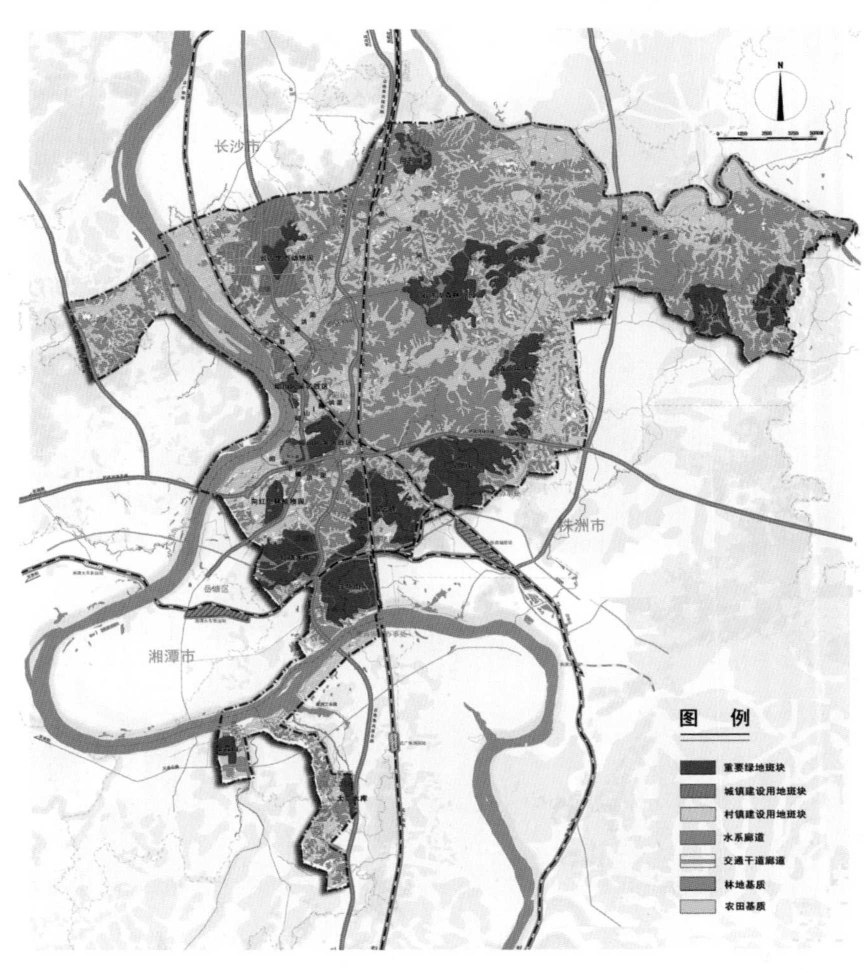

图2.8 生态绿心地区生态格局现状图

资料来源：黄田根据现状调查结果绘制

开膛破肚的山体

被垃圾吞噬的水沟

一毛不拔的山体

填湖建楼

富营养化的湘江

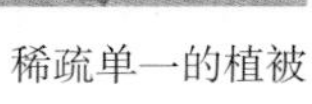
稀疏单一的植被

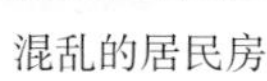
混乱的居民房

图2.9　生态绿心地区存在的一些问题
资料来源：黄田拍摄，胡小敏整理

2.2.2 居民点及其人口分布

1）居民点分布

据统计，生态绿心地区内共17个乡镇和4个街道办事处，112个行政村，11个居委会，1个农场，638个居民点。其中，只有长沙暮云镇、跳马乡和柏加镇、湘潭昭山乡和易家湾镇以及株洲清水塘街道办事处等乡镇政府所在地位于生态绿心地区范围内（图2.10，图2.11）。

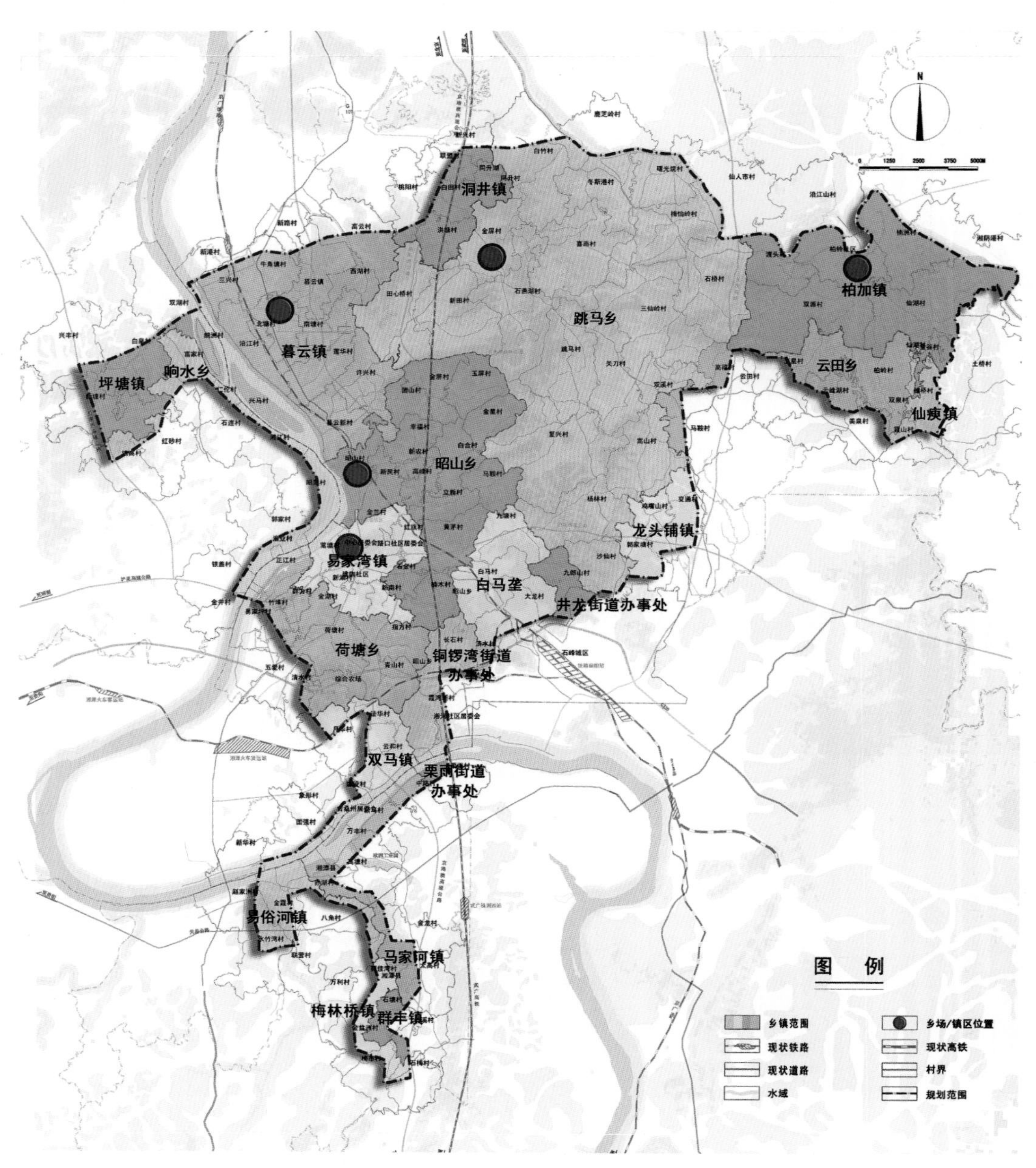

图2.10 生态绿心地区城镇分布现状图

资料来源：张曦绘制

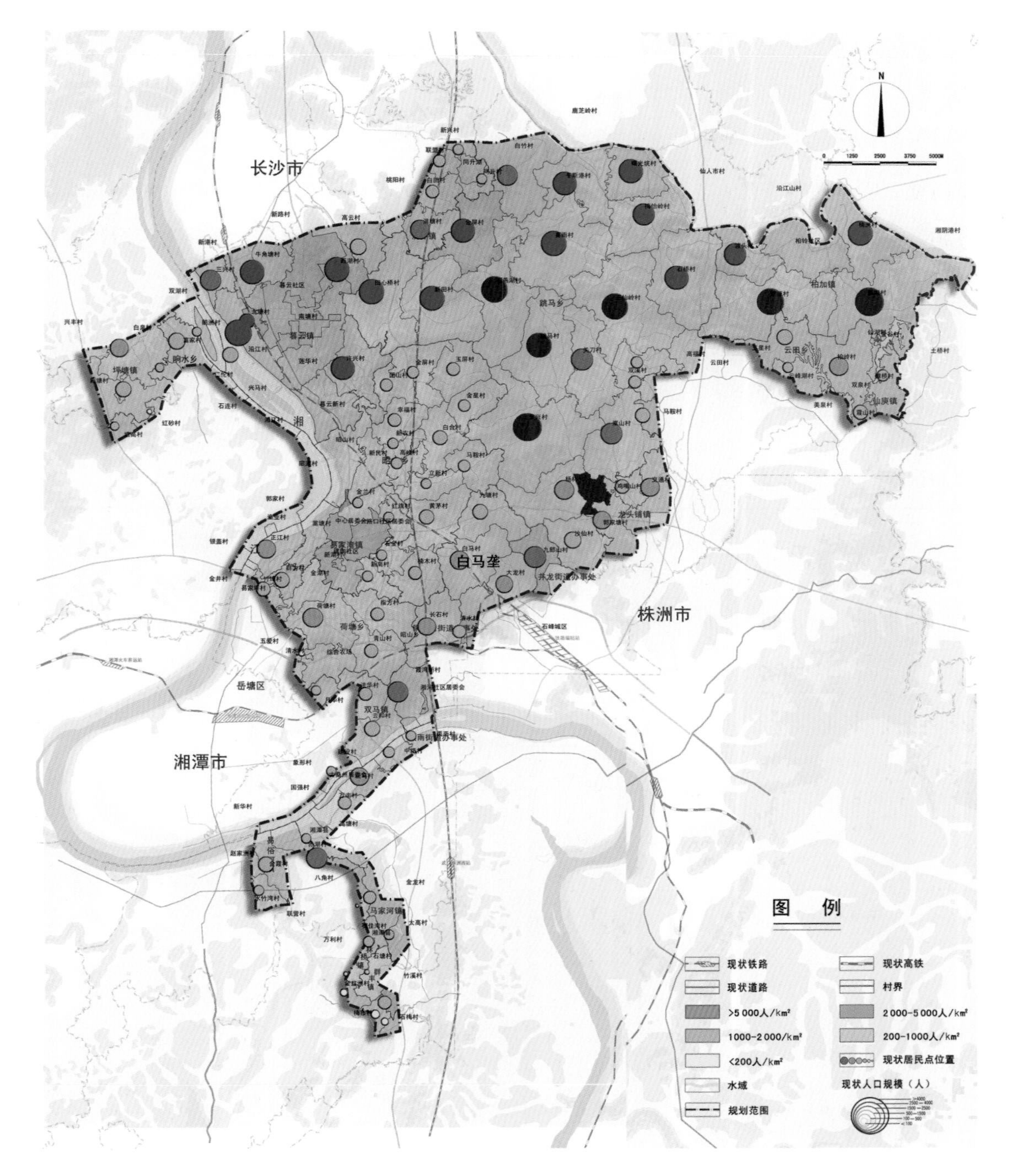

图2.11 生态绿心地区现状农村居民点分布图

资料来源：张曦绘制

居民点建设存在以下一些问题：建设用地规模偏大，户均居民点建设用地有的多达300 m²/户；用地结构松散，闲置土地比例比较高，集约化程度较低；居民点规模偏小，十户以下的自然村大量分布。建设成本过大，难以达到规模效益；生产与生活用地混杂，人畜同处一宅；建筑密度大，公共设施不完善，排污管道几乎一片空白，旱厕及猪牛圈就近分布，环境卫生质量差；建筑单体面积过大，远远超过了实际需要，人均住宅面积甚至超过100 m²，空置率严重。

2）人口分布

生态绿心地区现状人口共26.27万人（表2.4）。

表2.4 生态绿心地区村庄现状汇总表

村庄名称	总人口（人）	总面积（km²）	耕地面积（亩）
坪塘镇（3个行政村）	3 731	14.40	—
暮云镇（11个行政村，2个居委会）	72 859	58.00	—
洞井镇（5个村，1个居委会）	6 270	13.25	—
跳马乡（18个村）	63 582	171.99	—
柏加镇（4个村，1个社区）	21 472	49.40	—
昭山乡（15个村）	14 157	53.48	11 174.23
易家湾镇（5个村，4个社区）	23 462	16.84	—
荷塘乡（8个村，1个农场）	10 934	28.30	—
双马镇（4个村）	3 435	10.91	—
响水乡（4个）	2 423	12.99	—
易俗河镇（4个村，1个社区）	4 474	7.94	11 532

续表2.4

村庄名称	总人口（人）	总面积（km^2）	耕地面积（亩）
梅林桥镇（5个村）	1 596	4.37	—
仙庾镇（2个村）	1 927	4.40	1 336
云田镇（5个村）	6 056	19.04	14 280
龙头铺镇（3个村）	4 959	9.98	5 544
清水塘街道办事处（3个村）	5 050	16.90	3 094
铜塘湾街道办事处（3个村，1个居委会）	6 107	11.05	3 056
井龙街道办事处（1个村）	2 745	4.16	1 038
栗雨街道办事处（1个村）	526	1.22	900
马家河镇（6个村，1个居委会）	5 959	12.83	10 005
群丰镇（2个行政村）	1 038	2.78	2 055

资料来源：徐娟根据生态绿心地区内各乡镇村提供2010年数据汇总

生态绿心地区现状用地主要为林地和耕地，其中暮云镇、云田镇有部分基本农田。建设用地主要分布在暮云镇、跳马乡、昭山乡、易家湾镇。林地主要分布于石燕湖森林公园、昭山森林公园、五云峰森林公园、红旗水库自然保护区、法华山森林公园、金霞山森林公园、五一水库、仙人造水库、太高水库等共9个自然保护区及风景名胜区。

现状城市建设用地主要由居住用地、公共设施用地、工业用地、仓储用地、道路广场用地、对外交通用地、市政公用设施用地、特殊用地构成（图2. 12, 表2. 5—表2. 7）。

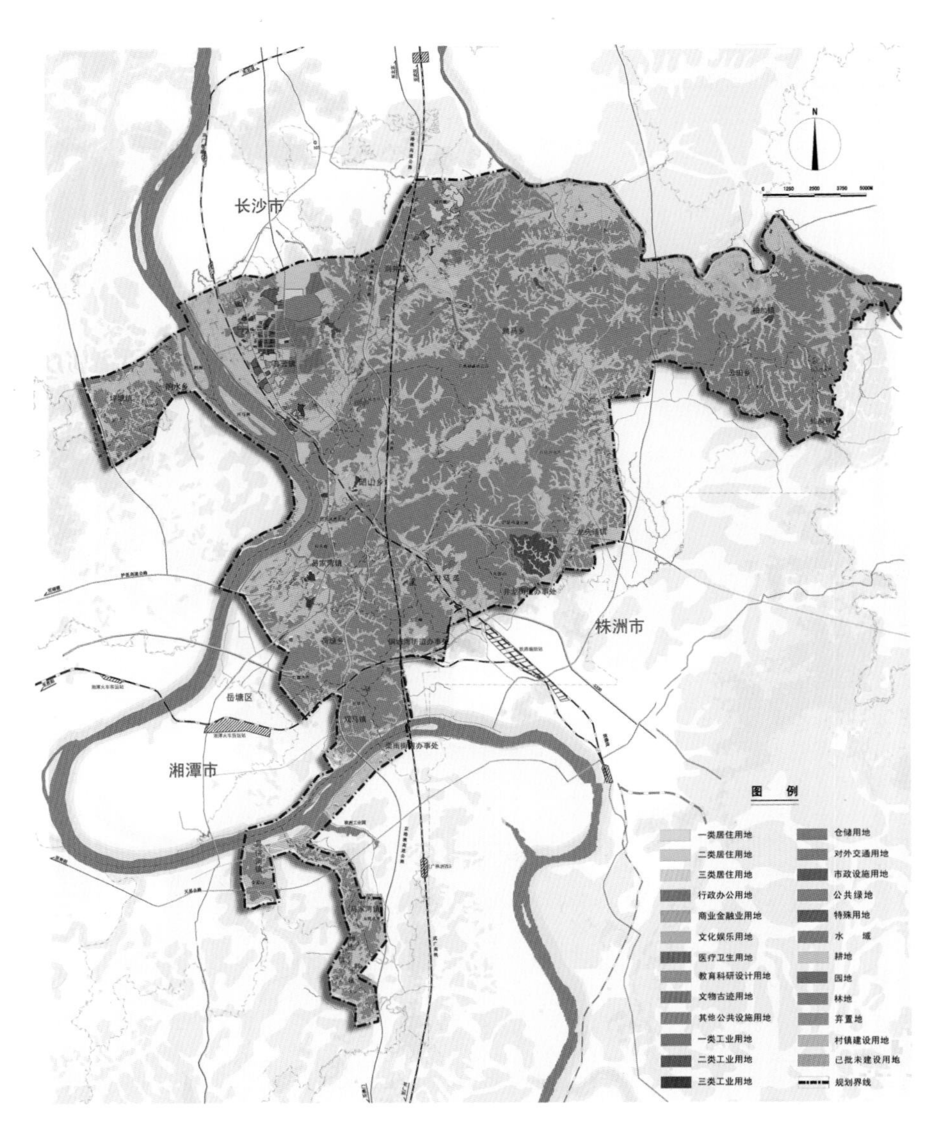

图2.12 生态绿心地区土地利用现状图

资料来源：欧振根据调研资料绘制

表2.5 生态绿心地区现状用地汇总表

序号	类别名称		代号	面积（hm^2）	比例（%）
1	城市建设用地			1 570.31	3.00
2	水域或其他用地		E	50 716.69	97.00
	其中	水域	E1	4 405.18	8.43
		耕地	E2	16 493.45	31.54
		林地	E4	23 681.65	45.29
		村镇建设用地	E6	5 312.41	10.16
		弃置地	E7	824.00	1.58
3	总用地			52 287	100.00

资料来源：徐娟、唐正君根据调研所搜集的资料整理

表2.6　生态绿心地区土地利用一览表

用地类型	图斑（块）	面积（hm^2）	所占比例（%）
水　田	7 357	124.96	23.9
有林地	4 356	200.38	38.32
旱　地	3 567	9.47	1.81
其他林地	2 329	24.31	4.65
村　庄	13 170	48.28	9.23
坑塘水面	7 822	24.03	4.6
果　园	868	5.29	1.01
茶　园	141	0.69	0.13
水利工程建筑工地	111	1.62	0.31
灌木林地	93	0.47	0.09
内陆滩涂	152	5.93	1.13
风景名胜及特殊用地	151	1.58	0.3
水库水面	38	3.05	0.58
裸　地	390	2.58	0.49
其他草地	419	2.43	0.46
公路用地	202	7.65	1.46
铁路用地	84	2.39	0.46
沟　渠	104	1.11	0.21
城　市	199	10.12	1.94
采矿用地	350	4.03	0.77
建制镇	439	17.95	3.43
河流水面	150	23.32	4.46
水浇地	92	0.35	0.07
设施农用地	47	0.15	0.03
其他园地	33	0.19	0.04
港口码头用地	4	0.21	0.04
沼泽地	36	0.14	0.03
机场用地	1	0.1	0.02
空闲地	11	0.01	0
农村道路	4	0.01	0
人工牧草地	3	0.07	0.01
总计	42 723	522.87	100

资料来源：徐娟、唐正君根据调研所搜集的资料整理

表2.7　生态绿心地区现状城市建设用地情况一览表

序号	用地性质	用地代号	面积（hm²）	比例（%）
1	居住用地	R	507.88	32.34
	一类居住用地	R1	148.37	9.45
	二类居住用地	R2	359.51	22.89
2	公共设施用地	C	308.53	19.65
	行政办公用地	C1	19.36	1.23
	商业金融业用地	C2	100.75	6.42
	文化娱乐用地	C3	17.47	1.11
	医疗卫生用地	C5	44.1	2.81
	教育科研设计用地	C6	112.7	7.18
	文化古迹用地	C7	1.5	0.10
	其他公共设施用地	C9	12.65	0.81
3	工业用地	M	418.63	26.66
	一类工业用地	M1	55.26	3.52
	二类工业用地	M2	183.42	11.68
	三类工业用地	M3	179.95	11.46
4	仓储用地	W	70.83	4.51
	普通仓库用地	W1	11.57	0.74
	危险品仓库用地	W2	59.26	3.77
5	对外交通用地	T	141.39	9.00
	铁路用地	T1	3.01	0.19
	公路用地	T2	138.38	8.81
6	市政公用设施用地	U	40.5	2.58
	供应设施用地	U1	10.59	0.67
	交通设施用地	U2	3.08	0.20
	邮电设施用地	U3	0.65	0.04
	环境卫生设施用地	U4	24.58	1.57
	殡葬设施用地	U6	1.6	0.10
7	特殊用地	D	82.55	5.26
	军事用地	D1	82.55	5.26
总　　计			1570.31	100

资料来源：徐娟、唐正君根据调研资料整理

2.2.3　土地利用

主要为林地和耕地，其中暮云镇和云田镇有部分基本农田，建设用地主要分布在暮云镇、跳马乡、昭山乡、易家湾镇。从现状建设来看，三市基本各自为政发展产业，同质化重复建设情况比较明显，资源整合未能有效发挥作用。为促使长株潭相向发展，三市城市区逐渐靠拢，湖南省政府于2004年从长沙市中心南迁，三市因此相向发展步伐有所加快。

2.2.4　产业发展

生态绿心地区产业是长株潭城市群产业的重要组成部分，由于地处长株潭中心城市的边缘地带，一方面受城市群主导产业的影响，形成了类型多样但补充效果明显的小产业；另一方面，得益于良好的自然禀赋和深厚的文化底蕴，一些边缘产业和传统产业也得到较好发展（图2.13）。但也必须看到，毕竟生态绿心地区产业发展更多的是一种区域自发行为，完全依靠传承和封闭市场进行配置的产业缺少良好的产业持续发展动力，部分产业对自然资源依赖性严重，创新能力不够，规模经济效果差等弊端日渐显现出来。

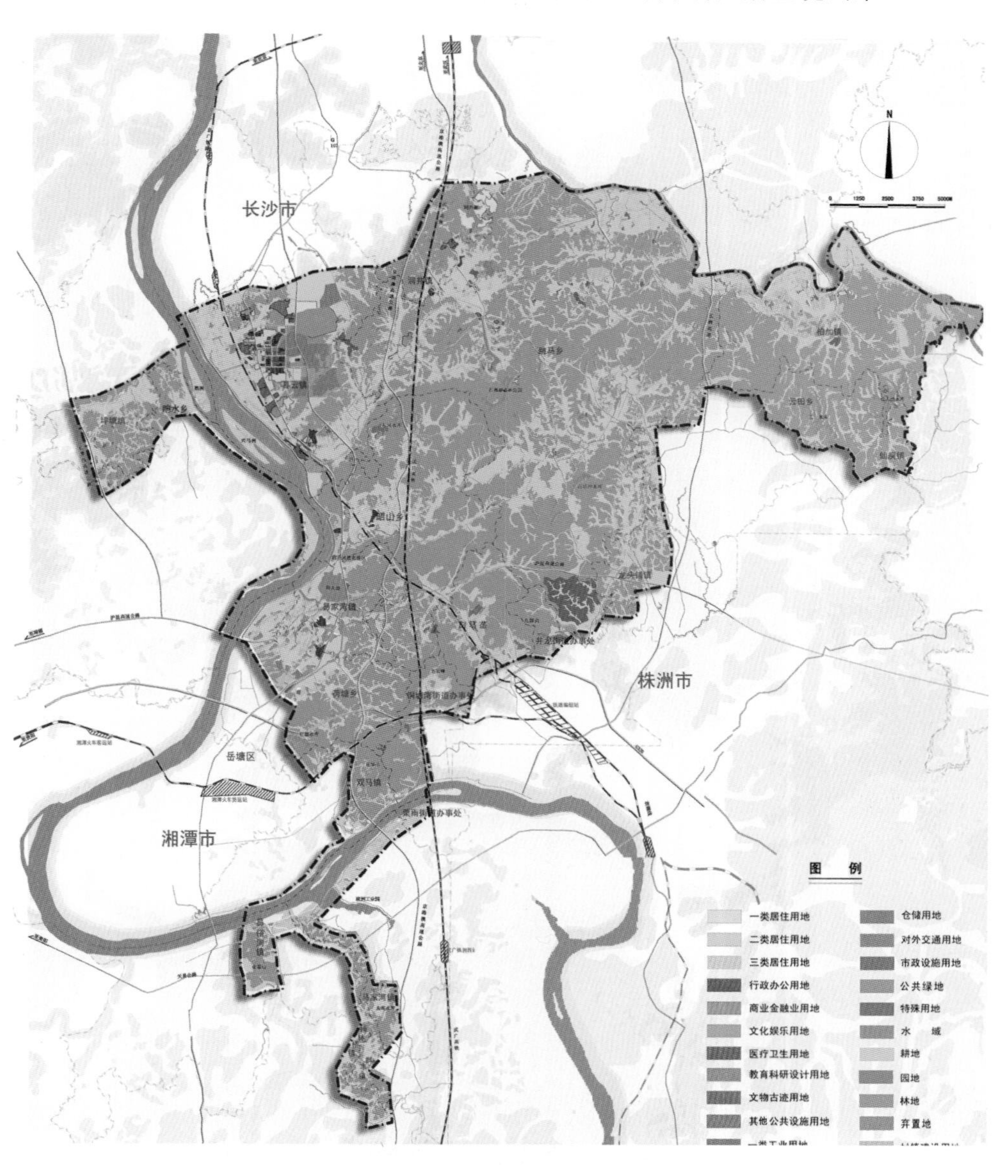

图2.13　生态绿心地区产业布局现状图

资料来源：彭晔、曾敏根据相关资料绘制

生态绿心地区周边开发区概况

1）长沙天心工业园区

位于长、株、潭金三角地带，辖天心区大托镇先锋、新路两村，地处南绕城线以南、火星大道以北的韶山路两侧，占地5 km^2，为2002年12月报经省政府批准设立的省级工业园，是长沙市“两区六园”工业重点发展基地之一和长株潭经济一体化重点工程。园区主要以高新技术和环保型工业为特征，以电子信息、机械电器、服装加工产业为龙头，以现代制造业为支撑，以楼宇经济和总部经济相配套，按照“技术产业化、产业规模化、产品外向化、投资多元化”的原则，全力打造总部园区、精品园区、实力园区、效益园区。

2）环保科技产业园

位于长沙市东南，毗邻湖南省政府新址，与岳麓山大学城隔江相望，东邻山水别墅区同升湖山庄，北依湖南省森林植物园，西靠中国现代农业博览交易中心，环境优美。园区紧贴长沙市三环线，京珠高速公路横贯南北，火星南路、环保大道等交通干线交错园区，交通成网，辐射多元。园区已纳入长沙市“二区六园”规划，为湖南省的重点建设项目之一，享受国家支持环保产业的所有优惠政策。规划总面积15.2 km^2。由雨花区人民政府投资建设，实行“一次性规划，分期实施，滚动发展”的建设方针，以环保产业为主体，以高新技术产业为龙头，规划总投资120亿元，首期开发投资30亿元。目前已投入建设资金近5亿元，已引进企业7家，项目总投资额近10亿元，预期可形成工业产值100亿元。

3）长沙暮云工业园区

位于长沙市南郊，2003年被纳入国家级长沙经济技术开发区“一区带六园”的重点建设范畴，被列为全国乡镇企业科技示范园区，2004年顺利通过国务院五部委的土地市场整顿清理验收，2005年荣升省级开发区（占地8km^2）。目前，基本形成以注塑为主，电器、包装、化工、建筑建材、机械、食品等多行业并举的工业体系。国家重点本科院校长沙理工大学新校区已入驻暮云，不但提升了暮云教育档次，也预示着暮云在这一领域更加辉煌灿烂；同时建成了一个大型的长沙生态动物园（该园占地333 hm^2，饲养各种野生动物300多种、动物2万余头，年接待游客预计将达200多万人次）也将落户暮云镇。

4）株洲建宁经济开发区

位于株洲市东南，区内有城市快速环道东环路纵越南北，浙赣铁路横穿东西，南接省道株醴路，北连城市主干道文化路。1994年经湖南省人民政府批准为省级经济开发区，行政隶属芦淞区人民政府，辖区规划总面积3 km^2，总人口12 000人。围绕建设工业新城的工作目标，开发区发展以机械、木业、服装为主，房地产为辅的产业结构。

5）株洲国家高新技术产业开发区

位于株洲市湘江西岸，与株洲芦淞区、石峰区隔江相望，南接株洲县，西连湘潭市市区和湘潭县。成立于1992年5月，同年12月经国务院批准为国家级高新技术产业开发区，规划总面积35 km^2，由董家塅高科技工业园、天台高科技工业园、栗雨高科技工业园组成，呈“一区三园多基地”的发展格局。产业定位为以有色金属深加工、先进制造技术、生物医药和健康食品、传感技术等朝阳产业为主导产业。

6）湖南株洲渌口经济开发区

位于株洲县正北部，沿省道S211与株洲市相距12 km，东接渌口镇杨梅村，西连京广铁路，南邻部队铁路专用线，北界株洲市芦淞区建宁乡栗塘村。1994年经省人民政府批准成立，2005年更名为湖南株洲渌口经济开发区。规划面积3.5 km^2，其中已开发面积1 km^2。2003年年底，县委、县政府决定在开发区内重点发展基础材料、机电产品、有色金属加工等科技型、环保型和劳动密集型产业，着力培育园区主导产业，形成产业特色；并围绕主导产业延伸产业链，形成产业集群集聚。

7）湘潭易俗河经济开发区

位于湘江生态经济带核心、长株潭一体化城市群腹地。总规划面积26 km^2，由天易生态工业园、金霞旅游文化区、商贸区三部分组成。为1992年成立的省级经济开发区。园区独特的区位优势、完备的基础设施、优惠的招商政策、优质的政务环境、广阔的发展前景，日益受到海内外商界精英的青睐。目前已有126家企业落户园区，初步形成了生物医药、机电制造、食品加工和新型材料四大主导产业。近期规划以107国道和天易高等级公路为依托，立足于长株潭经济一体化，主攻工业区，发展文化区，提升建成区，精心打造品牌园区，到2010年年工业总产值达到100亿元，年财税收入突破5亿元；近期主要招商项目为医药生产、食品加工项目，生物技术、新型材料、机电制造项目，城市配套基础设施项目，文化、教育、医疗、物流等社会公共服务业项目，以及高效益无污染项目。

8）湘潭国家高新技术开发区

位于湖南省“一点一线”经济走廊中心，是长株潭经济一体化的重要组成部分。于1992年经湖南省人民政府批准成立，2009年3月18日经国务院批准升级为国家高新技术产业开发区。园区确立“自主创新、特色发展、重点支撑、赶超跨越”的发展思路，建成了湘潭（德国）工业园、新材料工业园等特色产业园区和以聚集创新资源、提升区域创新能力为核心的湘潭国家火炬创新创业园。其中湘潭（德国）工业园以发展新能源、环保机电产业为主；新材料工业园以发展先进电源材料、精细化工材料、新型金属材料产业为主；国家火炬创新创业园是国家科技部火炬中心、湖南省科技厅、湘潭市人民政府共同打造的创新集群发展载体，是首家部、省、市共建的火炬创新创业园。

9）湘潭九华经济开发区

成立于2003年11月，是省人民政府批准的省级经济开发区、国家科技部认定的机电一体化特色产业基地、省科技厅认定的车辆及装备制造产业基地。位于长株潭城市群中心腹地，东临湘江生态经济风光带，西靠湘潭大学，南距湘潭市中心区5 km，北距长沙市中心区27 km，境内上瑞高速公路横贯东西，长潭西线高速公路连接南北，区位优势明显，水陆交通便利。长株潭城市群区域规划、湘江生态经济风光带规划、湖南省“十一五”经济社会发展规划、湘潭市“十一五”经济社会发展规划都把九华经济区列为重点发展区域。湘潭九华经济区远景规划面积69 km^2，中期规划面积22 km^2，现正在开发建设面积10 km^2。一期规划建设“四园一区”，即汽车工业园、高科技机电工业园、湘潭（台湾）工业园、香港工业园及配套服务区。坚持以汽车及零部件为主导产业，基本建成产业相对聚集、布局相对集中、土地相对集约的汽车工业园和高科技机电工业园，正在积极启动湘潭台湾工业园、香港工业园和配套服务区的建设（图2.14）。

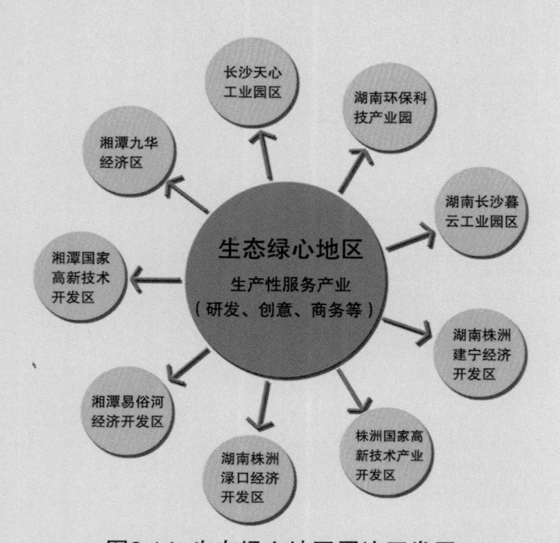

图2.14 生态绿心地区周边开发区

资料来源：邱国潮、刘晓琴根据相关资料整理

2.2.5 基础设施

1）综合交通

生态绿心地区基础设施比较完善，建有长株潭铁路客运西站、九华高铁站、长沙黄花国际机场、武广客运专线株洲站、长沙站。作为重要的交通要地，京港澳高速、上瑞高速、武广高铁、京广线、浙赣湘黔线以及多条城市间快速路从生态绿心地区周边通过；湘江纵贯其间，是经洞庭湖入长江黄金水道，现已整治为千吨级航道，区内现有暮云港、永利港和九华港3个主要港口（图2.15）。

2）给水

生态绿心地区供水系统主要由自来水供水系统、自备水源供水系统和水利工程供水系统3部分组成。其中，自来水及自备水源供水系统主要满足城镇工业和居民生活用水，水利工程供水系统主要用于满足农业灌溉及部分农村生活、工业生产用水。

城镇供水的主要供水水源为湘江干流和浏阳河。其中，暮云工业园区在长沙市第三水厂和第八水厂的供水范围，长沙市第三水厂供水规模为10万t/日，第八水厂供水规模为20万t/日，取水水源均为湘江干流，通过林校加压泵站二次加压供水；昭山地区由湘潭市第三水厂供水，供水规模近期20万t/日，远期30万t/日，取水水源为湘江干流。

城镇供水没有经过统一规划，供水服务质量不高；主要由三市城市供水系统分别供水，区内尚未设置自来水厂，供水距离远，供水可靠性不高；农村居民点大部分没有纳入城镇供水范围，因而饮水安全存在诸多隐患（图2.16）。

3）排水

生态绿心地区内暮云污水处理厂建设尚在规划中，目前只通过可行性研究的报批，因而北部暮云片区的污水主干管网骨架尚未形成，污水无法形成有组织的收集排放系统，只能利用现有的明渠、沟河等依地形、地势重力流排出。近年来随着片区内市政道路的建设，同步建设了相应排水管网。目前，纳污区内已建、在建或进入建设安排计划的污水管道有芙蓉南路、韶山南路（107国道）、新韶山路、环保大道、伊莱克斯大道以及天心环保工业园内部分路段，这些都按雨污分流制敷设排水管网管道。南部昭山片区属于湘潭河东污水处理厂纳污范围，但是相应的排水管渠系统也尚未建成。其他城镇现状排水系统均为雨污合流，因而污水未经处理直接排入周围水体，对局部地区的水体造成一定的污染。农村居民点目前尚无完善的管网收集系统和污水处理设施。

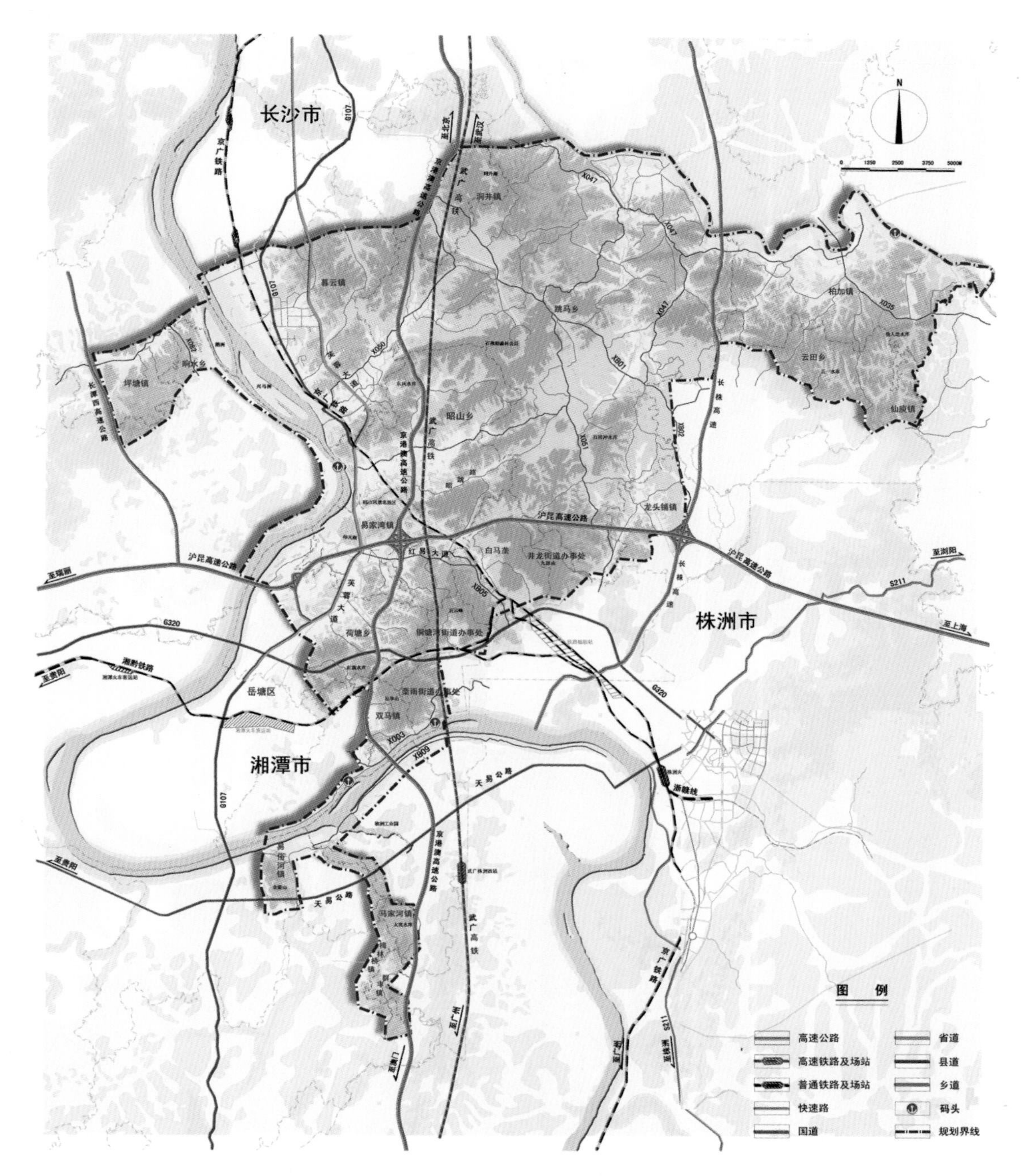

图2.15　生态绿心地区现状交通图

资料来源：马楠、罗瑶根据调研资料绘制

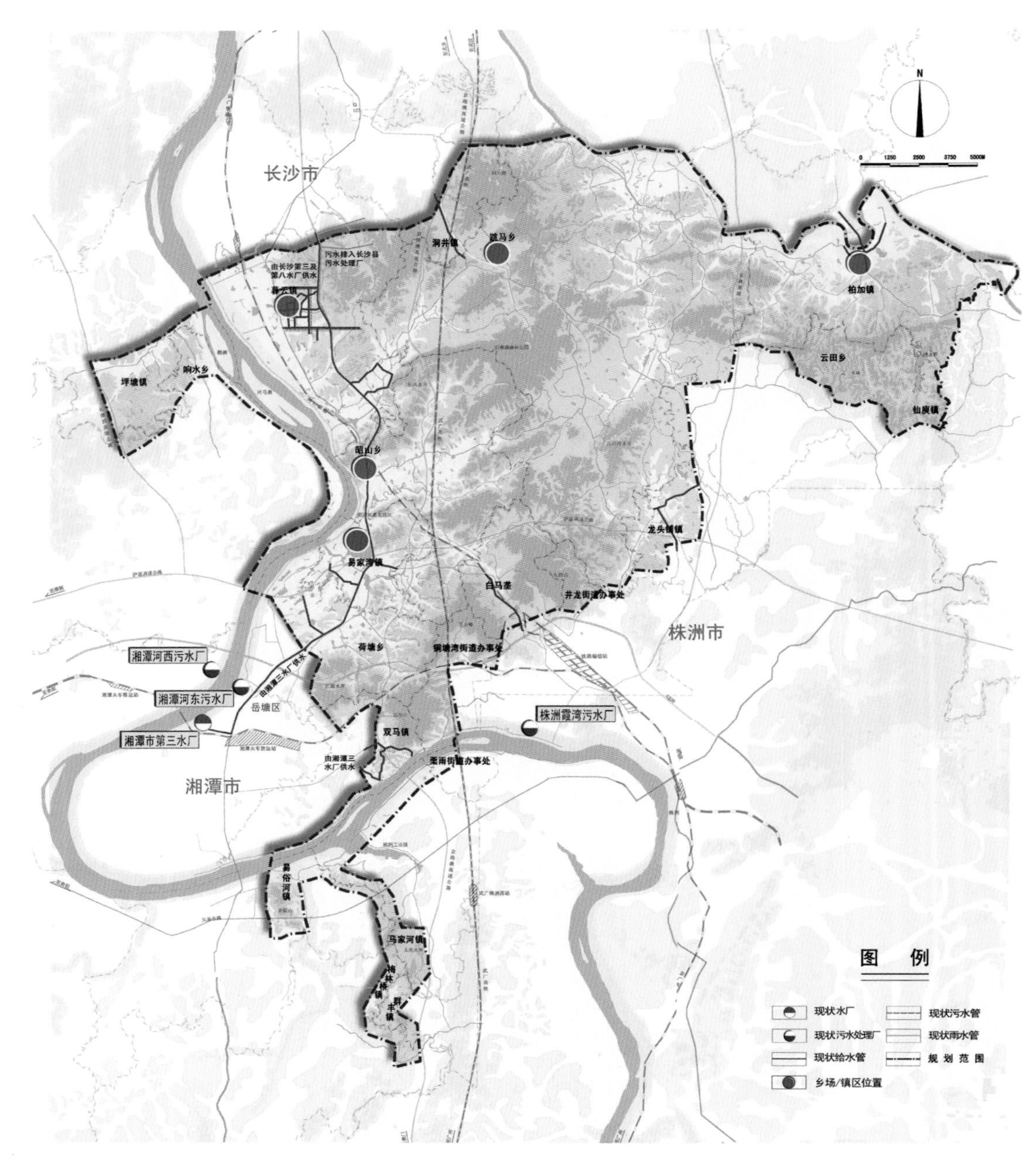

图2.16　生态绿心地区给水设施现状图

资料来源：欧振根据调研资料绘制

4） 电力设施

生态绿心地区现有7座变电站，其中500 kV变电站1座，220 kV变电站2座，110 kV变电站4座。区外南边有湘潭发电厂和株洲发电厂两座，东边有株洲云田500 kV变电站，以及北边规划的长沙南500 kV变电站和南边规划的株洲西500 kV变电站(图2. 17）。

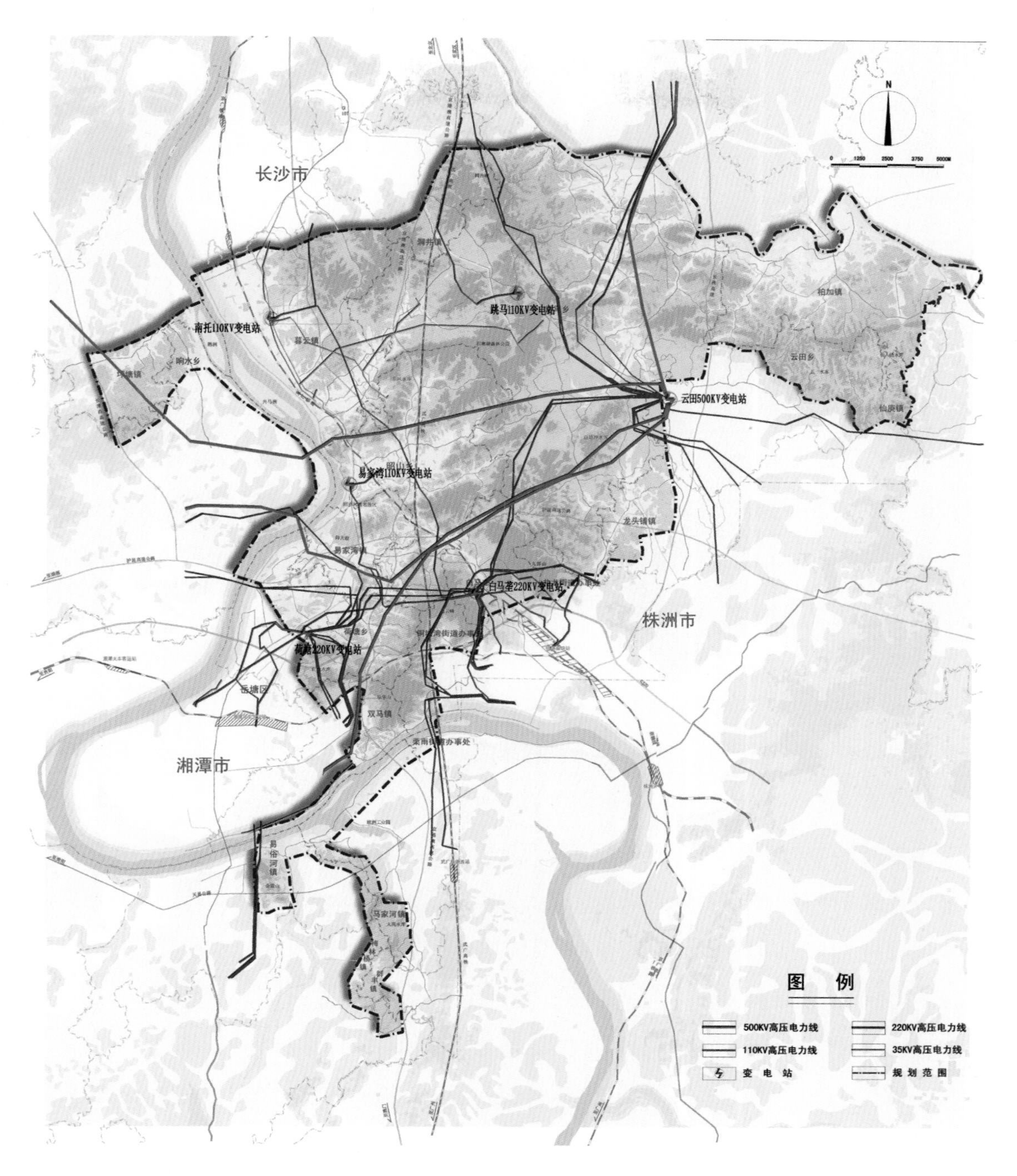

图2.17　生态绿心地区电力设施现状图

资料来源：欧振根据调研资料绘制

5）环卫设施

生态绿心地区位于长株潭中心区，长沙市现有一个垃圾填埋场，即黑麋峰垃圾填埋场，它位于芙蓉北路望城境内，暮云镇区生活垃圾送至黑麋峰垃圾填埋场进行卫生填埋。株洲市石峰区铜塘湾街道办事处长石村在建一座生活垃圾焚烧厂，占地面积16.7 hm^2；另株洲市石峰区铜塘湾街道办事处霞湾新村已建有一座垃圾填埋场。

2.2.6 公共服务设施

1）公共服务系统基本结构

生态绿心地区现状公共服务设施以医疗、教育、商业为主，主要集中在镇区以及村域范围内。当地行政职能部门统一负责各辖区内公共服务设施的修建与管理，镇级公共服务设施由镇政府负责修建与管理，村级公共服务设施由村委会负责修建与管理。公共服务设施按镇－村两级进行划分，村镇行政的等级高低，在一定程度上决定着下辖公共服务设施的规模大小以及职能多少(图2.18)。

镇级公共服务设施一般选址在人口较多、交通相对便捷、可达性较高的镇区上，服务较多的人群和相对较大的服务半径；公共服务设施种类一般较多，服务比较广泛，旨在综合性地提供整个镇域范围内的各类服务。村级公共服务设施种类较为单一，公共服务较为有限，以解决村域内部日常生活类的服务需求为主。

由此可见，区内公共服务体系在管理和统筹方面较为合理，职能分工也较为明确。不过在公共服务设施的种类选择和功能建设方面，缺乏一定的深度和广度，不利于村镇的进一步发展和人民生活水平的提高。

2）行政管理设施

区内各村、镇行政管理机构趋于完善，各党政、团体机构等专项管理机构配制齐全，村域内设有村委会，镇域内设有镇政府并设立在镇区，能够在较大范围内实现其管理服务职能。一些乡镇在镇区范围内另设街道社区，负责管理本社区公共服务建设以及人口统计等基础工作，通过转移由镇政府承担的对于所在地的管理，进一步明确了各类行政等级，不仅避免了可能产生的工作审批、计划安排等方面的无序局面，而且还节约了人力成本和时间成本，大大地提高了工作效率。

3）教育科研设施

区内教育水平参差不齐，地区与地区之间差异较大。由于乡、镇具体发展情况以及地

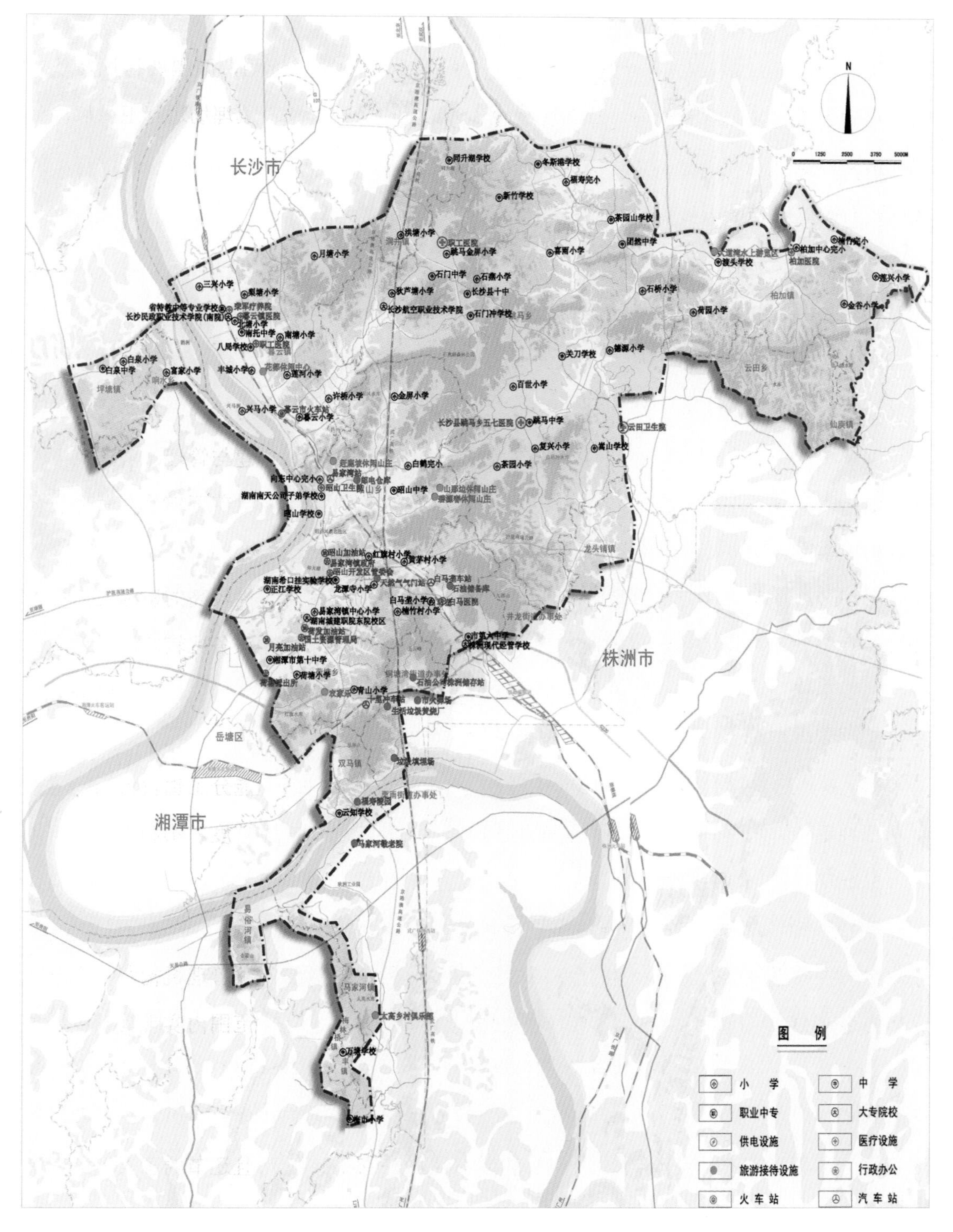

图2.18　生态绿心地区公共服务设施现状图

资料来源：倪洋根据调研资料绘制

理环境的不同，一些处于后发地位的区域在小学、初中等基础教育设施建设上明显落后。从走访居民以及设施布局现状来看，虽然区内教育设施的软硬件质量欠佳，但是数量还是能基本上满足当地居民的生活需求。

值得一提的是，中澳合资的同升湖国际实验学校，占地21万m^2，拥有特级教师18人，国家级优秀教师23人，教育资源相当丰富，不仅在区内首屈一指，甚至在长株潭地区乃至湖南省和全国都享有较高的知名度。

4）医疗卫生设施

区内医疗卫生配备较为完善，各乡镇至少拥有1家医疗机构，不过一般只能提供以防治、宣传、诊断等为主的一系列常规医疗卫生服务。乡镇医疗服务设施普遍为中等规模，设施面宽一般多为3—4个店面、2—3层楼高。周边附近设有药店，能够形成较为良好的医疗服务配套环境。

5）商业金融设施

区内商业设施以小型商业零售点为主，提供诸如食品、日常杂货、粮油、理发等生活资料类的服务，在选址上多布局于人群聚居或人流量较大处。小型商业设施基本上多为个体经营，组成较为简单，商业文化氛围并不浓厚。金融设施主要为农村信用社和农村商业银行，主要用来解决本地居民的个人储蓄或信贷业务。

6）文化体育设施

区内文化体育设施配套较为缺乏。在实地踏勘过程中，很少能够发现此类设施。

2.2.7　建设适宜性

建设适宜性评价是根据甲方提供的禁止建设区、限制建设区、建设协调区三个层次范围，综合地形地貌、耕地、林地、水系、建成区和居民点等评价因子，采用GIS空间分析方法加权叠加分析生成。在分析生态绿心地区现状特征的基础上，遵循各因子可计量、主导性、代表性和超前性等原则，选取对土地开发利用方式影响显著的高程、坡度、耕地、林地、水系、建成区等评价因子作为建设适宜性分析的主要因子，根据对建设开发的影响，这些因子分为阻力因子和潜力因子两大类，同时对某些因子进行必要的缓冲分析。

建设适宜性评价将用地分为禁止建设区、可建设区和适宜建设区三种类型。禁止建设区除继承甲方提供的禁止建设区范围外，还包括限制建设区和建设协调区中高程大于

100 m、坡度大于25°的用地和水系缓冲带；可建设区主要包括限制建设区和建设协调区中高程在80—100 m的范围，坡度小于25°的丘陵地和农田；适宜建设用地主要包括限制建设区和建设协调区中高程低于80 m，坡度小于25°的已建成区和居民点及其他用地（图2.19，表2.8）。

表2.8 生态绿心地区土地建设适宜性统计一览表

用地类型	面积（km^2）	比例（%）
森林保护用地	182.79	34.96
生态林建设用地	109.87	21.01
生态农业用地	104.34	19.96
限制建设用地	10.65	2.04
适宜建设用地	28.86	5.52
建成区	27.3	5.22
水体	59.06	11.29
合计	522.87	100

资料来源：黄田、马楠、柳树华统计

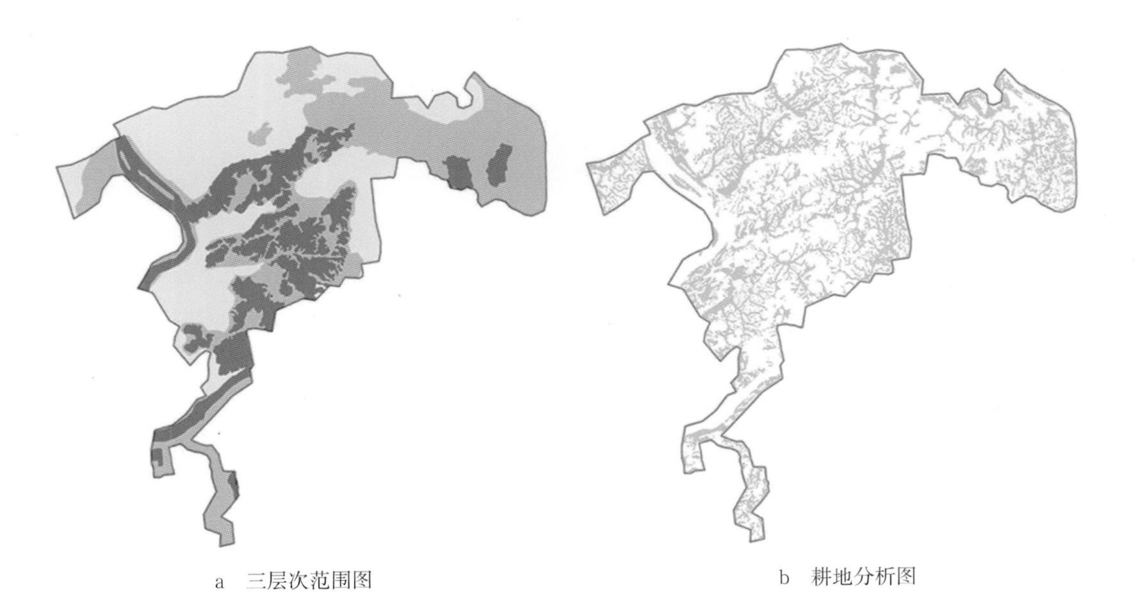

a 三层次范围图　　b 耕地分析图

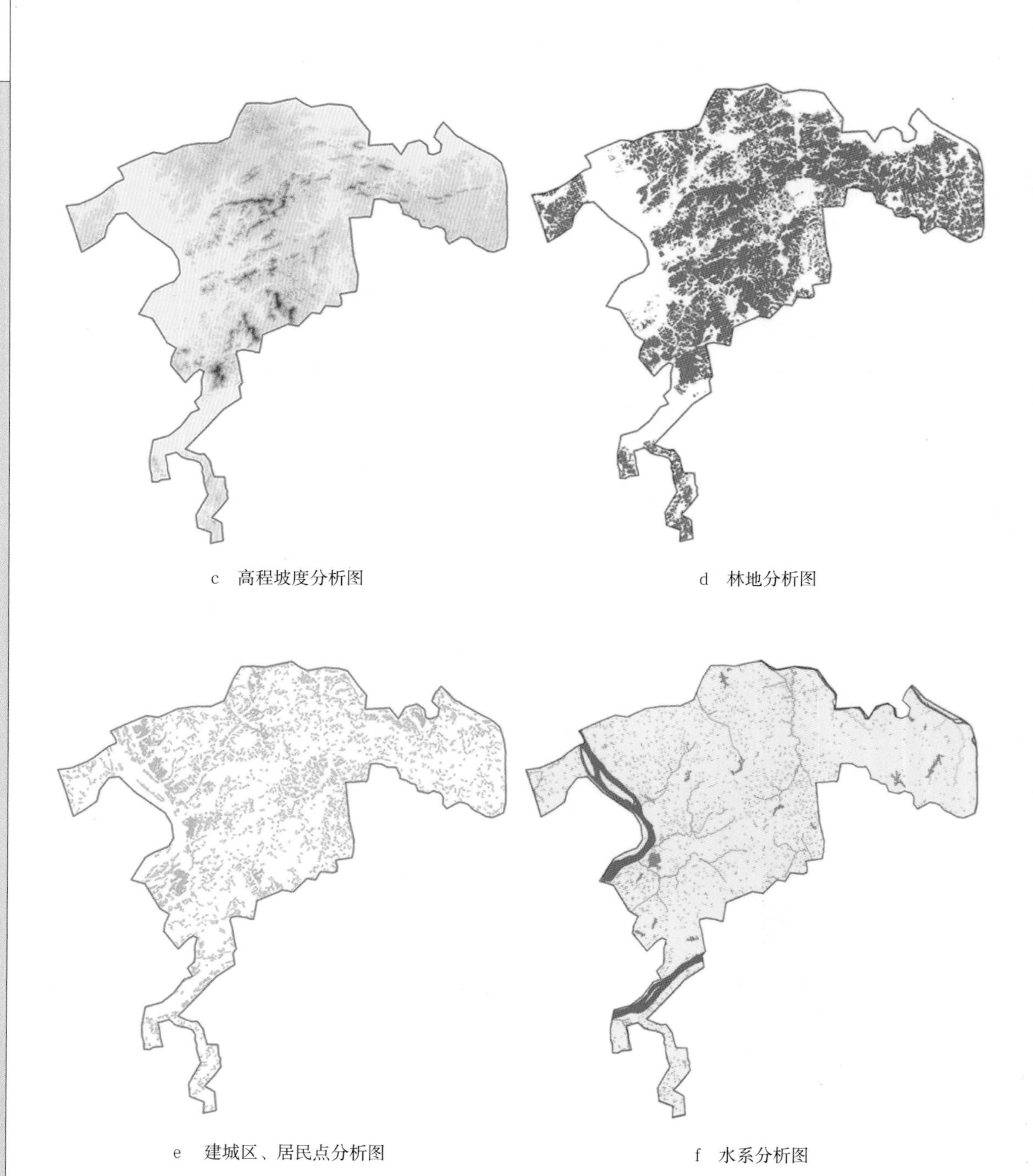

c　高程坡度分析图

d　林地分析图

e　建城区、居民点分析图

f　水系分析图

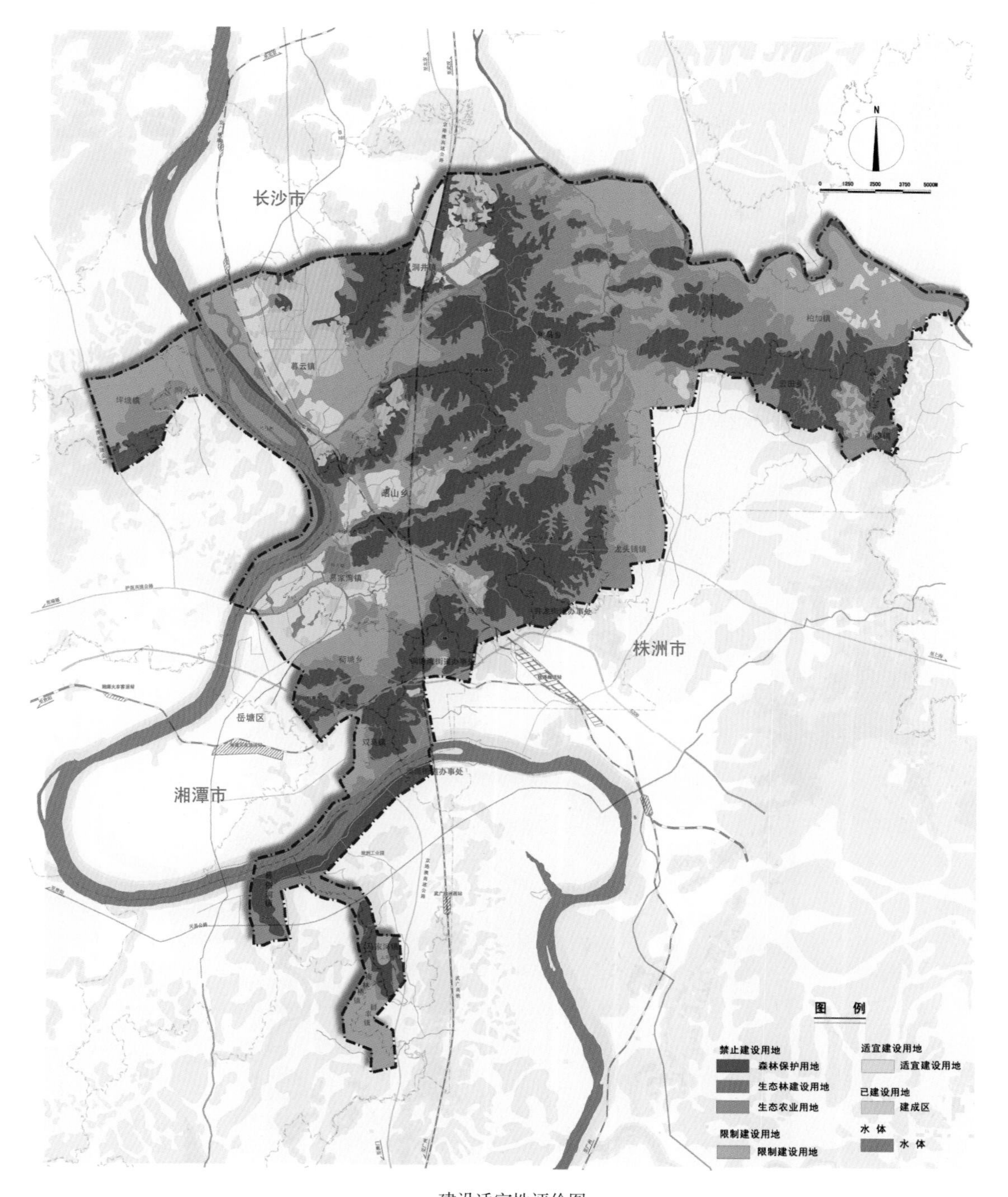

g　建设适宜性评价图

图2.19　生态绿心地区现状综合分析图

资料来源：蒋刚、倪洋根据调研资料绘制

2.2.8 综合评价

综合评价分析，见图2.20。

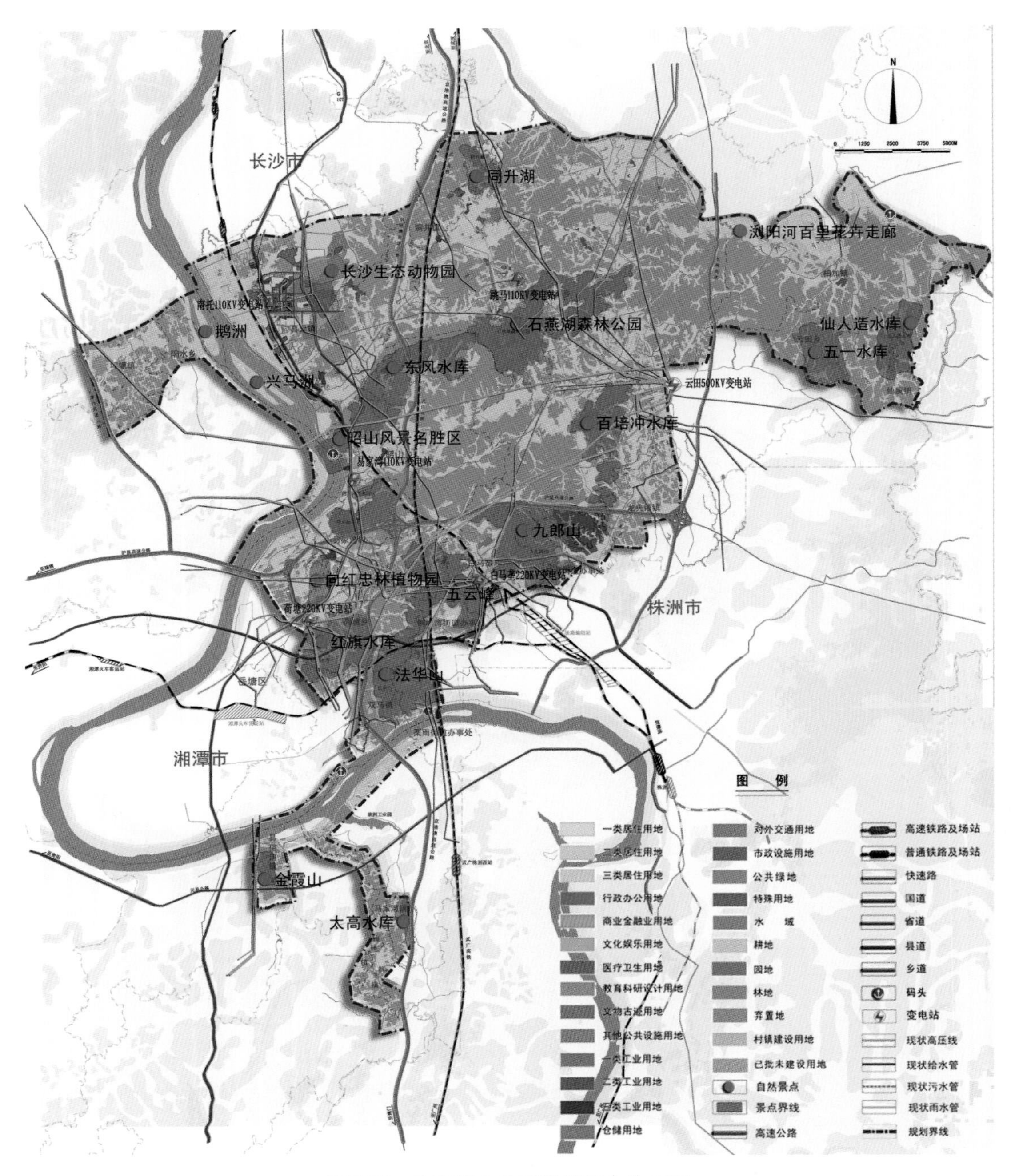

图2.20 生态绿心地区现状综合分析图

资料来源：蒋刚、倪洋综合绘制

2.3　相关规划

解读《长株潭城市群区域规划》、《湘江生态经济带开发建设总体规划》、《长沙市城市总体规划》、《株洲市城市总体规划》和《湘潭市城市总体规划》等相关规划（图2.21），基本结论如下：

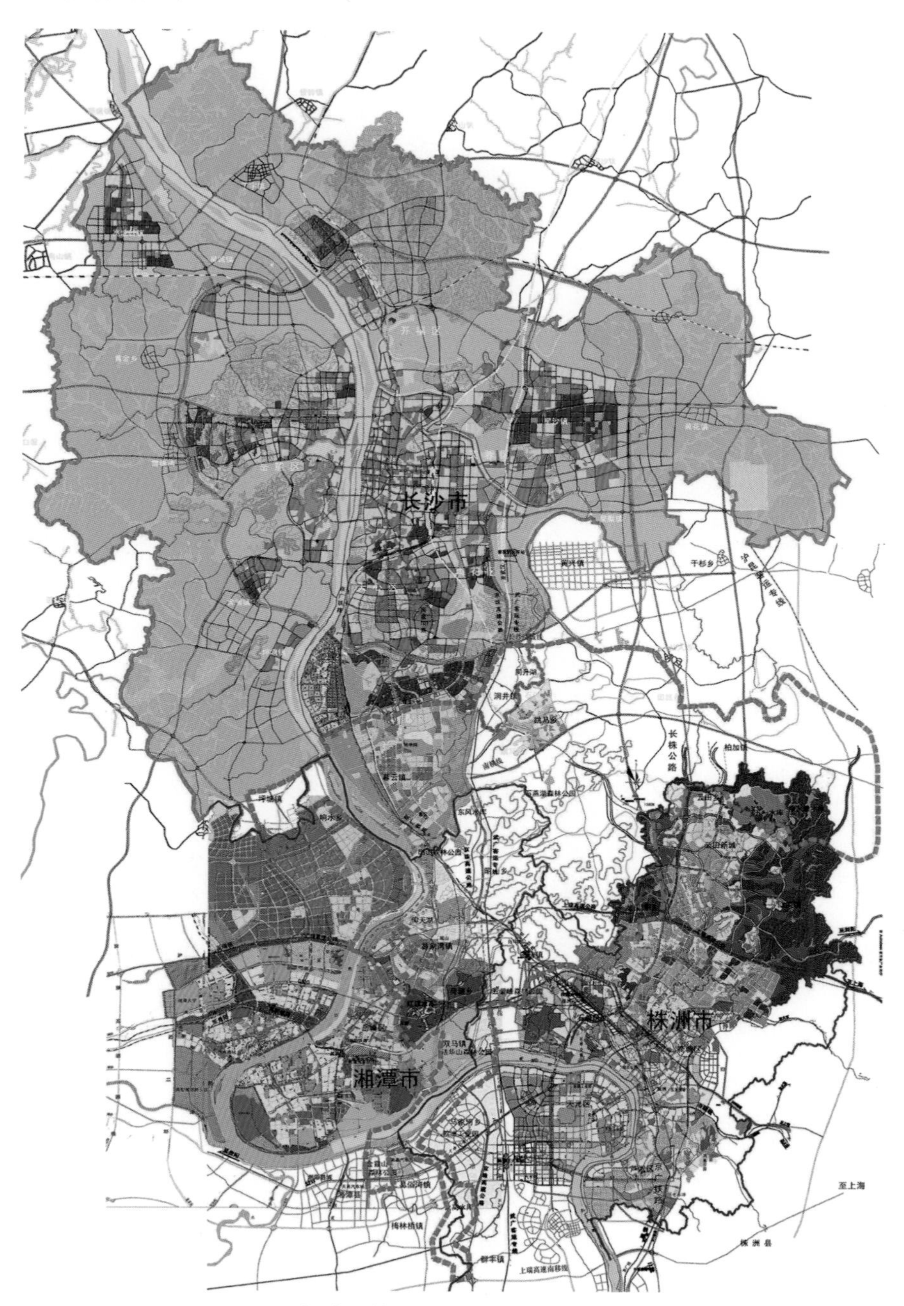

图2.21　长沙、株洲、湘潭三市总体规划拼接图

资料来源：周婷绘制

1）景观生态

生态绿心地区内岭谷相间，丘陵与盆地交错，城镇与乡村交织，良好的山体、水域和田园一同构成独特的生态本底，因而在环长株潭城市群的发展与建设过程中，必须优先保护生态绿心地区，保留城市群“绿肺”的功能。三市景观各具特色，长沙城市景观应突出现代大城市氛围；湘潭具有建设成“山水园林”城市的天然条件；株洲则具有新兴工业城市气象。因而生态绿心地区可以充分利用自身山水自然景观主体，结合三市景观生态与绿地系统，创造一个特色鲜明、适于人居休闲的现代化生态绿心地区。

2）空间发展

长株潭城市群将形成“一心双轴双带”的空间发展结构。其中，生态绿心地区是长株潭城市群的“绿肺”，在空间格局上规划形成以优美的自然山水和田园风光为特色的生态环境网络。

3）产业布局

湘江生态经济带主要发展现代农业、第三产业和高新产业；生态绿心地区应求异存同，发展现代服务业和生态旅游业，同时，推广跳马、暮云、云田、昭山和柏加的花木产业经验，科技农业种植与休闲旅游结合发展。重点发挥区域绿地和生态保育涵养、休闲度假两类主要功能；适当布局少部分生态型新兴产业。

4）基础设施

建设市际间多通道、方便、快捷、灵活的公路交通网络；加快县乡公路建设，力争市际间县乡公路基本达到四级以上，推进公交一体化及设施建设；城际轨道交通工程，由长沙—株洲、长沙—湘潭、湘潭—株洲线路组成“人”字形骨架，在此基础上增加星马新城—长沙CBD—株洲云田组团的南北向线路和河西新城—麓谷—长沙CBD—空港的东西向线路，联系各具有重要区域职能的组团；建设湘江长沙综合枢纽及湘江航道整治。推进交通、能源、水利和信息等基础设施共建共享，为生态绿心地区乃至长株潭城市群发展提供强力支撑。

5）新农村建设

充分发挥生态经济美化城乡、改善生态环境、宜居、生态旅游等职能，最终促进乡村映衬城市、城市增辉乡村的和谐发展。

长株潭城市群规划体系

1998年以来，已编制下列规划，它们共同构成环长株潭城市群规划体系。

1998年，编制实施交通同环、能源同网、金融同城、信息同享、环境同治五个网络规划。

2000年，世界银行就长株潭开展了在华首批城市发展战略研究（CDS），评价“长株潭的区位优势和经济格局在世界上是独特的，其发展前景令人鼓舞”。

2000年，编制《长株潭经济一体化“十五”规划》。

2001年，开展《长沙岳麓山大学城规划》、《湘江生态经济带概念性规划》国际咨询。

2002年，编制实施《长株潭产业一体化规划》；邀请中国城市规划设计研究院着手编制《湘江生态经济带开发建设总体规划》、《长株潭城市群区域规划》。

2003年，省政府颁布《湘江长沙株洲湘潭段开发建设保护办法》。

2004年，编制实施《2004—2010年长株潭老工业基地改造规划》。

2005年，省政府颁布实施《长株潭城市群区域规划》（这是我国内地第一个城市群区域规划）。编制实施《长株潭经济一体化“十一五”规划》。

2006年，编制《长株潭城市群土地利用规划》、《长株潭城市群环境同治规划》、《长株潭城市群生态同建规划》和《长株潭城市群物流规划》等。

2007年，《湖南省长株潭城市群区域规划条例》经湖南省第十届人民代表大会常务委员会第二十九次会议通过。

2008年，《长株潭城市群资源节约型和环境友好型社会建设综合配套改革试验总体方案》和《长株潭城市群区域规划》（2008—2020年）由国务院审议通过。

2009年，省第十一届人民代表大会常务委员会第十次会议审议通过修编后的《湖南省长株潭城市群区域规划条例》。

2009年，《长株潭城市群城际轨道交通网规划》(2009—2020年)获发改委批复。

2010年，《长株潭城市群生态绿心地区空间发展战略规划国际方案征集》进行国际公开征集。

2011年，《长株潭城市群核心区空间开发与布局规划》（2008—2020年）获省政府批准。

2011年，《长株潭城市群生态绿心地区总体规划》（2010—2020年）获得省政府批准。

2012年，《湖南省“十二五”环长株潭城市群发展规划》获得省政府批准。

资料来源：湖南省政府门户网站　www.hunan.gov.cn　2008-01-16
两型实验网

2.4 案例借鉴

“他山之石，可以攻玉”。为了更好地研究长株潭城市群生态绿心地区空间发展，我们从国际化视野出发，对国内外相关案例，即荷兰兰斯塔德、美国纽约中央公园、四川乐山、上海崇明、浙江绍兴以及浙江温州生态园等城市群生态绿心或者城市生态绿心进行了较为系统的研究，力图借鉴它们的一些成功经验，开启我们的思维，最大限度地避免前人所走过的弯路和错路（图2.22）。

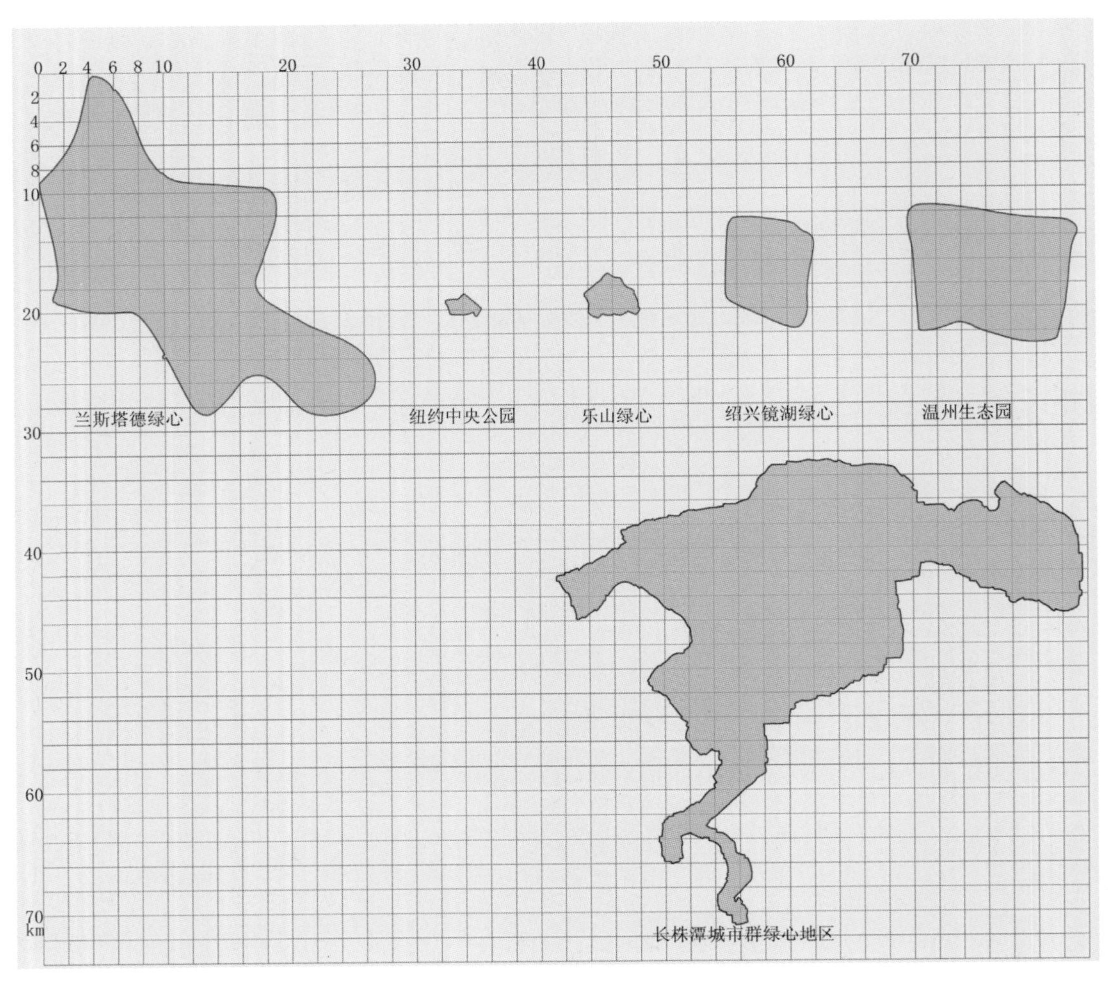

图2.22 国内外绿心空间尺度比较

资料来源：江丽根据相关资料绘制

1）荷兰兰斯塔德绿心

作为欧洲八大城市群之一，荷兰兰斯塔德城市群地处莱茵河三角洲，呈多中心马蹄形环状，它的空间结构形成主要与该地区自然地理有关。荷兰国家航空公司官员艾伯特·普莱斯曼1930年首次采用“兰斯塔德”（即环形城市）来描述它；20世纪50年代人们在描述阿姆斯特丹、海牙、鹿特丹、乌得勒支4大城市，哈勒姆、莱登等中等城市以及众多小城市快速发展并相互聚合的状况时，进一步强化了“兰斯塔德”这一概念；到了20世纪60年代，“生态大都市”(Green Metropolis)这一概念被用来说明兰斯塔德多中心聚合城市与作为农业景观绿心的中央开放空间的结构形态，“绿心”一词才逐渐被人们广泛运用。兰斯塔德内部由面积约400 km^{2}的农业地带组成“绿心”这种绿色开放空间。其内河网纵横、土地肥沃，现状用地主要由农业用地、湿地、景观园林组成，是荷兰温室园艺最为发达的地区，欧洲著名的农产品、花卉生产基地和旅游胜地。1998年正式被命名为荷兰的“国家景观”(National Landscape)，其中的开发建设从此受到了更为严格的控制（图2.23）。其主要经验如下：

图2.23 荷兰兰斯塔德生态绿心地区与城市空间关系图

（1）多中心空间结构是减轻和避免环境和交通问题的一种良策，通过那些不可侵占的绿心、绿楔和缓冲带，“对于遏制该区迅速蔓延的郊区化趋势，阻止城市在地域上的不断蔓延起到很好的效果”。

（2）在生态保护思路上，兰斯塔德由传统保护绿心转变成为保护蓝—绿带（Green-Blue Delta）。这个拓展的生态视野使得绿心成为更大范围生态格局的一部分，通过维护生态网络的安全促进局部生态效益的提升（图2.24）。

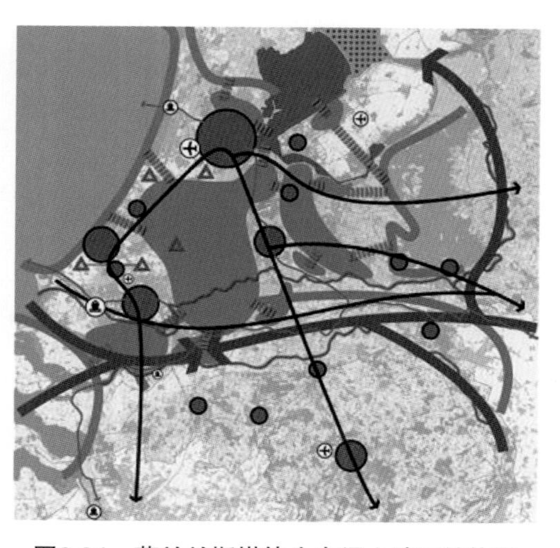

图2.24 荷兰兰斯塔德生态绿心地区结构图

（3）通过制定兰斯塔德发展纲要来确定该地区围绕绿心发展的空间形态。

（4）制定自然生态政策，使“生态重要结构”体系中的那些绿地得到法律的保护，现有自然保护区内自然保护和生态廊道建设的所有新地块都贯通和联系起来形成生态网络，保护与维持绿心特有的开放性，提高绿心特殊的自然景观价值和文化景观价值。

（5）5次国家空间规划在区域规模上形成和控制兰斯塔德与绿心空间形态方面功不可没，尤其是通过建立区域性联合机构，使空间规划走向明确与具体，增强保护政策的弹性，制定自然生态政策等一系列措施来保护绿心开放空间。

（6）提高空间质量与土地利用效率。紧凑利用建成区土地；提倡复合利用空间，尽量少占用乡村地区土地；转变乡村地区土地利用和城区建筑的形式与功能，使其更好地满足现代生活的需要。

（7）交通和住宅永远是绿心规划的核心。

（8）增强保护政策的弹性，鼓励在绿心内积极发展生态旅游和休闲等服务业，甚至允许有条件地建设具有区域重要性或很高经济效益的政府项目。

2）美国纽约中央公园

位于纽约曼哈顿岛中央，占地3.4 km^2，平面为长4 000 m、宽800 m的长方形，覆盖了153个街区。原址在当时还是一片位于建成区边缘不适合作为商业开发的山石沼泽地。政府在拨款500万美元购得土地后选定了由弗雷德里克・劳・奥姆斯特德和卡尔维特・沃克斯所提供的“绿化计划”方案，表达了设计者渴望传递“民主思想进入林木和泥土之中”的创新思维。公园始建于1857年，由这两位设计师和3 000位劳动者历时16年建设完成。时至今日，中央公园拥有大树2.6万棵，鸟类275种，湖面和溪流0.61 km^2，人行漫步道93.34 km^2，机动车道9.66 km^2，骑马专用道近8.05 km^2，网球场30个，游泳池1个，小动物园2座以及大量休闲娱乐公共设施（图2.25）。每年吸引游客多达2 500万人次。除了作为曼哈顿的绿肺为人们提供游憩和公共生活场所外，它同时还起着天然调节器和自然生态保护区的功能，成为城市孤岛中各种野生动物最后的栖息地。这块巨大的城市绿心所发挥出的环境生态效能和社会价值也是难以度量的，因而被誉为“镶嵌在纽约皇冠上的绿宝石”、“虽不是一栋建筑物，却是纽约最伟大的建筑”。其主要经验如下：

（1）成立公园委员会，通过实行动态适时的更新，延续公园活力。

（2）优先考虑交通，设计完美的交通方案，四条东西向城市干道地下穿过，保证公园空间景观的完整性、公园游览步行的安全性、悠闲性以及交通可达性。

（3）城市中央公园具有强大的物理功能和精神功能，为都市人提供一个拥有大自然的休闲场所，为终日忙碌的心灵提供一个放松的空间。

（4）始终坚持平民公园的主题，承袭绿色开敞空间的性质与格局。

（5）采用动态性适时更新策略，注重适时性、前瞻性、人性化、主题性和共生性。

（6）有机结合地形地貌，大力营造多元文化与复合环境。

（7）与时俱进，创新公园管理与运作模式。

（8）统一思想，各级政府与公众一起参与保护，建立健全法治体系，通过专项立法进行保护和更新。

a　卫星鸟瞰图

b　实景照片

图2.25　纽约中央公园

资料来源：卫片来自Google Earth
照片来自百度

3）四川乐山绿心

早在1987年乐山市城市总体规划中，重庆建筑工程学院黄光宇教授在我国最早提出一种“绿心”规划结构，规划了位于城市中心的8.7 km^2的绿心，形成“山水中的城市、城市中的森林”的生态型扩展形式。在近20年的城市规划建设历程中，乐山市规划管理者很好地秉承和发扬了“绿心环状城市”理念，并融合“生态城市”精神，现已基本形成绿心环状组团式的空间形态，8.7 km^2的城市绿心已成为城市一个重要组成部分和不可或缺的生态空间（图2.26）。联合国 TIPS 技术信息系统中国国家分部1994年为“乐山绿心生态环形城市新模式”颁发了“发明创新科技之星”奖，该规划得到国内外专家及社会各界的肯定，现已列入《城市规划原理》大学教科书，称作乐山城市规划发展模式。其主要经验如下：

（1）绿心环形城市空间结构对于城市的有序发展与生态建设产生决定性影响。

（2）将绿心的生态价值放在首位。绿心能为人们提供以自然景观为基础的休闲娱乐空间，满足人们回归自然的愿望。

（3）科学而合理地解决绿心内的“三农问题”。转变村民生产经营方式，以多户甚至集群合作从事与旅游休闲活动相关的园林生产和服务业为主。

（4）明确禁止进入项目和鼓励进入项目，有利于决策者进行科学的管理和控制。

（5）充分利用现有地形高差，通过自然地貌起伏塑造竖向景观。利用生态植物群落来创造新的植物绿化元素。

（6）融合乐山风土人情及现代生活休闲理念，加深整体设计的文化底蕴，注重休闲生活。

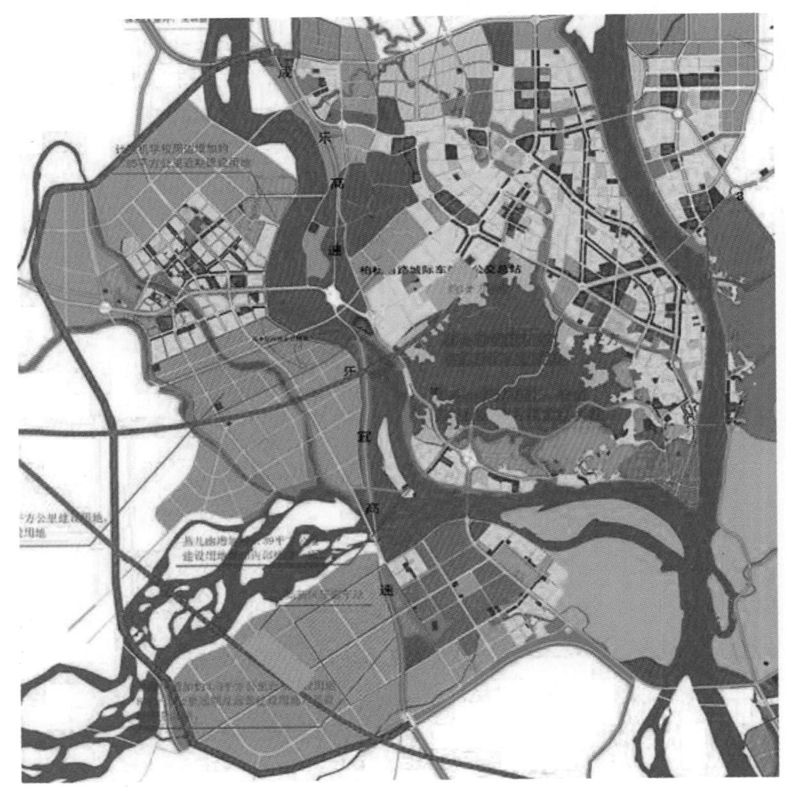

图2.26　四川乐山总体规划调整示意图（2008—2011年）

4）上海崇明生态岛

地处西太平洋沿岸中点、上海北翼的长江口，素有“东海瀛洲、长江门户”之称。包括崇明、长兴、横沙三岛，陆域总面积为1 411 km^2，其中崇明岛1 267 km^2，长兴岛88 km^2，横沙岛56 km^2，是上海城市总体规划确定的21世纪可持续发展的重要战略空间。崇明生态岛建设建立全方位“环境—经济—社会”整体推进体系。功能定位为“森林花园岛、生态人居岛、休闲度假岛、绿色食品岛、海洋装备岛和科技研创岛”。土地根据允许建设的强度规划分为永久保护地带、建设控制地带（农田及部分林地）、战略储备地带、适度开发地带四个地带；产业规划有旅游度假及户外运动产业、生态型现代农业、研发创新和商务办公服务业、清洁型工业和岸线型先进装备制造业。形成“三岛联动、内外结合、模式多样、各具特点”的生态型现代化综合交通体系。其主要经验如下：

（1）坚持走一条跨越传统工业化的生态型现代化的发展之路，处理好崇明岛开发与上海发展这一局部与整体的关系。坚持用国际视野进行高起点规划，寻求后发居上的跨越式发展之路，依托大项目，谋求大发展。

（2）坚持“两个留足”，即留足湿地、河湖、森林等自然生态涵养空间，留足适宜未来国内各类大型项目布点的多种选址空间。处理好经济发展与环境保护、近期开发和长远规划的关系。从生态文明的高度，以留足的理念腾出高起点发展的空间，形成一个能适应上海未来真正可持续发展的生态化岛域规划框架。

（3）坚持“三个集中”，在现代生态产业培育中推进城乡融合，有效解决农村、农民和农业问题，处理好生态发展与社会富裕的关系。

（4）建立理念新颖、切合当前实际的“环境—经济—社会”整体推进体系。提出环境生态化、经济生态化、社会生态化；强调以保护大自然为基础，与自然环境的承载能力相协调；切实有效地保护崇明岛的生物多样性及生存环境；推崇低碳经济、采用低碳建筑，运行工业循环经济的清洁生产，充分利用太阳能、风能、生物质原料，推广生态化交通方式。

（5）提出明确的功能分区，以生态居住、休闲运动、国际教育为主。产业方面结合现状与发展条件，确定产业发展方向与项目。

5）浙江绍兴绿心

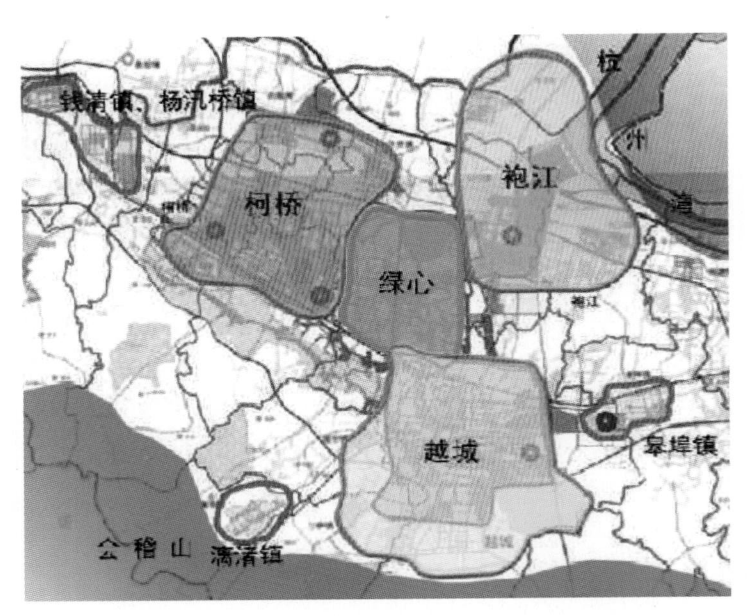

图2.27　浙江绍兴绿心示意图（2008—2011年）

在1994年编制的绍兴市城市总体规划中，最早出现“城市绿心”概念的雏形。当时根据区域生态空间系统与城市空间布局调整的需要提出建设“绿色空间”，后经修改，正式提出“城市绿心”的概念。它主要由湖泊、森林和历史文化景观组成。绿心南面为古城越城区，西北面为柯桥组团，东北面为袍江组团（图2.27）。主要经验如下：

（1）投资资金来源多元化，利用民资带动绿心开发建设。

（2）建设复合生态绿心，形成一个较大范围内的立体式生态系统。

（3）采用“分层分级控制，适度开发利用”的圈层控制理念，划定“绝对保护区、重点保护区、协调过渡区”三个圈层并进行深化和量化控制。

6）浙江温州生态园

位于温州市区东南部，由大罗山和三垟湿地组合而成，总面积约为130 km^2，为温州主城区、永强片、瑞安城镇群三大组团围绕的大都市内圈层的绿心，是未来温州大都市空间结构的核心、整体生态骨架的精华，对于温州都市圈生态质量起着决定性作用。其中，大罗山占地117 km^2，有城市“绿肺”之称，是温州城市的重要生态屏障；三垟湿地与大罗山相连，面积为13 km^2，内部水网密布，由160余座岛屿组成，水域面积占总面积约56%，自然风光十分秀丽，属于“终年河道湿地型”的湿地保护区，有城市“绿肾”之称，在提供水资源、调节气候、涵养水源、蓄洪防旱、降解污染物和保护生物多样性等方面发挥着重要作用。其主要经验如下：

（1）制定主要包括资源保护、生态发展、产业发展和社区发展等内容在内的详细规划目标，进行全程规划和总量管制。

（2）形成城市发展的生态核心区，完善城市生态格局。

（3）坚持以人为本，注重继承与发扬传统文化和地方文化，大力建设文化园区。

（4）以8大生态主题对生态园进行合理开发，大力发展生态旅游，建设温州大都市区的绿色人居中心区。

（5）遵循市场经济规律，鼓励多元投资，正确引导和合理利用民间资本，让其参与公共活动场所和服务设施建设。

（6）成立温州生态园管委会专门管理绿心。

中新天津生态城

中新天津生态城是中国和新加坡两国政府战略性合作项目，是继苏州工业园之后两国合作的新亮点。生态城市建设显示了中新两国政府应对全球气候变化、加强环境保护、节约资源和能源的决心，为资源节约型、环境友好型社会建设提供积极的探讨和典型示范。

位于中国国家发展的重要战略区域——天津滨海新区范围内，毗邻天津经济技术开发区、天津港、海滨休闲旅游区，地处塘沽区、汉沽区之间，距天津中心城区45 km，距北京150 km，总面积约31.23 km^2，规划居住人口35万。东临滨海新区中央大道，西至蓟运河，南接蓟运河，北至津汉快速路，交通便利，能源供应保障条件较好，是为滨海新区功能区配套服务的重要生活城区。

作为世界上第一个国家间合作开发建设的生态城市，中新天津生态城将为中国乃至世界其他城市可持续发展提供样板；为生态理论创新、节能环保技术使用和先进生态文明展示提供国际平台；为中国今后开展多种形式的国际合作提供示范。中新天津生态城将充分利用国家综合配套改革试验区先行先试、改革创新的政策优势，借鉴国际生态城市建设的先进理念和成功经验，通过十年左右的建设，使之成为展示滨海新区“经济繁荣、社会和谐、环境优美的宜居生态型新城区”的重要载体和形象标志。

运用生态经济、生态人居、生态文化、和谐社区和科学管理的规划理念，聚合国际先进的生态、环保、节能技术，造就自然、和谐、宜居的生活环境，致力于建设经济蓬勃、社会和谐、环境友好、资源节约的生态城市。全面贯彻循环经济理念，推进清洁生产，优化能源结构，大力促进清洁能源、可再生资源和能源的利用，加强科技创新能力，优化产业结构，实现经济高效循环。提倡绿色健康的生活方式和消费模式，逐步形成有特色的生态文化；建设基础设施功能完善、管理机制健全的生态人居系统；注重与周边区域在自然环境、社会文化、经济及政策的协调，实现区域协调与融合。

建设目标具体包括：建设环境生态良好、充满活力的地方经济，为企业创新提供机会，为居民提供良好的就业岗位；促进形成社会和谐和广泛包容的生态社区，社区居民有很强的主人意识和归属感；建设一个有吸引力的、高生活品质的宜居城市；采用良好的环境技术和做法，促进可持续发展；更好地利用资源，产生更少的废弃物；探索未来城市开发建设的新模式，为中国城市生态保护与建设提供管理、技术、政策等方面的参考。具体而言，它具有如下8个方面的特色：

（1）第一个国家间合作开发建设的生态城市。

（2）选择在资源约束条件下建设生态城市。

（3）以生态修复和保护为目标，建设自然环境与人工环境共生的生态系统，实现人与自然的和谐共存。

（4）以绿色交通为支撑布局紧凑型城市形态。

（5）以指标体系作为城市规划的依据，指导城市开发和建设。

（6）以生态谷（生态廊道）、生态细胞（生态社区）构成城市基本构架。

（7）以城市直接饮用水为标志，在水质性缺水地区建立中水回用、雨水收集、水体修复为重点的生态循环水系统。

（8）以可再生能源利用为标志，加强节能减排，发展循环经济，构建“两型社会”。

资料来源：http://www.eco-city.gov.cn/eco/shouye/（中新天津生态城门户网站）

7）借鉴与启示

通过较为系统地梳理，了解上述各绿心的形成历程和基本特征；较为充分地汲取它们的成功经验，结合环长株潭城市群及其生态绿心地区的实际，我们主要获得如下9个方面的启示。

（1）生态绿心地区发展的必然趋势就是长株潭超大型综合生态公园，因而必须强调生态服务功能，凸现户外娱乐、休闲的多样性。

（2）水体、绿色植物永远是生态绿心地区第一位考虑和处理的问题，因而必须及时而又合理地确定绿线、蓝线、红线、黄线和紫线的明确界限，有效控制开发强度；必须确保从国家/国际层面上获得足够的关注，统筹地方/区域的发展关系。

（3）建立跨行政界限的区域协调平台和调控机制是保证统筹区域规划、协调开发建设、保护生态环境、保证规划顺利实施的有效保障。

（4）生态绿心地区是一个社会—经济—自然复合生态系统，优先保护生态环境与合理发展生态农业、生态旅游并不矛盾。应该同时发挥生态绿心地区的生态效应、经济效应和社会效应。

（5）必须统筹空间发展规划与新农村建设，采用缩减规划策略，整合农村建设用地和农业用地，提高土地利用效率。

（6）必须创新利用独特的自然资源和生态资本，彰显自然性和历史性、文化性和地方特色，坚持适度渐进原则，努力解决开发资金难题。

（7）应该鼓励土地利用多样性，采用高端占领策略，鼓励各种资本参与，适度合理开发。

（8）必须坚持统筹管理，建立有效调控、融资、规划、经营机制和法制体系，确保生态绿心地区规模不缩小与生态功能大幅提升。

（9）自然环境保护是生态绿心地区生存的基石，因而必须加强宣传，提高保护意识。

2.5 焦点问题

通过上述梳理和分析，认为如下6个方面15个问题应该成为我们本次空间发展关注的焦点，同时也是我们战略规划研究的核心。

1）生态安全与服务

- 能够提供哪些生态安全和生态服务功能？
- 如何保障长株潭城市群的生态安全和生态功能需求？

2）空间发展

- 作为城市区域化和区域城市化过程中城乡用地矛盾最突出、空间争夺最激烈的区域，空间发展面临哪些机遇与挑战？
- 未来空间发展趋势如何？
- 应该采用哪种发展模式？

3）产业布局

- 产业发展的优势、劣势、机遇和挑战何在？
- 功能定位在何种层次上？产业需求有哪些？产业进入门槛如何设置？未来发展趋势如何？
- 放眼全国乃至全球，作为国家战略区域之一，在“两型社会”建设方面是否能够真正发挥示范带头作用？如何示范？
- 能否以及如何抓住诸多历史性发展机遇？

4）资源利用与设施共享

- 如何整合各种自然和社会设施资源？
- 如何有效地衔接跨区域设施通道、实现基础设施的共建共享？

5）新农村建设

- 如何解决居民住宅安置与就业安置等难题？
- 对于农村地区众多居民点，如何进行缩减与整合规划？
- 城乡统筹过程中，新农村建设应该采取哪些政策与措施？

6）调控机制

● 作为三市利益和矛盾集中的焦点地区，在区域管理模式探索方面如何实现创新，为国内其他地区提供借鉴？

3 理念与定位

3.1 规划理念

以“两型社会”建设为契机，以科学发展观为指导，树立“保护第一、永续利用、高端占领、共生融合、转型创新”的先进理念。

1）保护第一

摒弃“生态资源取之不尽、用之不竭”的陈旧观念，十分珍惜、更加严格地保护全省人民共同的不可多得的宝贵资源和城市群天然的生态屏障，遏止过度开发与无序蔓延；夯实区域生态基础设施，竭力保全“绿肺”功能；保护自然资源、生态环境、历史文化与地方特色。

2）永续利用

科学管理自然生态资源（尤其是森林资源）与生态景观，维持区域生态健康，发挥生态、经济和社会效益，实现自然资源与生态功能的永续利用。建设成为人与自然、人与社会和谐相处、良性循环、全面发展、持续繁荣的社会—经济—自然复合生态系统，有效保障区域可持续发展。

3）高端占领

摈弃“被动生态保守”的陈旧思维和“高投入、高能耗、高污染、低效率”的经济粗放发展模式，采取“主动生态保护”的科学策略；调整产业结构，设置产业进入门槛，用高端低碳的第一、第三产业占领生态绿心地区，促使生态绿心地区从“单一自然生态系统保护”向“复合生态系统保护与发展”转变，从而促进生态安全、生态服务、经济发展与社会进步的协同统一。

4）共生融合

城乡与自然彼此共生、城镇与生态建设双向渗透、城市和乡村统筹发展，最终实现城乡经济社会发展一体化；三市共享生态服务，共筑生态安全格局；长株潭通过生态绿心地区的枢纽作用而有机地融合成为一个现代化生态城市群。

5）转型创新

按照“两型”要求，优化、创新生态建设、经济发展和公共管理体制机制，建立健全绿色环境评价体系和生态补偿机制，打造区域协调的智力平台，实现产业结构、生产方式和生活方式向高端、生态、低碳与服务方向转型。

生态基础设施

生态基础设施（Ecological Infrastructure，EI）本质上讲是城市的可持续发展所依赖的自然系统，是城市及其居民能持续地获得自然服务 (Nature Services)的基础，这些生态服务包括提供新鲜空气、食物、体育、游憩、安全庇护以及审美和教育等等。它包括城市绿地系统的概念，更广泛地包含一切能提供上述自然服务的城市绿地系统、林业及农业系统、自然保护地系统，并进一步可以扩展到以自然为背景的文化遗产网络。

生态基础设施一词最早见于联合国教科文组织的“人与生物圈计划”（MAB）。在其1984年的报告中提出了生态城市规划的五项原则，即生态保护战略、生态基础设施、居民生活标准、文化历史的保护、将自然引入城市。

MAB的研究推动了生态城市研究在全球内的进展，其5项原则也奠定了后来生态城市理论发展的基础。这里生态基础设施主要指自然景观和腹地对城市的持久支持能力。

不久，有学者就用EI概念表示栖息地网络的设计。1990年，荷兰农业、自然管理和渔业部的自然政策规划也提出了全国尺度上的EI概念。这些都是从生物和环境资源的保护与利用角度提出的。其他一些概念，如生态廊道、绿色通道、生境网络、环境廊道、生态网络，以及框架景观、生态结构等，与之都有一定的联系（表3.1）。

近年来，EI概念的含义在日益拓展。包括生态系统管理与生态学、景观生态学、生态经济学、 生物保护学、生态工程学等多方面研究都对之进行了探讨。同时EI概念对土地利用规划、区域与城市规划和景观规划也产生了影响。可以认为，EI概念体现了一种跨学科的思考。就其内涵而言，EI的概念无论对于生物栖息地系统，还是人类的城市栖息地系统，都含有具有基础性支持功能的自然生态系统及其自然服务的含义。EI概念不光提供一种新的视角，也蕴涵着新的规划方法论。

表3.1　生态基础设施相关概念辨析

概念	概念应用地区	功能			尺度				空间基础			来源及实例
		生物	文化	多功能	大洲	国土	区域	地方	物质	生物	文化	
生态网络	欧洲	√	—	—	√	√	√	√	—	√	—	荷兰北布拉班特省物质空间规划
生境网络	欧洲 美洲	√	—	—	—	√	√	√	—	√	—	Noss and Harris, 1986
生态基础设施	欧洲	√	—	—	√	√	√	√	—	√	—	荷兰自然政策规划（1990）

续表3.1

概念	概念应用地区	功能			尺度				空间基础			来源及实例
		生物	文化	多功能	大洲	国土	区域	地方	物质	生物	文化	
野生生物廊道	美洲	√	—	—	—	—	√	√	—	√	—	Smith&Hell-ummd, 1993; Quabbin to Wachusent
滨水缓冲区	欧洲 美洲	√	—	√	—	—	√	√	√	—	—	Binford & Buchenau, 1993
生态廊道	美洲	√	—	—	—	—	√	√	√	—	—	Phil Lew, 1994
环境廊道	美洲	—	—	√	—	—	√	√	√	—	—	美国威斯康星州（1994）
绿带	欧洲 美洲	—	—	√	—	—	√	√	—	—	√	英国伦敦；加拿大渥太华
景观连接体	美洲	√	—	—	—	—	√	√	—	√	—	美国佛罗里达州（1989）

资料来源：刘海龙，李迪华，韩西丽．生态基础设施概念及其研究进展综述[J]．城市规划，2005，29（9）：70–75

复合生态系统

生态学理论被认为是人类寻求解决当代重大社会问题的科学基础之一。在当代若干重大社会问题中，无论是粮食、能源、人口和工业建设所需要的自然资源及其相应的环境问题，都直接或间接关系到社会体制、经济发展状况以及人类赖以生存的自然环境。近年来，随着城市化的发展，城市与郊区环境的协调问题亦相应突出。虽然社会、经济和自然是三个不同性质的系统，都有各自的结构、功能及其发展规律，但它们各自的存在和发展，又受其他系统结构、功能的制约。此类复杂问题显然不能只单一地看成是社会问题、经济问题或自然生态学问题，而是若干系统相结合的复杂问题，我们称其为社会—经济—自然复合生态系统问题。

从复合生态系统的观点出发，研究各亚系统之间纵横交错的相互关系：其间物质、能量、信息的变动规律，其效益、风险和机会之间的动态关系，这些应是一切社会、经济、生态学工作者以及规划、管理、决策部门的工作人员所面临的共同任务，也是解决当代重大社会问题的关键所在。

组成这种复合系统的三个系统，均有各自的特性。社会系统受人口、政策及社会结构的制约，文化、科学水平和传统习惯都是分析社会组织和人类活动相互关系必须考虑的因素。价值高低通常是衡量经济系统结构与功能适宜与否的指标。自然界为人类生产提供的资源，随着科学技术的进步，在量与质方面，将不断有所扩大，但是有限度的。

稳定的经济发展需要持续的自然资源供给、良好的工作环境和不断的技术更新。大规模的经济活动必须通过高效的社会组织，合理的社会政策方能取得相应的经济效果；反过来，经济振兴必然促进社会发展，增加积累，提高人类的物质和精神生活水平，促进社会对自然环境的保育和改善。自然社会与人类社会的此种互为因果的制约与互补关系见图3.1。

人类的经济活动，涉及生产加工、运输及供销。生产与加工所需的物质与能源仰赖自然环境供给，消费的剩余物质又还给自然界。通过自然环境中物理的、化学的与生物的再生过程，供给人类生产需要。人类生产与加工的产品数量受自然资源可提供的数量的制约。此类产品数量是否能满足人类社会需要，做到供需平衡，而取得一定的经济效益，则决定于生产过程和消费过程的成本、有效性及利用率。显然，在此种循环不已的动态过程中，科学技术将发挥重要作用。因此，在成本核算和产品价值方面通常把科技投资及环境效益亦计算在内。

在此类复合系统中，最活跃的积极因素是人，最强烈的破坏因素也是人。因而它是一类特殊的人工生态系统，兼有复杂的社会属性和自然属性两方面的内容：一方面，认识社会经济活动的主人，以其特有的文明和智慧驱使大自然为自己服务，使其物质文化生活水平以正反馈为特征持续上升；另一方面，人毕竟是大自然的一员，其一切宏观性质的活动，都不能违背自然生态系统的基本规律，都受到自然条件的负反馈约束和调节。这两种力量间的基本冲突，是复合生态系统的一个最基本特征。

一般说来，复合生态系统的研究是一个多维决策过程，是对系统组织性、相关性、有序性、目的性的综合评判、规划和协调。其目标集是由三个亚系统的指标结合衡量的，即：

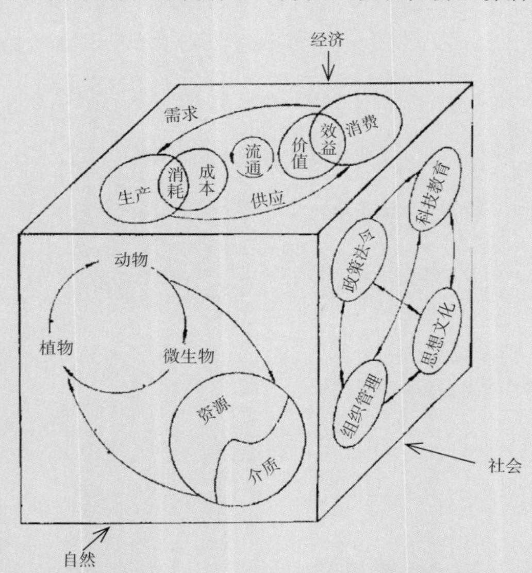

图3.1　社会—经济—自然复合生态系统示意图
资料来源：邱国潮等绘

（1）自然系统是否合理

看其是否合乎自然界物质循环不已、相互补偿的规律，能否达到自然资源供给永续不断，以及人类生活与工作环境是否适宜与稳定。

（2）经济系统是否有利

看其是消耗抑或发展，是亏损抑或盈利，是平衡发展抑或失调，是否达到预定的效益。

（3）社会系统是否有效

考虑各种社会职能机构的社会效益，看其是否行之有效，并有利于全社会的繁荣昌盛。从现有的物质条件（包括短期内可发掘的潜力），科学技术水平，以及社会的需求进行衡量，看政策、管理、社会公益、道德风尚是否为社会所满意。

资料来源：马世骏，王如松．社会—经济—自然复合生态系统[J]．生态学报，1984，4（1）：1-9

3.2 规划目标

围绕“两型社会”建设主题，确保区域生态安全，充分体现生态服务功能，将生态绿心地区建设为“生态文明样板区、湖湘文化展示区、两型社会创新窗口、城乡统筹实验平台”，最终建设成为确保城市群生态安全、提供充足生态服务的生态枢纽和具有国际品质和湖湘特色的都市绿心。

1）生态建设目标

生态环境质量整体提升、生态格局更加安全，生态功能更加完善，生态服务更加高效，人与自然和谐共生。推进森林建设、生态农业、生态村镇和生态廊道建设，建设具有国际品质的都市绿心。通过生态绿心地区的生态枢纽作用，将长株潭三市有机的结合，融合为现代化生态型城市群。

保护林业资源，提高森林覆盖率。规划期末规划区总体森林覆盖率达到65%，其中禁止开发区森林覆盖率达到80%，限制开发区森林覆盖率达到60%，控制建设区绿化覆盖率达到50%；生态公益林面积占规划区森林面积60%以上；森林蓄积量100万m^3；综合物种指数大于80%，本地植物指数大于80%。

2）社会发展目标

基本公共服务均等，公共服务设施完善，邻里意识显著增强，社会秩序安定和谐。

3）文化发展目标

以湖湘文化为主题，以名人文化、伟人文化、民俗文化和生态文化为载体，融合地方文化与国际文化，促进多元化和国际化发展。

4）城乡统筹目标

共建共享区域基础设施与公共服务设施，实现交通同网、能源同体、信息同享、生态同建、环境同治；促进城乡融合，探索与创新城乡统筹、新农村建设新模式。

3.3 功能定位

1）生态枢纽

城市群之肾：生态安全屏障、生态隔离净化。

城市群之肺：调节气候、缓解热岛效应、水源涵养。

城市群之核：00低碳经济示范“两型社会”建设。

城市群之睛：自然景观轴心、景观美化。

生物之天堂：维持生物多样性、保护栖息地安全。

生态绿心地区生态枢纽结构见图3.2。

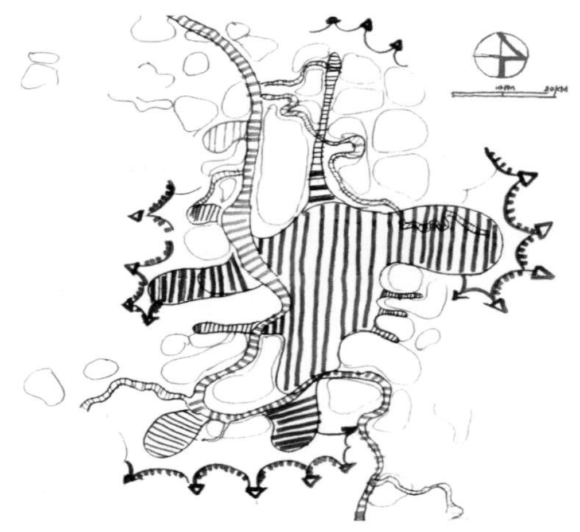

图3.2 生态绿心地区生态枢纽结构图

资料来源：周婷、曾敏、吕文明绘制

生态枢纽

生态枢纽是指具有一定规模，能连接城市生态斑块、廊道和基质等各种自然要素和人工环境，促使其集聚、互换、繁衍以及扩散的城市自然实体。它是城市复合生态系统各要素辐射和集聚的核心，相互联系的桥梁纽带，是城市以及区域生态功能恢复和提升的关键。

作为一种重要景观，生态枢纽以风景秀美、景致多样、景观异质而出名，在这里自然和人工统一，动物与植物相依偎，动与静相映衬，自然而不凌乱，变化而不失秩序，恰如一颗明珠。更为重要的是，它是建成区点、线、面等不同生态景观的轴心，使之成为有机联系的整体，发挥其最大生态价值。它具有自然多元性、历史继承性、系统衔接性和强净化性等特性。

生态枢纽的界定需要考虑多方面的因素，其中最为重要的当属三类：一是规模指标，作为生态系统的核心，生态枢纽必须具有一定的面积或者体量。与城区其他自然生态要素比较，一般应位居前列。而且，在城市快速化进程中，其规模应稳定扩大。二是结构和功能指标，生态枢纽应该具有较为完整的结构，不仅自身具备自然生态的各种要素，而且与城区内其他要素有机组合，构成其强大功能的基础支撑。从功能比较上看，生态枢纽具有首位的环境承载和净化功能。三是连续性和衔接性指标，生态枢纽不应是孤立发展的，它应该具有优越的区位优势，与城市其他生态和人文要素的衔接性和连续性强，能够满足现代化发展的切实需要。

根据自然实体的不同，生态枢纽可以分为湖泊型、江河型、山岳型、森林型、复合型等五种不同的类型。尽管其形状、特点不同，但其枢纽效应是共同的（图3.3）。

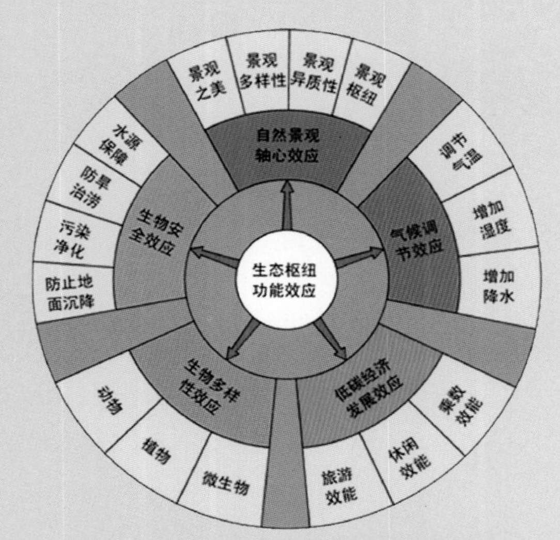

图3.3 生态枢纽功能效应示意图

资料来源：王成新，姚士谋，王书国．现代化城市的生态枢纽建设实证分析[J]．地理研究，2007，26（1）：149-156

2）公共客厅

国际政治交流：中部领事区。

国际经济交流：总部经济区、庭院经济总部。

国际商品交流：国际会展中心、园艺博览区。

思想文化交流：昭山文化区、湖湘文化区。

大众科普教育：湿地、植物园、药物园。

大众休闲娱乐：森林公园、体育主题公园。

生物交流繁衍：青山、碧水、农田、森林……

生态绿心地区公共生态客厅意象图见图3.4。

图3.4　生态绿心地区公共生态客厅意象图

资料来源：郑卫民绘制

长株潭几何中心构建“生态公共客厅”

“湖南有山有水，山清水秀，植被茂盛，森林覆盖率高，生态环境好，这是湖南最大的一个优势。城市群建设从规划开始就要突出生态特色。”2008年5月20日，湖南省委常委扩大会议专题研究长株潭试验区改革建设顶层设计问题，张春贤就明确指出，试验区建设的目标之一，是具有国际品质的现代化的生态型宜居城市。此次会议上，昭山绿心保护建设等方案已摆上案头。

而要突出和保护生态特色，“关键是‘一江两带’，其中又以昭山绿心最为紧要，一定要像爱护眼睛一样把绿心保护建设好。”张春贤认为，在处理开发建设与保护的关系时，面前最重要的还是保护，甚至有必要加快出台试验区生态保护法规，对包括昭山在内的水面、河谷、林地、湿地等生态系统实行严格的刚性保护，加快建设湘江生态经济带（图3.5）。今后几年，湖南将把昭山打造成长株潭城市群公共生态客厅。

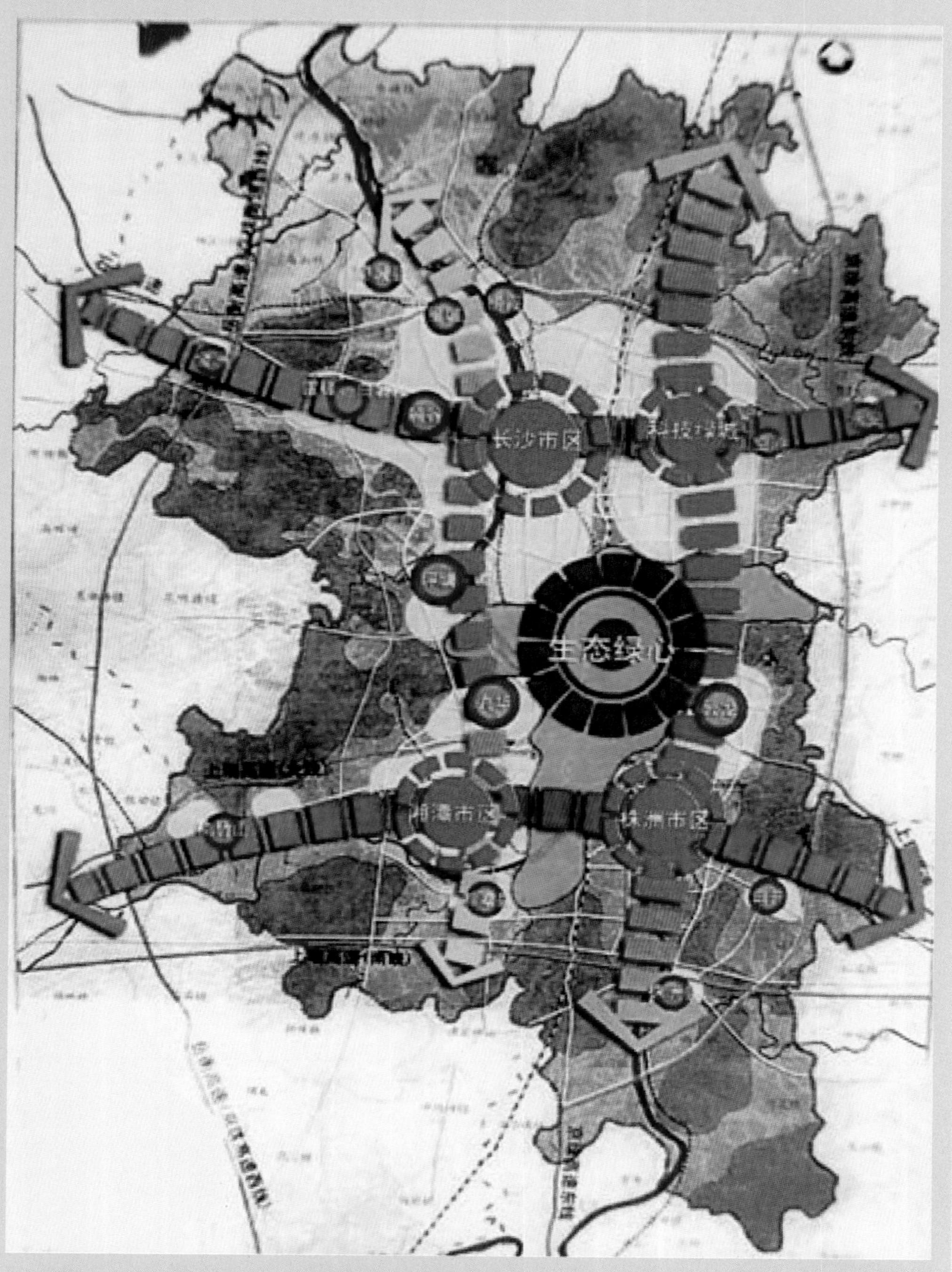

图3.5　长株潭“两型”社会综合配套改革试验区核心区“一心双轴双带”空间结构

资料来源：http://www3.xinhuanet.com/chinanews/2009-06/27/content_16944654.htm（新华网）

3.4 主要指标

遵循科学性与实用性相结合、引导性与控制性相结合、特色与共性相结合以及近期和远期相结合4项原则，充分尊重本地实际，借鉴国内外先进经验，提出生态绿心地区在近期、中期和远期都必须实现的各项控制性或引导性目标（表3.2）。

表3.2 生态绿心地区主要指标一览表

序号	指标分项	单位	2015年	2020年	2030年	性质
1	总体森林覆盖率	%	50	55	≥65	控制
2	禁止开发区森林覆盖率	%	60	70	≥80	控制
3	限制开发区森林覆盖率	%	45	50	≥60	控制
4	控制建设区绿化覆盖率	%	35	40	≥50	控制
5	生态公益林比例	%	55	57	＞60	控制
6	森林蓄积量	万m^3	80	90	100	控制
7	综合物种指数	%	65	75	80	控制
8	本地植物指数	%	65	75	80	控制
9	退化土地恢复率	%	60	80	100	引导
10	受保护地区比例	%	＞80	＞85	＞90	控制
11	空气环境质量达标率	2级标准以上的天数/年	330	＞330	＞350	控制
12	噪声达标区覆盖率	%	≥96	100	100	控制
13	生活污水集中处理率	%	80	100	100	控制
14	生活垃圾无害化处理率	%	＞98	100	100	控制
15	清洁能源占一次性能源比重	%	60	80	＞80	引导
16	公众环境满意率	%	90	95	100	引导
17	组团人均综合用水量	t/（人·日）	0.5	0.45	0.4	控制
18	组团人均居住建筑面积	m^2/人	24	28	＞30	引导
19	绿色建筑比例	%	50	80	＞80	控制
20	绿色出行率	%	40	60	＞85	控制
21	引入产业门槛切合度	%	≥70	≥80	100	控制
22	清洁生产企业比例	%	70	100	100	控制
23	信息化综合指数	%	65	70	75	控制
24	幸福指数	%	50—80	80—90	100	引导

备注：指标制定依据《国家生态城指标体系》、《国家卫生城市标准》、《森林城市标准》、《湖南省"十二五"规划纲要》、《长株潭城市群资源节约型和环境友好型社会建设综合配套改革试验总体方案》、《长株潭城市群区域规划》、《中新天津生态城指标体系》、国内外先进城市（群）经验以及大量最新研究成果

3.5 规划重点

1）生态战略：生态整合

从区域战略角度出发，整合包括森林、公益林、湿地、水体在内的各种生态要素，构建区域生态安全格局，划分生态功能区，建设生态基础设施，整体协调生态绿心地区环境影响关系，划分生态功能分区，妥善安排功能布局与生态建设，最终将生态绿心地区建设成为一个开放的社会—经济—自然复合生态系统。

2）空间战略：空间整合

在确保区域生态安全的前提下，撤并大量乡村居民点，整合区内原先各乡镇的功能布局；以组团发展为基础，以城市通勤为网络，以周边楔入为主要发展模式，提升聚落功能，优化空间结构，逐步形成绿色空间形态。

3）产业战略：产业整合

重点体现生态性、国际性、文化性、高端性特色，大力发展文化创意、体育休闲和生态旅游，优化发展现代农业和现代服务业，不断提高资源环境保障能力和可持续发展能力，放大生态效应和社会效应；优先选择与生态绿心地区建设主题相协调的高端低碳第一、第三产业，设定符合本地区健康发展的产业门槛，发挥经济集聚效应，努力建设成为国家“两型”产业示范区。

4）设施战略：设施整合

以共建、共享、规模经济、集约效益为原则，建设以高速公路、铁路和航运线等交通网络为主体，涵盖能源、给排水、通信系统和防洪排涝等基础设施以及公共服务设施的一体化基础设施支撑体系，对跨区域基础设施通道提出空间管治对策。

5）实施战略：机制整合

整合各级政府、各方面的智力资源，激励其创新制度、体制和职能的积极性；理顺管理体制，制定合理的人口迁移补偿政策；采取切实可行的生态补偿措施，整合空间开发活动；建立整体效益最优的空间调控体制机制；最终使生态绿心地区各项建设朝着良性的方向发展。

3.6 研究框架

研究框架如图3.6。

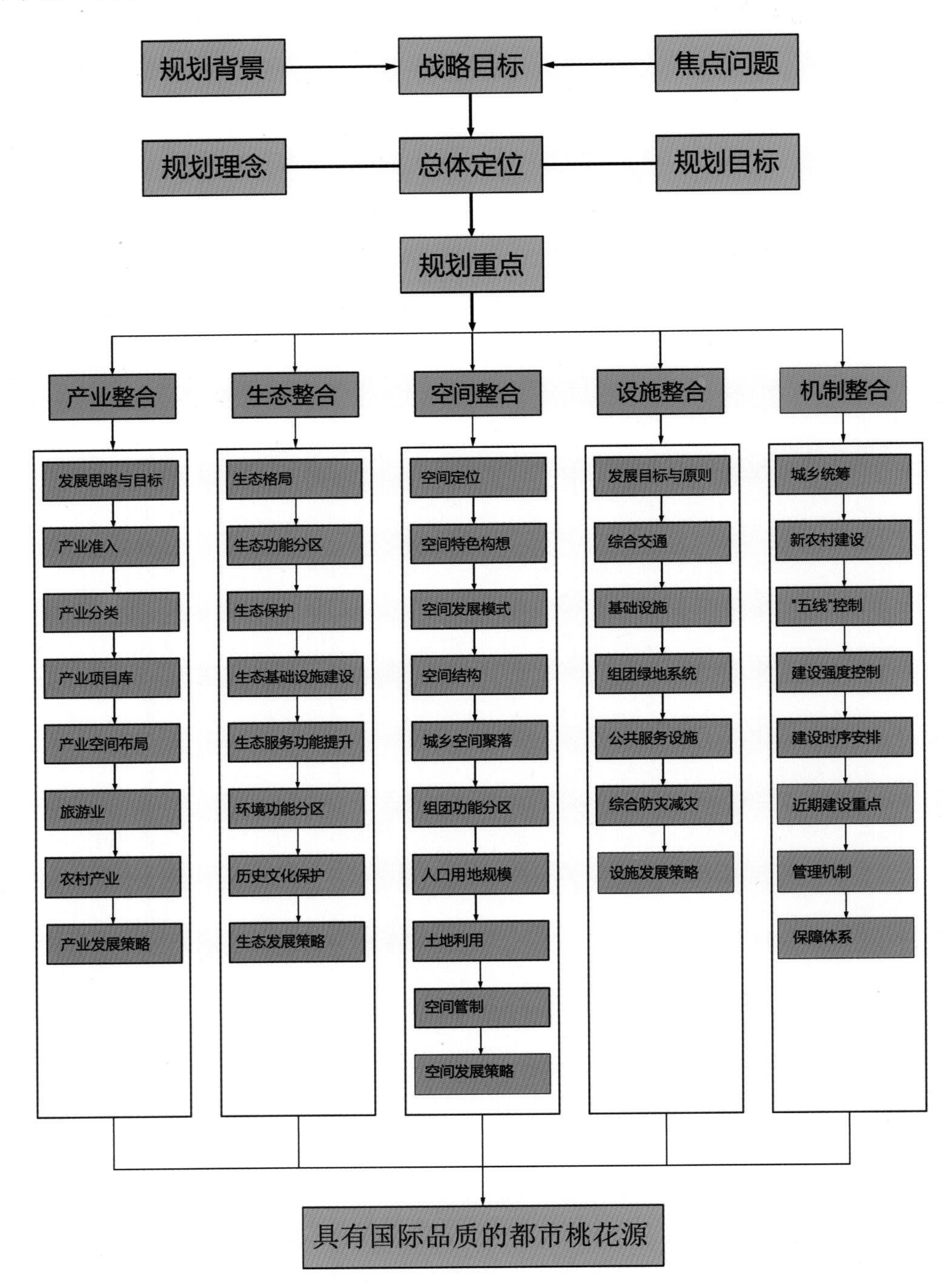

图3.6 生态绿心地区空间发展研究框架图

资料来源：邱国潮、左兰兰、刘万泉绘制

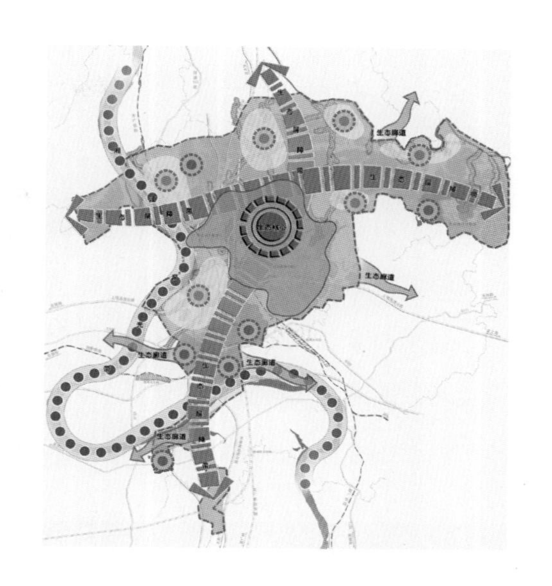

4 生态整合——构建复合生态系统

4.1　区域背景

从历史和区域的角度出发，不难发现，生态绿心地区作为一个开放的社会—经济—自然复合生态系统，与周围的自然环境一直进行着广泛而又密切的生态交流，不断成长成为长株潭城市群空间几何中心和区域多条重要生态廊道的汇集点。

具体而言，生态绿心地区与区域东部的罗霄山脉、南部的衡山山脉、西部的雪峰山脉以及北部的洞庭湖存在着天然而又密切的生态联系。更加重要的是，分别自南向北和自西向东流经生态绿心地区的湘江和浏阳河，也广泛地影响着该地区的生态环境（图4.1）。

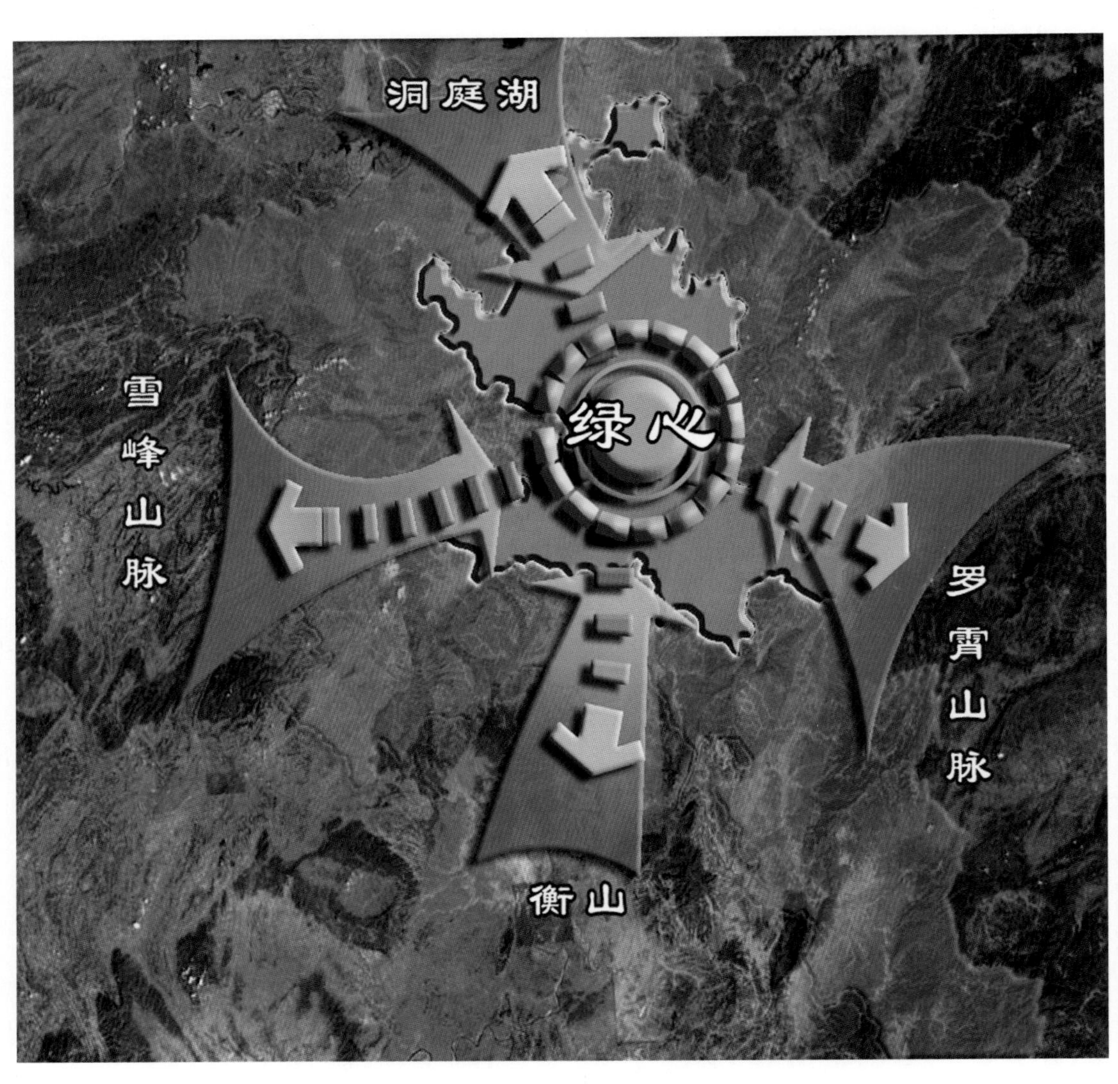

图4.1　生态绿心地区生态区位示意图

资料来源：邱国潮绘制

在此基础上，分析和构建生态绿心地区生态安全格局时，发现该地区与区域在如下5个层次的重大生态格局之间存在着密切的生态网络联系（图4.2）：

1）绿核

生态绿心地区的生态核心区，作为生态枢纽的生态引擎，有效地发挥着五大生态效用（图4.2a）。

2）绿楔

生态绿心地区东西向和南向延伸的生态屏障以及依托交通干线、河流和山脉所形成的一些小型生态廊道，有效地阻止长株潭城市群的三座地区城市相向无序蔓延，避免最终形成一个长株潭“大饼”，预防热岛效应等“城市病”；通过设置大量与周边组团相连的“绿廊”，对三座城市起到生态渗透调节作用（图4.2b）。

3）绿环

长株潭三市外围的绿环，阻止长株潭三市外向无序蔓延，引导并促进长株潭城市群紧凑发展（图4.2c）。

4）绿廊

有效地加强生态绿心地区与环长株潭城市群核心区和外围地区之间的密切生态联系（图4.2d）。

5）绿网

随着国家“中部崛起”战略的逐步实施，湖北省的“1+8”武汉都市圈、湖南省的环长株潭城市群与江西省的环鄱阳湖城市群一起，将在中国中部地区共同构建一个崭新而又独具特色的特大型生态城市群，形成组团状自相嵌套式的生态城镇网络（图4.2e）。

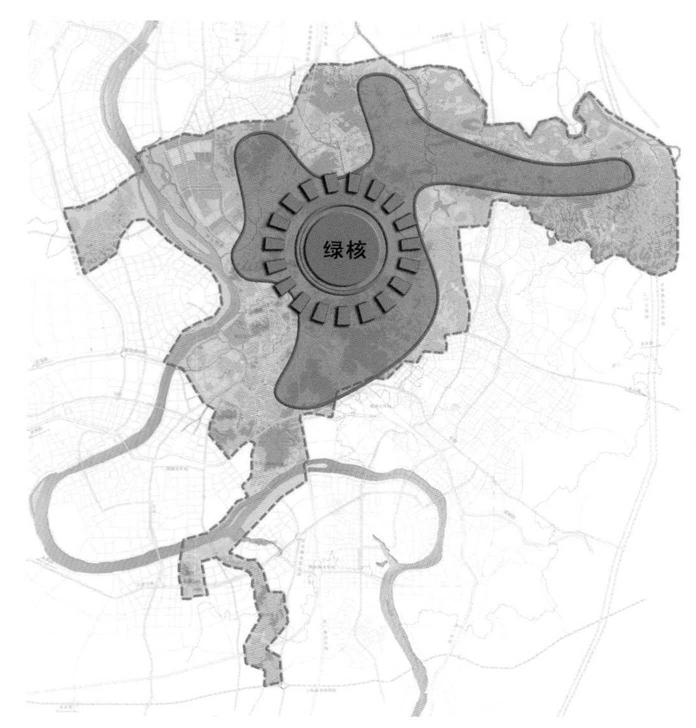

a　绿核

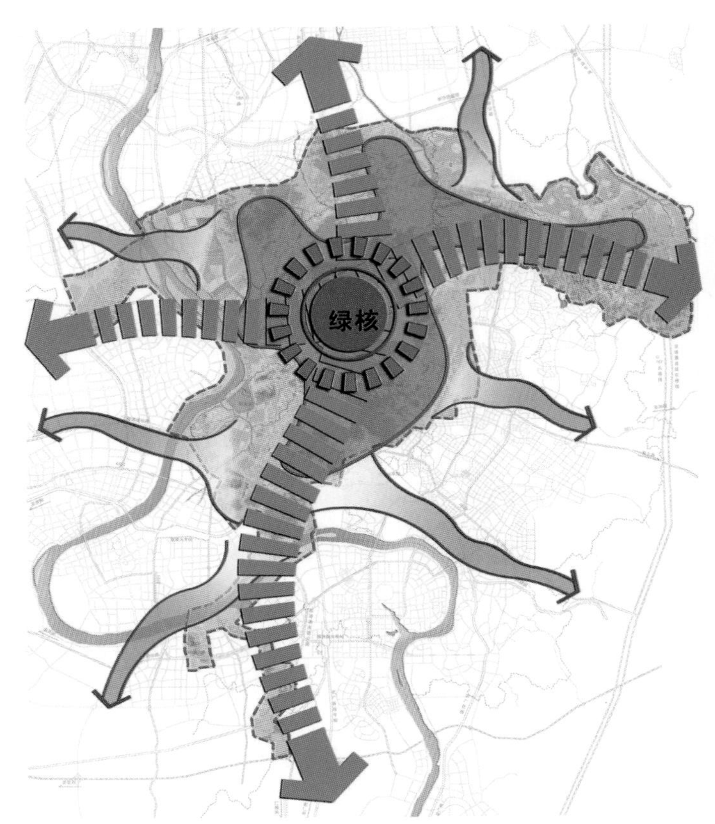

b 绿楔

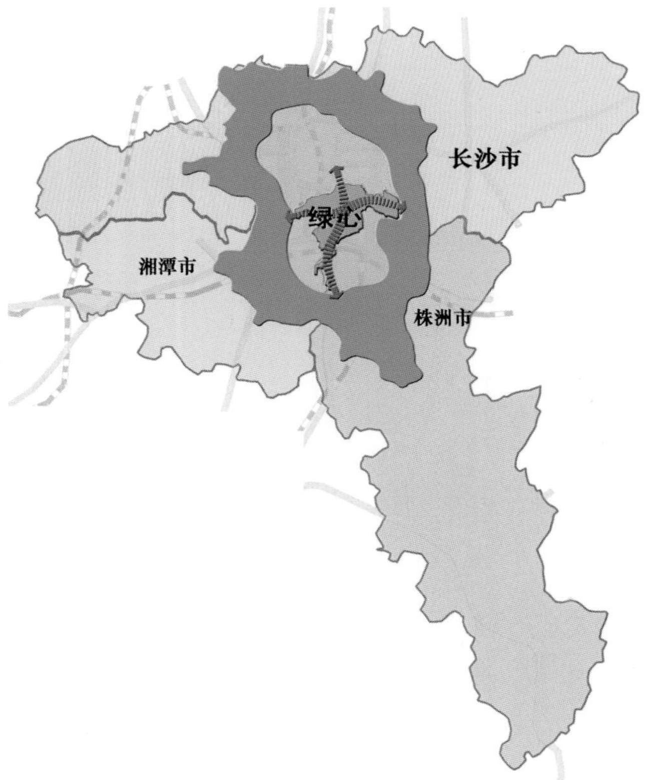

c 绿环

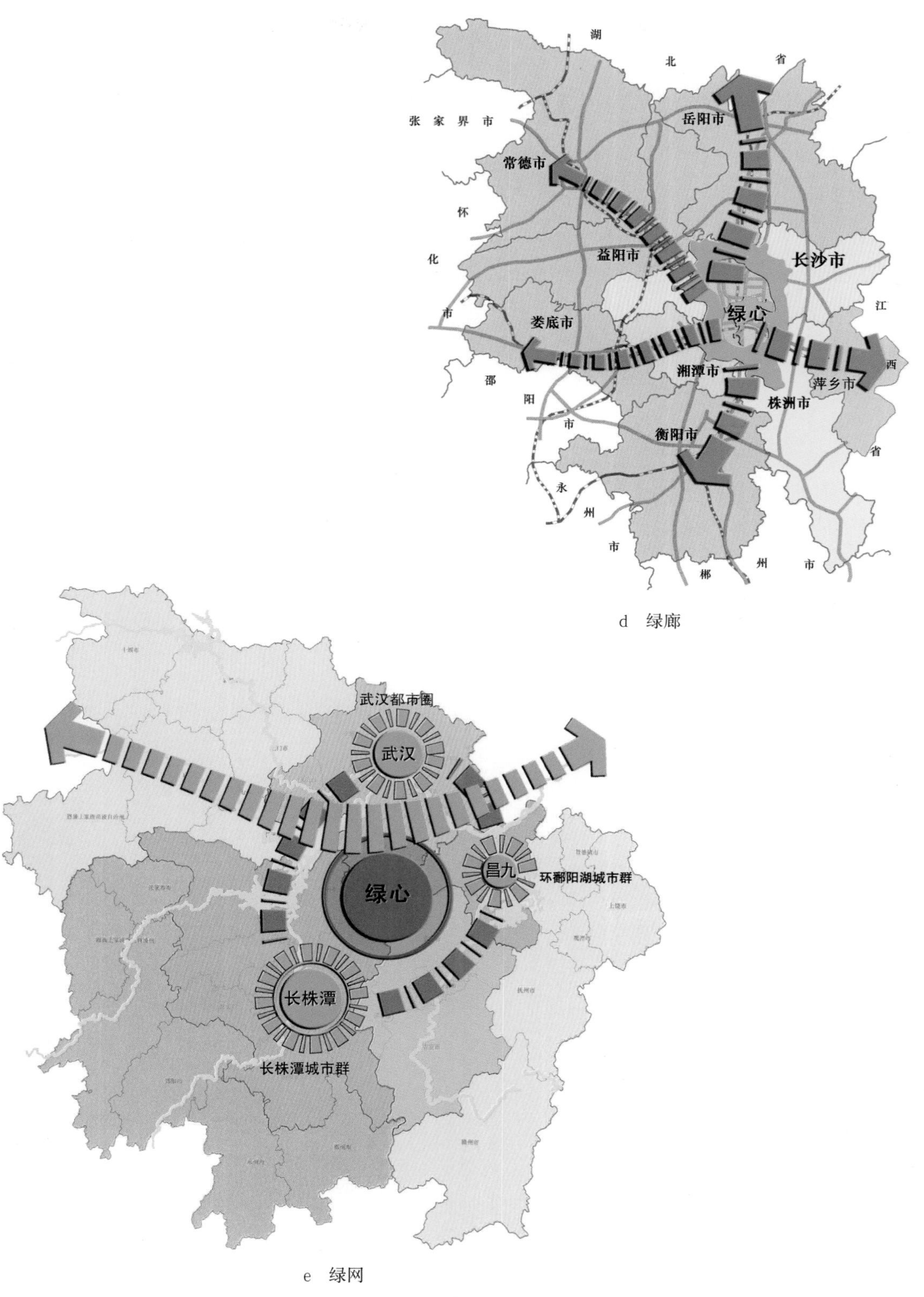

d　绿廊

e　绿网

图4.2　中部地区生态城市群塑造战略

资料来源：邱国潮、江丽、杨武亮绘制

湘江生态经济带（长沙株洲湘潭段）

始于南端空洲岛，止于北端月亮岛，为沿湘江长128 km的滨江地带。规划范围面积约468.86 km^2。包括长沙、株洲、湘潭三城市的城区滨江地带，涉及星城、捞刀河、坪塘、暮云、易家湾、河口、易俗河、双马、群丰、雷打石和渌口等11个镇，以及望岳、大托、九华、昭山、荷塘、板塘、护潭、长城、霞城、马家河、建宁和曲尺12个乡。

规划经过近20年的开发建设乃至更长时期的努力，将湘江生态经济带建设成为具有明显的生态良性循环特征、城乡一体化的生态经济发达、景观环境优美、适宜人类休闲和居住、在国内外享有盛誉的生态经济发展走廊，并为环长株潭城市群乃至湖南省的可持续发展发挥重要作用。

通过对湘江生态经济带现状特征、建设条件、区域地位的分析，将湘江生态经济带的主要功能确定为生态绿谷、景观项链和经济走廊三大功能。

（1）生态绿谷——支撑地域持续发展的生态动脉

生态绿谷应是湘江生态经济带的首要功能。湘江生态经济带的生态建设是其他一切开发建设活动的前提。具有生态绿谷功能的湘江生态经济带制造生态资源、配送生态养分，宛如生生不息的生态动脉，通过枝状的生态网络，将绿色生态资源和养分输送到整个长株潭城市群区域，以确保城市群区域的健康成长和发展。

（2）景观项链——描绘锦江秀岸的画卷

建成一条景色秀美的风光带是湘江生态经济带开发建设的主要目标之一。未来的湘江两岸应该是层林尽染，田园如画，洲岛秀美，名胜荟萃，楼宇鳞次栉比，别墅绿树掩映，江水碧波荡漾，沿岸青色如黛，有如湖湘大地上的一条景观项链，是湘江上一幅最令人流连忘返的美丽画卷。同时，具有"景观形象画廊"功能的湘江生态经济带可以从非物质实体层面完善长株潭三市近期的发展要素，补充三市远期前进的动力，扩展未来的发展空间。

（3）经济走廊——演绎生态经济的舞台

湘江生态经济带的建设要寻找经济发展与环境保护之间的结合点，积极发展生态经济，保证城市可持续发展。湘江生态经济带应成为演绎生态经济的舞台，逐步建成为一个带状的集零次产业（土地复垦、涵养水土、经营林地和牧草养护、治理水土流失等）、旅游观光、生态农业、科技园区、生态住宅区和生态小城镇于一体的经济发展走廊。

依据现状用地条件和城镇布局以及规划内容的需要，将湘江生态经济带划分为10个功能区，分属城市市区岸段、郊野休闲岸段、生态产业岸段3大类。

- 月亮岛—鹅羊山高档住宅及休闲区
- 岳麓山—橘子洲山水洲城滨水城区
- 巴溪洲两岸田园村镇生态产业区
- 九华—昭山生态旅游度假区
- 湘潭历史文脉滨江城区
- 河口田园村镇生态产业区
- 金霞山—法华山生态休闲和高档居住区
- 株洲现代城市滨水城区
- 群丰田园村镇生态产业区
- 空洲岛—空灵岸休闲旅游度假区

湘江生态经济带近期开发建设项目主要有湘江综合治理工程（包括水源保护地和取水口工程建设、达标排放的排污口统一设置）；湘江段城市和郊野整体防洪堤建设工程；湘江生态旅游走廊和景观道路工程（含洲岛景区建设）；湘江沿线生态镇建设项目；湘江沿线联运航运码头和航道建设工程（包括霞湾、九华和长沙新港等）；湘江航电枢纽建设工程和维护工程（长沙霞凝港和空洲岛）；湘江流域循环经济示范园（清水塘、竹埠港、下摄司、坪塘、鹤岭、花亭）；浏阳河治理及生态景观建设工程；涟水治理工程；涓水治理工程；渌水治理工程。

资料来源：湘江长沙株洲湘潭段生态经济带开发建设总体规划文本（2003—2020年）
长株潭城市群区域规划（2008—2020年）

4.2 生态服务功能重要性评价

4.2.1 数据来源与评价流程

依据国家环境保护部《生态组团规划技术暂行规程》，在评价中建立了生态系统服务重要性评价指标体系和综合定量评价模型。数据来源于生态绿心地区国土二次调查（湖南省国土资源厅提供，2009年）、生态绿心地区遥感影像图（湖南省国土资源厅提供）、生态绿心地区1∶10 000地形图（湖南省国土资源厅提供）、生态绿心地区植被图（湖南省林业厅提供）和现场调查所收集的许多图集。

根据生态绿心地区生态系统结构与功能特点，重点选择生物多样性保护、水源涵养、土壤保持、固碳释氧、调节气候等生态服务功能，主要采用APH法和综合指标法对生态服务功能重要性进行定量评价。第一层次为目标层，即生态服务功能重要综合评价；第二层次为子目标层，即生态绿心地区各生态服务功能重要性；第三层次为属性层，即评价依据，单项评价时将根据属性进行赋值；第四层次为对象层，即要评价的各单元。首先，对每一项生态系统服务功能按照其重要性划分出不同级别，并明确其空间分布，然后在区域上进行综合评价。生态服务功能重要性由高至低分为极重要、中等重要、比较重要和一般4个评价等级（图4.3）。

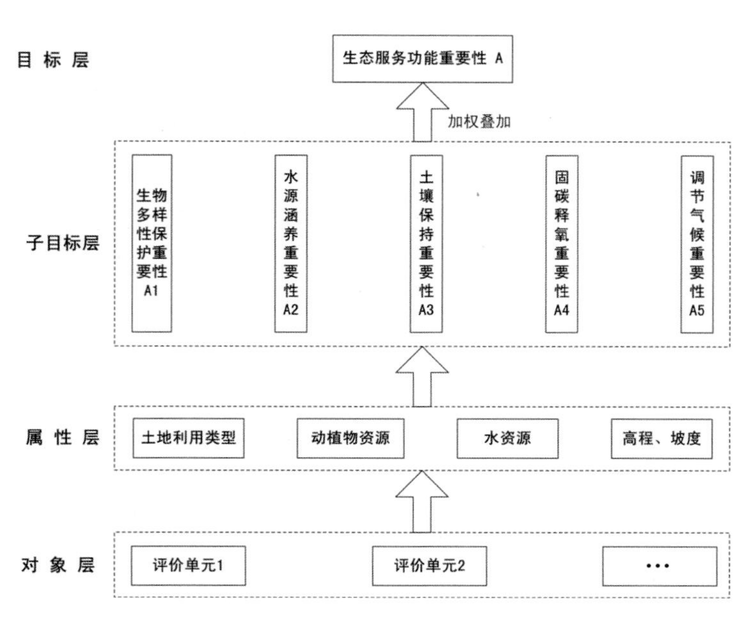

图4.3 生态服务功能重要性评价流程图
资料来源：周婷、黄田绘制

4.2.2 评价内容

1) 生物多样性保护重要性

生态绿心地区维管束植物有82科653属1 160种（含栽培及逸生植物），分别占湖南全省263科的31.18%，1 459属的44.76%，5 577种的20.80%，其中蕨类植物26科50属91种，种子植物156科603属1 069种。共记录陆生脊椎动物139种，隶属4纲24目59科。其中两栖纲1目5科16种、爬行纲3目8科24种、鸟纲13目30科71种和哺乳纲7目16科28种。国家二级重点保护野生动物有17种，另有104种野生动物属“国家保护的有益的或者有重要经济、科学研究价值的陆生野生动物”。现已记录39种鱼类，隶属6目12科，占湖南省鱼类总数179种的21.79%。其中，鲤形目2科26种，占该地区鱼类总数的66.67％；鲱形目1科2种，占5.13％；鲶形目2科3种，占7.69％；鳉形目1科1种，占2.56％；合鳃鱼目1科1种，占2.56％；鲈形目5科6种，占15.38%。从科级水平看，鲤科鱼类24种，比重最大，占该区鱼类总数的61.54%。

上述数据显示，生态绿心地区物种丰富，生物多样性较好。但不同区域和用地类型对维持物种多样性方面所起的作用差异较明显。极重要地区主要分布在生态绿心地区内部深山区、自然保护区、湘江、浏阳河、水库及湖泊湿地；中等重要地区分布在山谷溪流、沼泽和水田湿地；比较重要的地区是园地、草地和耕地；其余地区均为生物多样性保护一般地区，重要性不强（图4.4a，表4.1）。

表4.1 生物多样性保护重要地区评价

生态系统或物种占全省物种数量比率	重要性
优先生态系统，或物种数量比率＞30%	极重要
物种数量比率15%－30%	中等重要
物种数量比率5%－15%	比较重要
物种数量比率＜5%	不重要

2) 水源涵养重要性

涵养水源主要表现为截流地表水、增强土壤下渗、抑制蒸发和缓和地表径流等功能。生态系统水源涵养能力由地表覆盖层涵水能力和土壤涵水能力两部分构成，二者分别取决于植被结构、地表层覆盖状况以及土壤理化性质等因素（图4.4b，表4.2，表4.3）。

表4.2　生态系统水源涵养重要性分级表

类型	干旱	半干旱	半湿润	湿润
城市水源地	极重要	极重要	极重要	极重要
农灌取水区	极重要	极重要	中等重要	不重要
洪水调蓄	不重要	不重要	中等重要	极重要

表4.3　生态系统水源涵养重要性评价

流域级别	生态系统类型	重要性
一级流域	森林、湿地/草原草甸/荒漠	高/较高/中等
二级流域	森林、湿地/草原草甸/荒漠	较高/中等/较低
三级流域	森林、湿地/草原草甸/荒漠	中等/较低/低

生态绿心地区属于湿润气候区，流域级别为一级流域（湘江），所以极重要地区为湘江、浏阳河等城市水源地、洪水调蓄区、生态林地、湖泊湿地、水田湿地等地区；比较重要的地区为主要河流支流及其下游的湖泊、洼地、坑塘水面等，主要考虑农业用水；其余地区为一般重要地区。

3）土壤保持重要性

土壤保持重要性评价在考虑土壤侵蚀敏感性基础上，分析其可能造成的对下游河流和水资源的危害程度（图4.4c，表4.4）。湘江属于1级河流，下游有特大型城市长沙，是长沙市重要的水源地。生态绿心地区土壤保持极重要地区主要分布在湘江、浏阳河缓冲区和生态林地，中等重要主要是水田、草地、园地、沼泽等；其他无植被覆盖地区为不重要地区（表4.5）。

表4.4　土壤保持重要性评价表

土壤侵蚀敏感性	不敏感	轻度敏感	中度敏感	高度敏感	极敏感
1—2级河流及大中城市主要水源水体	不重要	中等重要	极重要	极重要	极重要
3 级河流及小城市水源水体	不重要	较重要	中等重要	中等重要	极重要
洪水调蓄	不重要	不重要	较重要	中等重要	中等重要

表4.5　生态系统土壤保持重要性评价

生态系统类型	土壤侵蚀程度	土壤保持重要性
森林生态系统、河流生态系统、湖泊生态系统	强度	极重要
农田生态系统、草地生态系统	中度	中等重要
城市生态系统	轻度	不重要

4) 固碳释氧重要性

大气中的CO_2浓度平均为0.035%，而城市上空则达到了0.05%—0.07%。当CO_2体积分数含量超过0.05%时，人的呼吸有不舒适感；当体积分数达到0.2%—0.6%时，则对人体有害。另外，CO_2的增加将会引起城市局部地区升温，产生温室效应和热岛效应，并形成城市上空逆温层，加剧城市污染。因此，固碳释氧也是生态绿心地区重要的生态服务功能之一，它将对长株潭城市群净化空气起到重要作用。

根据生态绿心地区植被吸收CO_2的能力大小，依次确定其对长株潭城市群提供固碳释氧生态服务功能的重要性(图4.4d，表4.6)。

表4.6　植被固碳释氧重要性评价

植被类型	固碳释氧重要性
阔叶林、针叶林、碳汇造林、竹林	极重要
经济林、其他灌木林、未成造林地、草地	中等重要
耕地、水田	比较重要
其他	不重要

5） 小气候调节重要性

根据国内外研究测定结果，1 hm^2绿地平均每天在夏季可以从环境中吸收81.8 MJ的热量，相当于189台空调全天工作的制冷效果。根据地面状况的不同可以将小气候分为森林小气候、湖泊小气候、农田小气候等几种不同的小气候类型。生态绿心地区森林覆盖率较高，水库、坑塘星罗棋布，山谷平原地带多有农田分布，这些地面状况将对三市的小气候调节起到十分重要的作用。我们根据生态绿心地区地面状况类型不同，依次设定小气候调节重要性(图4.4e，表4.7)。

表4.7 小气候调节重要性评价

类 型	气候调节重要性
森林小气候调节区	极重要
湖泊、河流小气候调节区	中等重要
湿地、农田小气候调节区	比较重要
其他	不重要

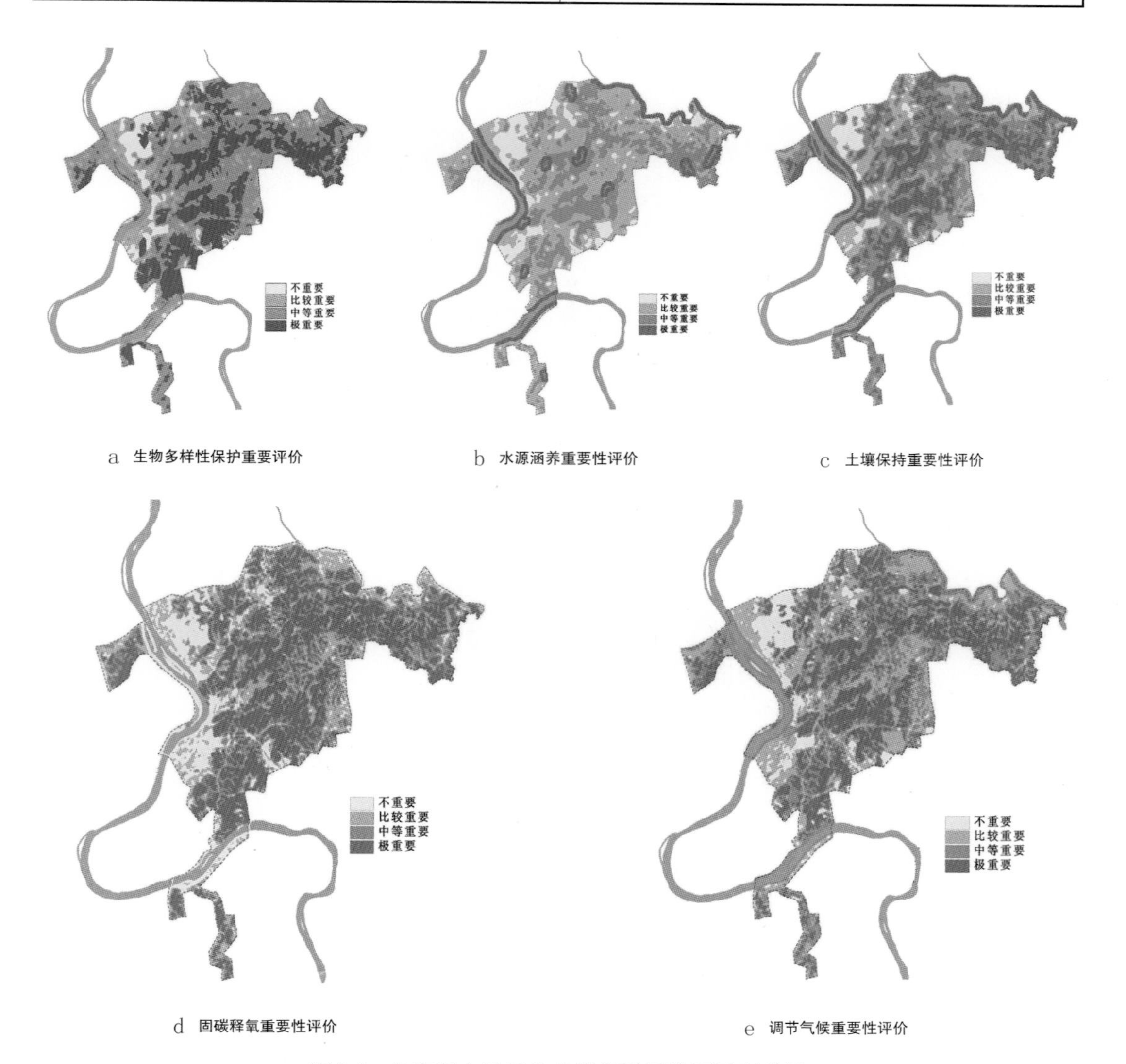

a 生物多样性保护重要评价　b 水源涵养重要性评价　c 土壤保持重要性评价

d 固碳释氧重要性评价　e 调节气候重要性评价

图4.4 生态绿心地区生态服务重要性因子评价图

资料来源：黄田、柳树华利用GIS技术生成

4.2.3 综合评价结果

通过对生物多样性保护、水源涵养、土壤保持、固碳释氧、调节气候5大生态服务功能重要性进行单项评价，得到5个评价因子。综合考虑各种生态系统服务功能的重要性（表4.8），最终利用GIS软件绘制生态系统服务重要性空间分布图（图4.5）。

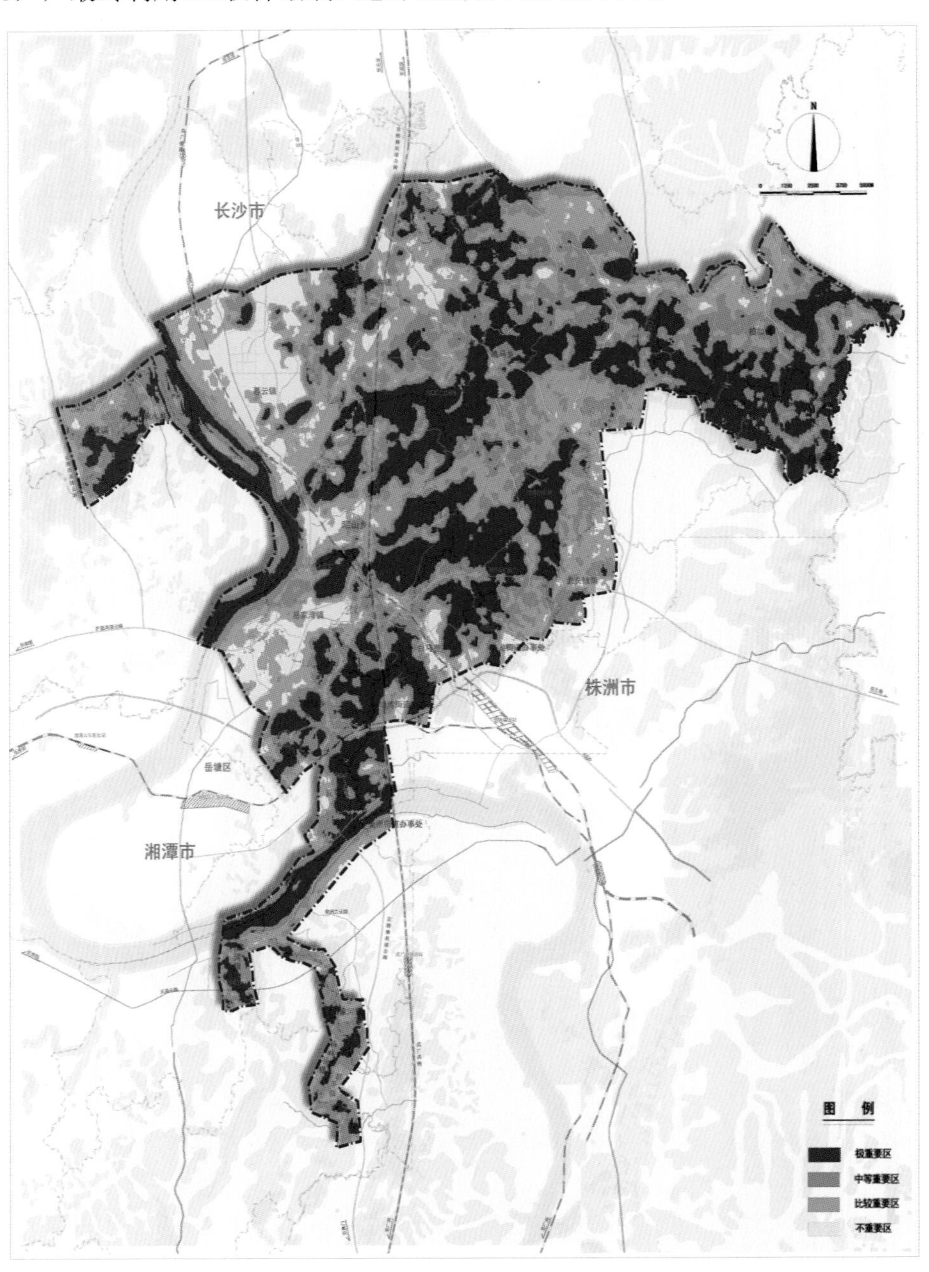

图4.5 生态绿心地区生态服务功能重要性评价图

资料来源：黄田绘制

表4.8　重要性综合指数计算

评价因子	重要性	评价值	权重
A1 生物多样性保护	极重要/中等重要/比较重要/不重要	10/7/4/1	0.2
A2 水源涵养	极重要/中等重要/比较重要/不重要	10/7/4/1	0.1
A3 土壤保持	极重要/中等重要/比较重要/不重要	10/7/4/1	0.2
A4 固碳释氧	极重要/中等重要/比较重要/不重要	10/7/4/1	0.3
A5 调节气候	极重要/中等重要/比较重要/不重要	10/7/4/1	0.2

资料来源：黄田、曾敏、罗瑶统计

应用ArcGIS将生态绿心地区生态系统服务功能重要性划分为极重要、中等重要、比较重要、不重要4个等级并划分出4个区域（图4.5，表4.9）。

表4.9　生态绿心地区生态系统服务功能重要性分级统计一览表

类型	面积(km^2)	所占比例（%）
不重要区	47.92	9.16
比较重要区	133.32	25.5
中等重要区	160.53	30.7
极重要区	181.1	34.64
合　计	522.87	100

资料来源：黄田、曾敏、罗瑶统计

具体分述如下：

1）极重要区

该区域主要分布在生态绿心地区中部的生态林区，湘江、浏阳河水域及其内部的五一水库、石燕湖水库等重要的中型水库及仰天湖等湿地当中。该区面积为181.1 km^2，占总面积的34.64%。

2）中等重要区

该区域分布较为广泛，大面积分布在中、东部地势较低生态林的缓冲带、水田、草地等区域当中。该区面积为160.53 km^2，占总面积的30.7%。

3）比较重要区

该区域分布较为分散，多为山谷平原地区的园地、耕地及坑塘水面等，该区面积为133.32 km^2，占总面积的25.5%。

4）不重要区

该区域分布面积较少，主要呈跳跃式分布在湘江东岸的几个建制镇（暮云、昭山和易家湾）的建成区和建设条件较好的用地范围。该区面积为47.92 km^2，占总面积的9.16%。

4.3 生态格局

为了有效地保护生态绿心地区的生态资源，提高生态绿心地区与3市城市内部的生态连通性，避免3市城市建设连片蔓延式发展，完善和丰富长株潭城市群的大生态体系，规划以山脉水系为骨架、森林绿地为主体、农田和湿地为支撑、防护林和溪渠为纽带，构建**“一心、多廊道、多斑块”**的网状生态空间结构（图4.6）。

1）一心

为昭山国家森林公园。范围包括现状昭山风景名胜区（昭山森林公园）、东风水库森林公园、石燕湖森林公园、嵩山寺植物园和九郎山森林公园。

2）多斑块

主要为丘陵森林公园斑块、生态农业示范区、大片湿地、苗木基地和基本农田。

3）多廊道

主要为交通干线生态廊道、河流生态廊道和溪流生态廊道。

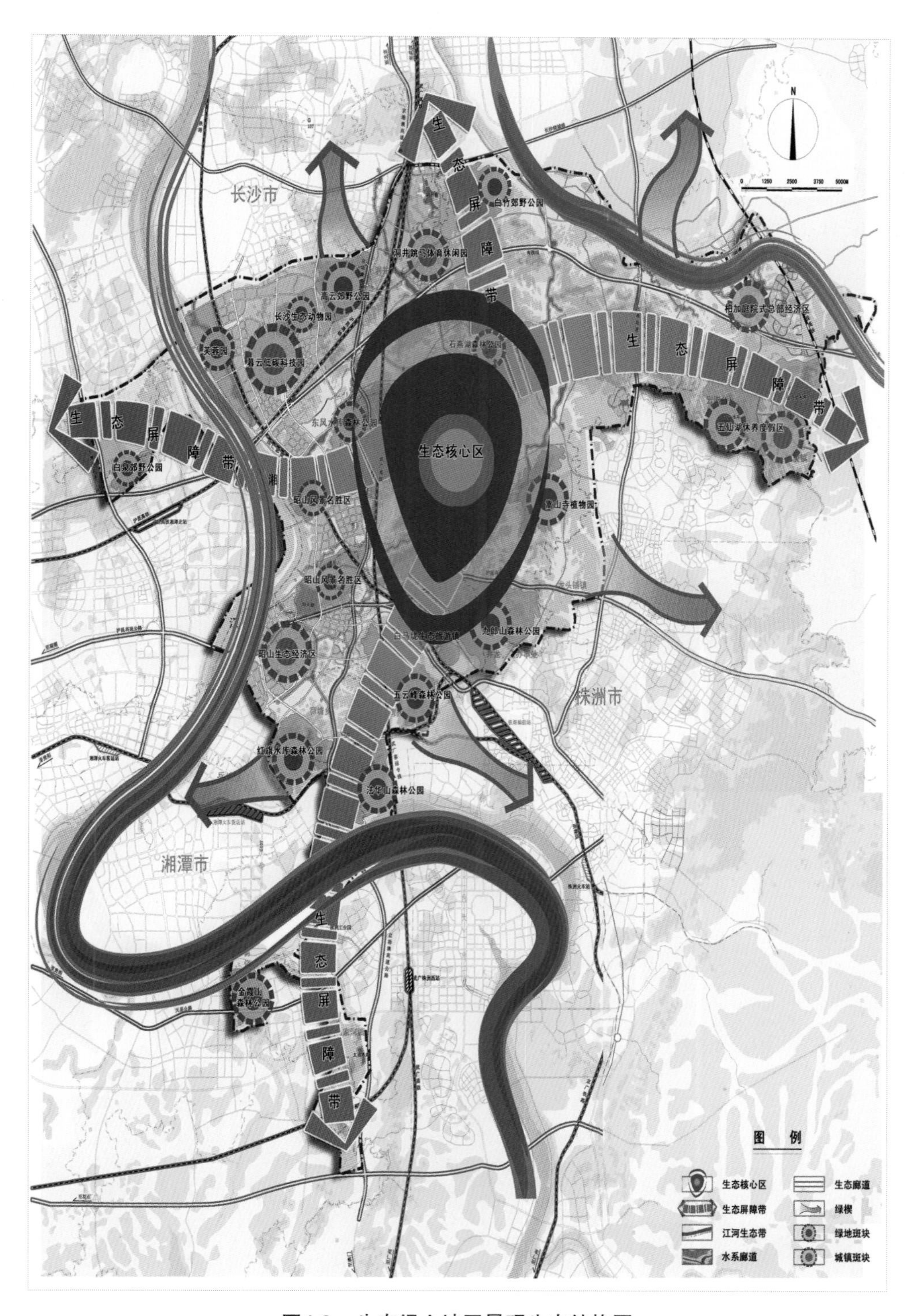

图4.6　生态绿心地区景观生态结构图
资料来源：赵运林、曾敏、马楠绘制

生态安全

经过二十余年的快速发展,中国经济已步入了发达国家所经历过的事故高发、生态响应和环境还债阶段,生态安全问题已在区域水、土、气、生、矿等自然生态尺度和城乡居民生理、心理、生殖、发育健康等人类生态尺度凸显出来。生态环境的退化和自然资源的耗竭削弱了经济可持续发展的支撑能力,食物、饮水、空气和人居环境的污染威胁着人民生命财产的安全,使生活质量下降、环境诱发型疾病上升，甚至局部环境难民的产生,影响社会稳定。以城市生态风险为例,城市是生态胁迫始作俑者的“源”和生态响应归宿的“汇”。当前,大多数城市普遍遭遇水体富营养化的“绿”、气候热岛效应的“红”、沙尘暴或酸雨的“黄”、城市灰霾的“灰”四色效应的现实生态尴尬和水资源枯竭、化石能源短缺、气候变暖和海平面上升的长期生态威胁。关注生态安全,首先是关注自然子系统为人类活动提供的承载、缓冲、孕育、支持、供给能力的安全,主要体现在人与水、土、能、生物、地球化学循环等五类生态因子相互耦合形成的生态过程的安全,包括环境容量是否溢出、战略性自然资源承载力是否超载、重大生态灾害是否得到防范等。其次是作为人类生存发展基础的经济子系统为人类提供的生产、流通、消费、还原和调控功能的安全。最后是社会生态关系的安全,涉及个体和群体的生理、心理、生殖、发育健康以及社会关系健康的人口生态安全。区域生态安全是国家安全和社会可持续发展的基础。

区域生态安全的客观属性表现在生态风险、生态脆弱性和生态服务功能3个方面。生态安全是动态、进取的而不是回归、保守的。生态安全不仅需要环境本身有一定的刚性和柔性,还需要环境与经济的协同进化和可持续发展。生态安全取决于资源承载能力、环境恢复能力、协同进化能力和社会自调节能力的大小。其科学内涵有四：一是生态系统结构、功能和过程对外界干扰的稳定程度(刚性)；二是生态环境受破坏后恢复平衡的能力(弹性)；三是开拓生态位、与外部环境协同进化的能力(开拓进化性)；四是生态系统内部的自调节自组织能力(自组织性)（图4.7）。

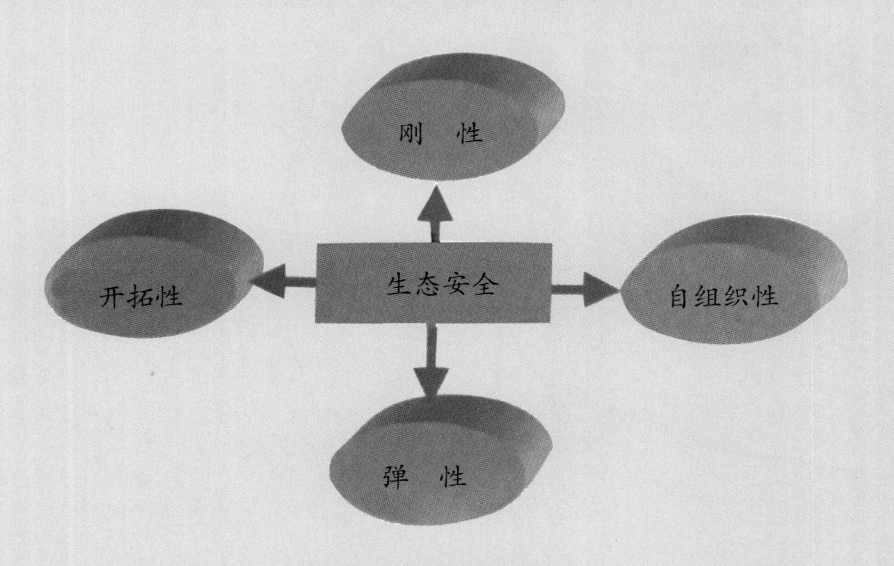

图4.7　生态安全的科学内涵

资料来源：王如松．生态安全·生态经济·生态城市[J]．学术月刊，2007，39（7）：5-11

4.4 生态功能区划

以生态保育为目标，生态绿心地区划分为丘陵生态涵养功能区和河流生态涵养功能区两种类型；以生态控制为目标，划分为平岗农田生态控制功能区和城镇生态控制功能区两种类型。

1）丘陵生态涵养功能区

洞井—跳马丘陵区和昭山风景名胜区（昭山森林公园）、石燕湖、法华山、五云峰、金霞山、九郎山、嵩山寺植物园等。主要功能为维护区域生态安全、保护生态景观、确保生物多样性、保持营养物质、调节小气候。

2）河流生态涵养功能区

湘江、浏阳河绿心区段。主要功能为确保水源涵养与保障饮用水水源安全。

3）平岗农田生态控制功能区

跳马南、跳马北、柏加生态农业区。主要功能为发展生态农业、设施农业和休闲农业。

4）城镇生态控制功能区

昭山生态经济区、暮云低碳科技园、洞井—跳马体育休闲区、柏加庭院式总部经济区、白马垄生态旅游镇、五仙湖休养度假区。主要功能为保护城镇生态景观、城镇生态文化和人居健康环境，发展绿色低碳产业，平衡人居环境与经济发展。

4.5 生态保护

4.5.1 分级保护

将生态绿心地区划分为核心保护区、重要保护区、一般保护区三级，实施非常严格的分级保护。

1）核心保护区

实行最严格的强制性保护，控制人为因素对自然生态的干扰，应采取封山育林、提质改造、优材替代等方式，保护原生态，逐步全部迁出其中人口。本区面积为131.42 km^2，占总面积的25%。大气环境达到二级以上标准，水质达到或优于二级标准。绿化覆盖率超过90%，森林覆盖率超过80%。核心保护区保护应达到禁止开发区相关管制要求，确保保护第一原则。

2）重要保护区

坚持永续利用原则，优先保护自然生态，加强生态斑块和廊道建设，提高生态屏障作用。应逐步治理或恢复已破坏的山体、水系和植被。本区面积为308.45 km^2，占总面积的59%。要求大气环境达到二级标准，区内水质达到或优于二级标准。绿化覆盖率超过80%，森林覆盖率超过60%。重要保护区中的禁止开发区保护应达到禁止开发区相关管制要求，其他区域应达到限制开发区相关管制要求。

3）一般保护区

范围与空间管制分区（图5.7）中除白马垄组团和五仙湖组团以外的控制建设区范围相同。严格控制建设规模，避让生态廊道，确保生态屏障的完整性和连通性。本区面积为83 km^2，占总面积的16%。要求大气环境达到三级以上标准，区内水质优于三级标准。绿化覆盖率超过50%，森林覆盖率超过40%。应达到限制开发区相关管制要求。

4.5.2 生态资源保护

1）林地保护与利用

恢复与重建中亚热带常绿阔叶林，提高林地覆盖率和林分质量；严禁乱伐公益林；依法保护与管理林地。抓好退耕还林和植树造林；建立健全森林抚育补贴机制。

2）基本农田保护与利用

依法保护基本农田，未经批准，禁止任何单位和个人改变或占用基本农田保护区。基本农田保护区内应尽量不占农田。创新耕地占补平衡和基本农田保护机制，严格执行耕地占用补偿制度。严格控制建设用地总量、农用地（尤其是耕地）转用总量。

3）水资源保护与利用

综合治理流域，消除点源污染，控制面源污染；建设河流、湖泊沿岸林草工程，加强水土保持与水源涵养，保护湿地资源，充分利用湿地生态系统净化与调蓄水资源。

优化配置生态绿心地区内的水资源；全面推广节水技术；大力推行中水回用、提高水资源利用率；优化水库、山塘调度，提高雨水利用率，保障区域用水安全。

依据湘江长沙航电枢纽工程竣工后水位变化规律，制订湘江岸线总体布局规划，坚持保护与开发并举原则，合理利用岸线资源。

4）风景名胜资源保护与利用

严格保护风景名胜区范围不受侵占，完善风景名胜区内建设工程规划许可制度，禁止越级越权审批，严格依法保护并管制昭山风景名胜区（昭山森林公园）。

旅游开发必须以生态保护为前提，充分考虑景区生态承载能力，确保资源永续利用；加强风景名胜区之间的联系，合理组织旅游线路，形成整体优势；严格依法保护与利用风景资源；严格控制旅游设施建设规模，防止污染生态环境。

5）生物多样性保护

严格保护生态系统，恢复自然环境中具有生存能力的种群；保护与建设风景名胜区、森林公园、湿地、基本农田和生态园区，构建完整的复合生态系统。

保护乡土生物物种和生物多样性，提高生态绿心地区内的本地植物指数和综合物种指数。保护野生动物及其主要栖息地，定期开展野生动物资源调查。区域与对外交通道路禁止切割开发区的区段，规划15处道路生态连接器，预留动物迁徙通道。

4.6　生态基础设施建设

生态基础设施建设主要包括森林生态建设、城镇生态建设、生态农业建设、交通廊道生态建设和水系廊道生态建设等方面（图4.8）。

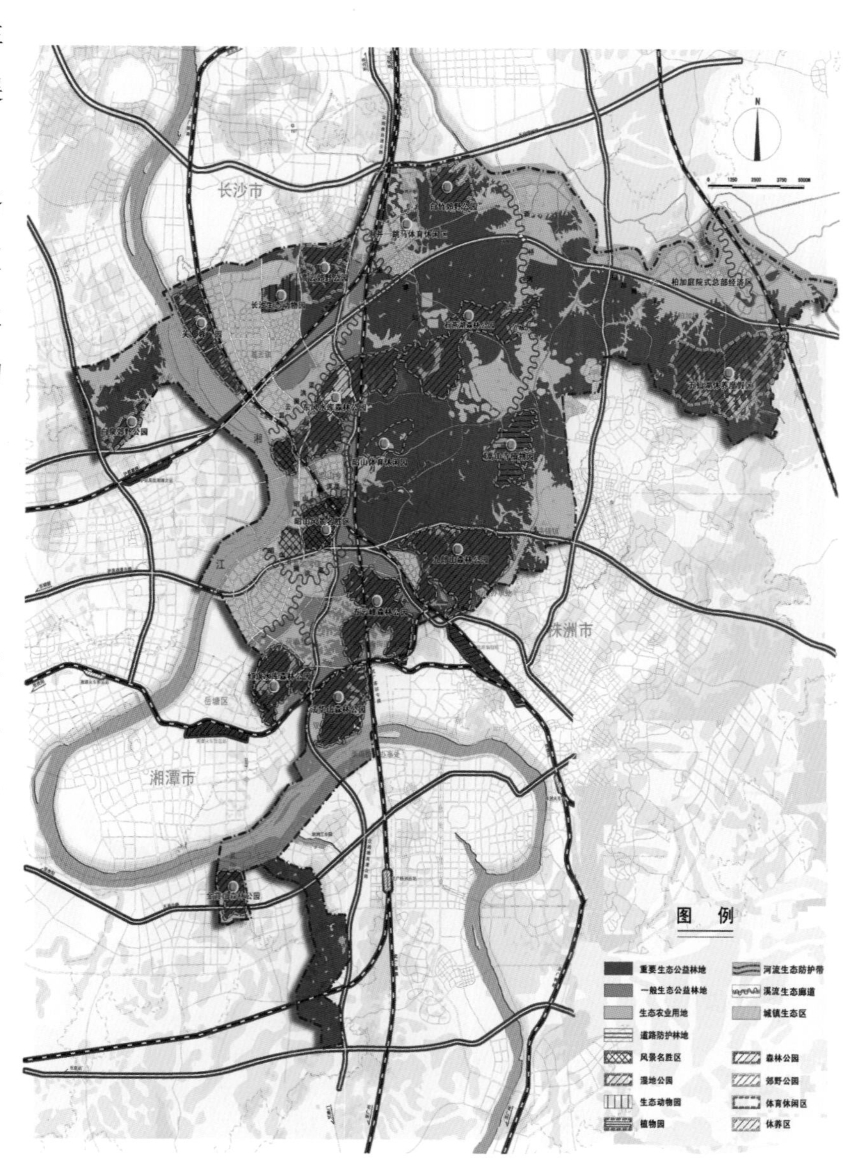

图4.8　生态绿心地区生态基础设施建设规划图

资料来源：赵运林、文彤、周婷、曾敏绘制

4.6.1 森林生态建设

1）重点生态公益林地

主要为东西向坪塘—昭山—石燕湖—五仙湖生态公益林带和南北向梅林桥—法华山—石燕湖—跳马生态公益林带两条生态公益林带。

坪塘—昭山—石燕湖—五仙湖生态公益林带规划从坪塘到五仙湖，东西控制长约43.7 km，绿带南北宽约2—5 km。此生态林带包括昭山风景名胜区（昭山森林公园）、东风水库森林公园、石燕湖森林公园、白泉郊野公园、五仙湖休养度假区和其他林地。主要位于坪塘乡（新塘村）、昭山乡（玉屏村、百合村、昭山村、立新村、金星村、黄茅村、团山村、金屏村、马鞍村和楠木村）、跳马乡（冬斯港村、沙仙村、新田村、三仙岭村、合梅怡岭村）、云田镇（云峰湖村、云田村、美泉村、五星村和柏岭村）、柏加镇（双源村和仙湖村）、仙庾镇（霞山村、仙人造水库和樟桥村）等。

梅林桥—法华山—石燕湖—跳马生态公益林带规划从梅林桥到跳马，南北控制长约46.2 km，绿带东西宽约1.2—7 km（最窄处湘潭与株洲之间梅林桥镇和群丰镇区域规划控制不少于1 200 m）。此生态林带包括嵩山寺植物园、九郎山森林公园、五云峰森林公园、红旗水库森林公园、法华山森林公园、金霞山森林公园、白竹郊野公园、高云郊野公园、洞井—跳马体育休闲区、昭山体育休闲园和其他林地。主要位于洞井铺镇（同升村）、跳马乡（白竹村、喜雨村、石燕湖村、复兴村、嵩山村和杨林村）、云田镇（马鞍村、高福村）、铜塘湾街道（霞湾村、清水村）、清水塘街道（九塘村、白马村）、井龙街道（九郎山村）、荷塘乡（综合农场）和双马镇（法华村）等（图4.8，表4.10）。

表4.10　生态绿心地区规划风景名胜区、森林公园、郊野公园一览表

序号	名称	面积（hm^2）	建设地点	发展定位	备注
1	昭山风景名胜区（昭山森林公园）	620.00	湘潭市昭山乡	以自然风光和历史文化为主题，体现湖湘文化特色	近期升级为国家级
2	东风水库森林公园	1 239.18	湘潭市昭山乡	以季相林景观为特色，以森林生态休闲为主题	升级为省级
3	石燕湖森林公园	1 195.76	长沙县跳马乡	以芳香类植物为特色，以森林生态休闲和水上游乐活动为主题	扩建，近期为省级，远期升级为国家级
4	法华山森林公园	726.59	湘潭荷塘乡、双马镇，株洲白马乡	以季相林景观为特色，以森林生态休闲为主题	近期为省级，远期升级为国家级

续表4.10

序号	名称	面积（hm²）	建设地点	发展定位	备注
5	五云峰森林公园	992.55	株洲市白马乡	以季相林景观为特色，以休养度假休闲为主题	升级为省级
6	金霞山森林公园	257.07	湘潭县易俗河镇	以季相林景观为特色，以森林生态休闲为主题	近期为省级，远期升级为国家级
7	九郎山森林公园	1 377.16	株洲市石峰区	以森林低碳生活体验为特色，以主题游乐为主题	升级为省级
8	嵩山寺植物园	529.80	长沙县跳马乡嵩山村、复兴村	以珍稀植物和药用植物等栽培、展示为特色的植物园	升级为省级森林公园
9	红旗水库森林公园	657.69	湘潭市荷塘乡	以季相林景观和水上游乐活动为特色	升级为省级
10	白泉郊野公园	50.60	长沙市岳麓区坪塘镇	以栽植多种果树为特色，以观光生态休闲为主题	3A级旅游区
11	高云郊野公园	495.25	长沙暮云镇高云村和跳马乡田心桥村	以低碳科技博览为主题，兼顾休闲与娱乐	3A级旅游区
12	白竹郊野公园	382.42	长沙市跳马乡白竹村	以栽植多种果树为特色，以观光生态休闲为主题	3A级旅游区
13	洞井—跳马体育休闲区	111.96	长沙市洞井镇洪塘村、跳马金屏村	以体育健身休闲活动为主题	5A级旅游区
14	昭山体育休闲园	144.61	湘潭昭山乡高峰村	以体育健身休闲为主题	4A级旅游区
15	芙蓉园	543.65	长沙暮云镇三兴村和沿江村	以田园风光和水生植物栽植和展示为主题	4A级旅游区
16	五仙湖休养度假区	1752.18	株洲云田镇、浏阳柏加镇	以香料植物种植为特色，以休闲度假休养为主题	5A级旅游区
17	长沙生态动物园	290.55	长沙暮云镇	以野生动物展示为特色	4A级旅游区
总计		11 367.02			

资料来源：文彤、黄田绘制

2）风景休憩绿地

风景名胜区、森林公园、郊野公园和休养区林地以旅游观光型林地建设模式为主，其他林地以生态公益型建设模式为主（表4. 11）。

旅游观光型林地通过恢复森林植被，增加季相林，营造以常绿阔叶林为主、落叶阔叶林为辅的植被景观。同时完善基础服务设施，创造舒适的游憩环境，发挥生态效益、社会效益和经济效益。常绿阔叶林树种采用湖南本地的青冈栎、小红栲、苦槠、石栎、栲树、甜槠、樟树、冬青、四川山矾、杜英等植物。落叶阔叶林采用湖南本地的枫香、梓树、酸枣、鸡爪槭、山核桃、麻栎、榉树、朴树等。具体植物群落模式参见表4.12中的常绿阔叶林、常绿落叶阔叶混交林、落叶阔叶林群落等。

生态公益型林地采取“封育结合、优材更替”的方法，扩大植被覆盖率。在适宜造林的地段，选择优材树种，如香樟、沉水樟、楠木、擦树、榉树、红椿、槠树、栲树、青冈、鹅掌楸、青檀、南酸枣、花榈木、银杏、刺楸等阔叶树种；铁杉、油杉、红豆杉、香榧、福建柏等针叶树种，营造以常绿阔叶林为主，针阔混交林为辅的植物群落。具体的植物群落模式参见表4.11中常绿阔叶林、竹林、针阔混交林的植物群落等。

表4.11　生态绿心地区常用植物群落一览表

类型	群落名称	乔木层树种	灌木树种	草本植物	藤本植物
常绿阔叶林	石栎群落	石栎、马尾松、野柿、樟树、毛竹	尖叶杨桐、槲栎、石栎小苗	铁芒萁、五节芒、蕨、金粟兰	菝葜
	苦槠+青冈栎群落	苦槠+青冈栎+油茶+枫香	白栎、冬青、小果蔷薇、格药柃	狗脊蕨、淡竹叶、乌韭	菝葜、何首乌
	樟树群落	樟树、马尾松、冬青	叶萼山矾、油茶、格药柃、黄栀子、大青叶	淡竹叶、乌韭、苦荬菜	白英
	樟树+冬青群落	樟树、冬青、枫香、青冈栎	杜英、油茶、山矾、黄栀子、大青叶	淡竹叶	何首乌、白英、蛇葡萄
	杜英群落	杜英、石栎、薯豆、木荷、青冈栎	尖叶杨桐、油茶、棕榈	野菊花、麦冬、铁芒萁、檵木	乌蔹莓、葎草
	薯豆群落	薯豆、枫香、马尾松、石栎、栲树	山胡椒、山矾、乌饭树、杨桐、杜茎山、白檀、映山红	鳞毛蕨、淡竹叶、铁芒萁	络石、薜荔
	栲树群落	栲树、枫香、冬青、锐齿槲栎、马尾松	柃木、油茶	淡竹叶、鳞毛蕨、透茎冷水花	菝葜、薜荔
	苦槠+榕叶冬青	苦槠、榕叶冬青、枫香、梓树、柿树、拐枣	叶萼山矾、石灰花楸小苗、杨桐	辣蓼、冷水花、牛膝、垂盆草	白英、构棘
	叶萼山矾群落	叶萼山矾、冬青、枫香、樟树、紫弹朴、马尾松、白栎	柃木、油茶、扁担杆、檵木	天芫荽、香附子、麦冬	金线吊乌龟
	细叶青冈群落	细叶青冈、椤木石楠、冬青、樟叶槭、紫弹朴	白檀、白花苦灯笼	冬麦、香附子、凤尾蕨	络石、珍珠莲
	青冈栎+苦槠群落	青冈栎、苦槠、山矾、红叶树、白栎	栀子花、石楠、华白檀、山麻杆、算盘子	鳞毛蕨、淡竹叶	络石、菝葜
	苦槠群落	苦槠、麻栎、白栎、臭辣树、栾树	栀子花、白花苦灯笼、石栎苗	淡竹叶、鳞毛蕨	络石

续表4.11

类型	群落名称	乔木层树种	灌木树种	草本植物	藤本植物
常绿落叶阔叶混交林	枫香+石栎+冬青群落	枫香、石栎、冬青、樟树	白栎、乌饭树、杨桐、胡枝子、扁担杆、檵木	鳞毛蕨、铁芒萁、淡竹叶	—
	栲树+枫香群落	栲树、枫香、构树、马尾松	杨桐、叶萼山矾、香楠、檵木	鳞毛蕨、淡竹叶、白英	珍珠莲、络石
	枫香群落	枫香、冬青、叶萼山矾、飞蛾槭、朴树、椤木石楠	香楠、山矾、构骨、柃木、野鸭椿、石楠、杜茎山、紫金牛	透茎冷水花、牛膝、紫珠、鳞毛蕨	构棘、络石
	枫香+红叶树群落	枫香、红叶树、叶萼山矾、冬青、椤木石楠	杨桐、山麻杆、算盘子	金钱草、麦冬	络石、白英
竹林	毛竹+冬青群落	毛竹、冬青、青冈栎、柿树、杜英、苦槠	算盘子、赤楠、乌饭、牡荆、大叶胡枝子	鳞毛蕨、莨草、狗牙根	络石、蛇葡萄
	毛竹群落	毛竹、杉木	小叶石楠、叶下珠	淡竹叶、五节芒、白花败酱	蛇葡萄、菝葜
针阔混交林	马尾松+枫香群落	马尾松、枫香、叶萼山矾、冬青	山麻杆、箬竹、朱砂根、檵木	井边栏、鳞毛蕨	蛇葡萄、乌蔹莓
落叶阔叶林群落	紫弹朴群落	紫弹朴、冬青、臭辣树、椤木石楠	油茶、石楠小苗、牡荆、檵木	紫花地丁、天芫荽、荠菜、酢浆草	鸡矢藤、白英
	长毛八角枫+枫香	长毛八角枫、枫香、山矾、石楠、酸枣	华白檀、油茶、山胡椒、杜茎山	虎耳草、凤尾蕨、荠菜、垂盆草	珍珠莲、络石、蛇葡萄

资料来源：文彤、黄田、曾敏绘制

3）一般生态公益林

在高速公路、铁路、国道和城市快速路等交通干道两旁以及城镇绿化隔离带、规划建设用地周围建设一般生态公益林。

一般生态公益林栽植以猴樟、杜英、银杏、紫薇、大叶女贞、栾树、杜仲等高碳汇树种为主，栾树、无患子、榉树、朴树等季相林树种为辅的碳汇林地。

4.6.2 生态农业建设

改善生态绿心地区农村生态环境，改良土壤，减少化肥与农药使用，以提高农产品产出及品质为主要目标，同时保护水源和森林植被。主要内容如下：

1）能源和废弃物综合利用建设工程

加强农业废物减量化、资源化、无害化工作，鼓励综合利用的产业化发展。大力推广机械化保护性耕作技术，实现农作物秸秆和果树残枝综合利用。鼓励秸秆还田、能源利用和有机肥料等利用方式，推广生物质成型燃料、发酵和饲料转化技术，提高秸秆残枝综合利用率。推广“村收集、镇转运、区（县）处理”的垃圾集中处理方法，逐步实现城乡垃圾集中处理。建设生态文明村庄，提高农民生活质量。

2）生态农业示范工程

主要示范特色花木产业、生态种植产业和生态农庄3种类型。

结合生态绿心地区现状和传统，重点培育以花卉苗木为核心的特色农业，建设跳马双溪观光苗木园和柏加园艺博览园。拓展上下游产业链，积极引进花木林业科研院所，建立生物育种、工厂化育苗等先进种植方法，并与种养业结合，以落叶沼气、雨水收集灌溉、沼液沼渣叶面追肥和无土栽培等方式构建循环经济（表4.12）。

表4.12 生态绿心地区花木产业园一览表

名称	位置	发展定位
双溪观光苗木园	长沙跳马双溪村、三仙岭村	观赏苗木基地、休闲养生农业示范区
柏加园艺博览园	柏加镇柏岭社区、楠洲村	特色花卉盆景、乡土植物园艺博览、旅游观光

资料来源：张曦绘制

对跳马、暮云、柏加、龙头铺等地粮食、蔬菜、油料等作物种植进行技术提升，与鸡、猪等家禽家畜养殖相结合，发展以大型、集中供气的沼气工程为核心的生态种养业，并与花木产业结合，形成资源多次循环利用的生态产业链体系（表4.13）。

表4.13 生态绿心地区生态农业园一览表

名称	位置	发展定位
许兴百蔬园	长沙暮云镇许兴村、暮云新村	有机蔬菜观光农业示范区
跳马南生态农业科技园	长沙跳马乡关刀村、复兴村、跳马村	设施农业、观光农业园区
跳马北都市农庄园	长沙跳马乡曙光垸村、冬斯港村	都市农庄、旅游休闲
马鞍生态农业科技园	株洲龙头铺镇马鞍、嵩山、交通、鸡嘴山	设施农业、观光农业园区

资料来源：张曦绘制

在生态绿心地区的曙光垸、冬斯港、渡头、双源、双溪、关刀、马鞍（湘潭昭山乡）、金星、马鞍（株洲云田镇）、团山、三兴、长石等社区建设农旅结合型的都市农庄。

4.6.3 生态廊道建设

1）河流滨水生态带

沿湘江、浏阳河控制防洪堤外各50 m或自然地形第一层山脊以内的林地，作为湘江、浏阳河的河流缓冲区。

根据滨岸带相对于水体高差的不同，种植柳树、水杉、池杉、节节草、灯芯草、水莎草等修复植物。高于水面4—6 m区域带内，恢复耐湿灌木或草本植物，由灌木和草本结合组成灌草防护带；在高于水面2—4 m区域带内引种挺水植物香蒲、茭草、芦苇等，并将其分片种植；在高于水面1—2 m范围内，恢复和优化配置浮叶植物与沉水植物（如菱角、两栖蓼、荇菜等）。

2）溪流生态廊道

建设柏加撇洪渠、新桥河、奎塘河、暮云Ⅰ撇洪渠、昭山Ⅰ撇洪渠、昭山Ⅱ撇洪渠等6条溪流生态廊道，沿水系控制防洪堤外各10—30 m或自然地形第一层山脊以内的林地。

针对部分水系污染现状，定时清理水面藻类、生活垃圾，禁止生活污水直接排入水体，恢复水底生态系统，在浅水区逐步引进优势沉水藻类（如轮生黑藻、金鱼藻、菹草、微齿眼子菜等）（表4.14）。

表4.14 生态绿心地区主要溪流生态廊道一览表

序号	溪流名称	防护林宽度（m）	防护林长度（km）
1	新桥河	防洪堤外各30 m或自然地形第一层山脊以内的林地	15.1
2	奎塘河	防洪堤外各30 m或自然地形第一层山脊以内的林地	7.5
3	柏加撇洪渠	防洪堤外各10 m或自然地形第一层山脊以内的林地	7.4
4	暮云Ⅰ撇洪渠	防洪堤外各10 m或自然地形第一层山脊以内的林地	10.1
5	昭山Ⅰ撇洪渠	防洪堤外各10 m或自然地形第一层山脊以内的林地	11.1
6	昭山Ⅱ撇洪渠	防洪堤外各10 m或自然地形第一层山脊以内的林地	9.9
总　计			61.1

资料来源：李黎武、文彤绘制

3）交通干道生态廊道

沿京港澳、沪昆、长株高速公路建设防护林带，每侧控制范围为200—500 m；沿京广、武广、湘黔、沪昆铁路建设防护林带，每侧控制范围为100 m；其他一、二级公路每侧控制范围30—50 m建设防护林带。采用隧洞、涵洞等多种生态方式，保障生物自由迁徙以及自然景观美化。

交通干道两侧修建防护林带，防护林带以猴樟、杜英、银杏、紫薇、大叶女贞、栾树、杜仲等高碳汇树种为主，同时辅以种植红叶李、栾树、无患子、榉树、朴树等季相林树种（图4.9，表4.15）。

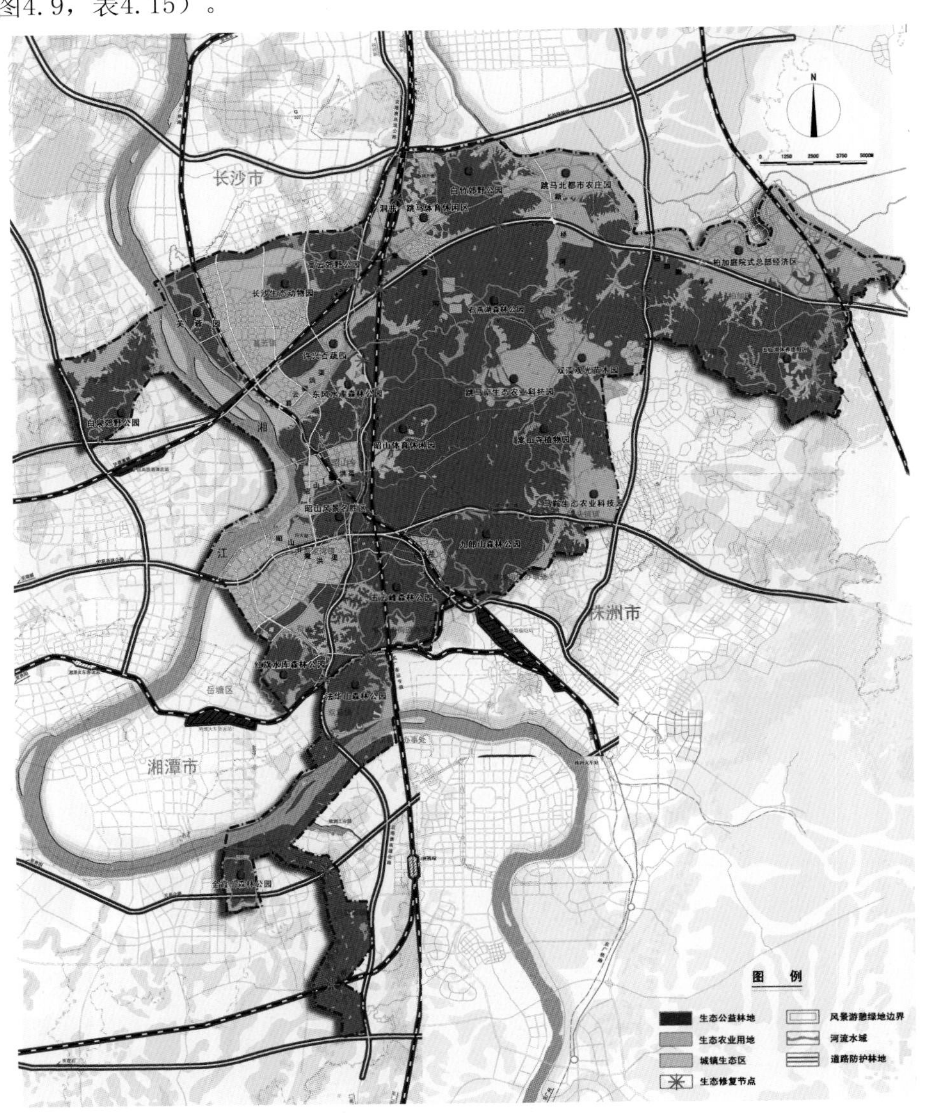

图4.9　生态绿心地区生态建设规划图
资料来源：赵运林、文彤、黄田、曾敏绘制

表4.15　生态绿心地区生态修复树种组合一览表

序号	生态修复模式	树种组合
1	旅游观光型林地	常绿阔叶林树种:湖南本地的青冈栎、小红栲、苦槠、石栎、栲树、甜槠、樟树、冬青、四川山矾、杜英等植物 落叶阔叶林树种：湖南本地的枫香、梓树、酸枣、鸡爪槭、山核桃、麻栎、榉树、朴树等
2	生态公益型林地	阔叶树种：香樟、沉水樟、楠木、擦树、榉树、红椿、槠树、栲树、青冈、鹅掌楸、青檀、南酸枣、花榈木、银杏、刺楸等 针叶树种：铁杉、油杉、红豆杉、香榧、福建柏
3	防护型林地	高碳汇树种：以猴樟、杜英、银杏、紫薇、大叶女贞、栾树、杜仲等为主 季相林树种：以栾树、无患子、榉树、朴树为主
4	河流滨水生态带	高于水面4—6 m带范围内：恢复耐湿灌木或草本植物，由灌木和草本结合组成灌草防护带 高于水面2—4 m带范围内：引种挺水植物香蒲、茭草、芦苇等，并将其分片种植 高于水面1—2 m带范围内：恢复和优化配置浮叶植物与沉水植物菱角、两栖蓼、荇菜等
5	溪流	轮生黑藻、金鱼藻、菹草、微齿眼子菜等优势沉水藻类
6	交通廊道	高碳汇树种：猴樟、杜英、银杏、紫薇、大叶女贞、栾树、杜仲为主 季相林树种：红叶李、栾树、无患子、榉树、朴树为主

资料来源：文彤绘制

4.6.4　生态节点修复建设

进一步完善坪塘—昭山—石燕湖—五一仙人水库生态公益林带和梅林桥—法华山—石燕湖—跳马生态公益林带建设，主要加强15处生态节点的修复（表4.16）。

表4.16　生态绿心地区生态节点修复一览表

序号	节点位置	主要问题	修复内容
1	跳马乡石燕湖村	南横线公路建设破坏生态廊道的连续性，阻碍动物迁徙	在跳马乡石燕湖村茶林塘修建一条30—60 m宽的道路生态连接器（供动物通行的桥梁和涵洞）
2	跳马乡新田村	南横线公路建设破坏生态廊道的连续性，阻碍动物迁徙	在跳马乡新田村摇子岩修建一条30—60 m宽的道路生态连接器（供动物通行的桥梁和涵洞）
3	龙头铺镇郭家塘村	沪昆高速公路破坏生态廊道的连续性，阻碍动物迁徙	在龙头铺镇郭家塘村荷叶塘修建一条30—60 m宽的道路生态连接器（供动物通行的桥梁和涵洞）

续表4.16

序号	节点位置	主要问题	修复内容
4	跳马乡杨林村	沪昆高速公路破坏生态廊道的连续性，阻碍动物迁徙	在跳马乡杨林村细何冲修建一条30—60 m宽的道路生态连接器（供动物通行的桥梁和涵洞）
5	易家湾镇金兰村	京广铁路破坏生态廊道的连续性，阻碍动物迁徙	在易家湾镇金兰村鹿子塘修建一条30—60 m宽的道路生态连接器（供动物通行的桥梁和涵洞）
6	易家湾镇红旗村	京广铁路破坏生态廊道的连续性，阻碍动物迁徙	在易家湾镇红旗村庵子坡修建一条30—60 m宽的道路生态连接器（供动物通行的桥梁和涵洞）
7	清水塘街道白马村	京广铁路破坏生态廊道的连续性，阻碍动物迁徙	在清水塘街道白马村洋山咀修建一条30—60 m宽的道路生态连接器（供动物通行的桥梁和涵洞）
8	昭山乡金屏村	京港澳高速公路破坏生态廊道的连续性，阻碍动物迁徙	在昭山乡金屏村东风水库修建一条30—60 m宽的道路生态连接器（供动物通行的桥梁和涵洞）
9	跳马乡田心桥村	京港澳高速公路破坏生态廊道的连续性，阻碍动物迁徙	在跳马乡田心桥村小春塘修建一条30—60 m宽的道路生态连接器（供动物通行的桥梁和涵洞）
10	昭山乡立新村	京港澳高速公路破坏生态廊道的连续性，阻碍动物迁徙	在昭山乡立新村竹坡修建一条30—60 m宽的道路生态连接器（供动物通行的桥梁和涵洞）
11	荷塘乡青山村	京港澳高速公路破坏生态廊道的连续性，阻碍动物迁徙	在荷塘乡青山村义渡屋场修建一条30—60 m宽的道路生态连接器（供动物通行的桥梁和涵洞）
12	荷塘乡青山村	湘黔铁路破坏生态廊道的连续性，阻碍动物迁徙	在荷塘乡青山村井湾里修建一条30—60 m宽的道路生态连接器（供动物通行的桥梁和涵洞）
13	铜塘湾街道长石村	湘黔铁路破坏生态廊道的连续性，阻碍动物迁徙	在铜塘湾街道长石村黄家湾修建一条30—60 m宽的道路生态连接器（供动物通行的桥梁和涵洞）
14	柏加镇双源村	长株高速公路破坏生态廊道的连续性，阻碍动物迁徙	在柏加镇双源村天师庙修建一条30—60 m宽的道路生态连接器（供动物通行的桥梁和涵洞）
15	易俗河镇赤湖村	天易公路破坏生态廊道的连续性，阻碍动物迁徙	在易俗河镇赤湖村胡肖塘修建一条30—60 m宽的道路生态连接器（供动物通行的桥梁和涵洞）

资料来源：文彤、黄田绘制

4.6.5 林相调控

生态绿心地区植物景观以石栎群落、苦槠＋青冈栎群落、樟树群落、杜英群落、青冈栎＋苦槠群落等亚热带常绿阔叶林景观为基本景观风貌，在此基础上对风景游憩绿地内林相进行调整，增加枫香＋石栎＋冬青群落、栲树＋枫香群落、枫香群落、紫弹朴群落、长毛八角枫+枫香群落等常绿落叶阔叶混交林、落叶阔叶林群落，形成多种季相林景观，增加植物景观的观赏性。同时，在交通干道种植银杏、紫薇、大叶女贞、栾树、杜仲等高碳汇树种，增加红叶李、栾树、无患子、榉树、朴树等季相林树种，增加沿线景观的色相变化。

4.7 生态服务功能

生态绿心地区是一个复合的生态系统，生态服务功能需要通过自身组成要素来实现，包括林地、农地、湿地、城镇和村庄等，其各自具有不同的生态服务功能（图4.10）。

规划提升生态绿心地区内生物多样性保护、水源涵养、土壤保持、水源保护、固碳释氧、调节气候6大生态服务功能。完善复合生态系统，保障城市群生态安全，促进产业生态转型，营造生态景观，弘扬生态文化。

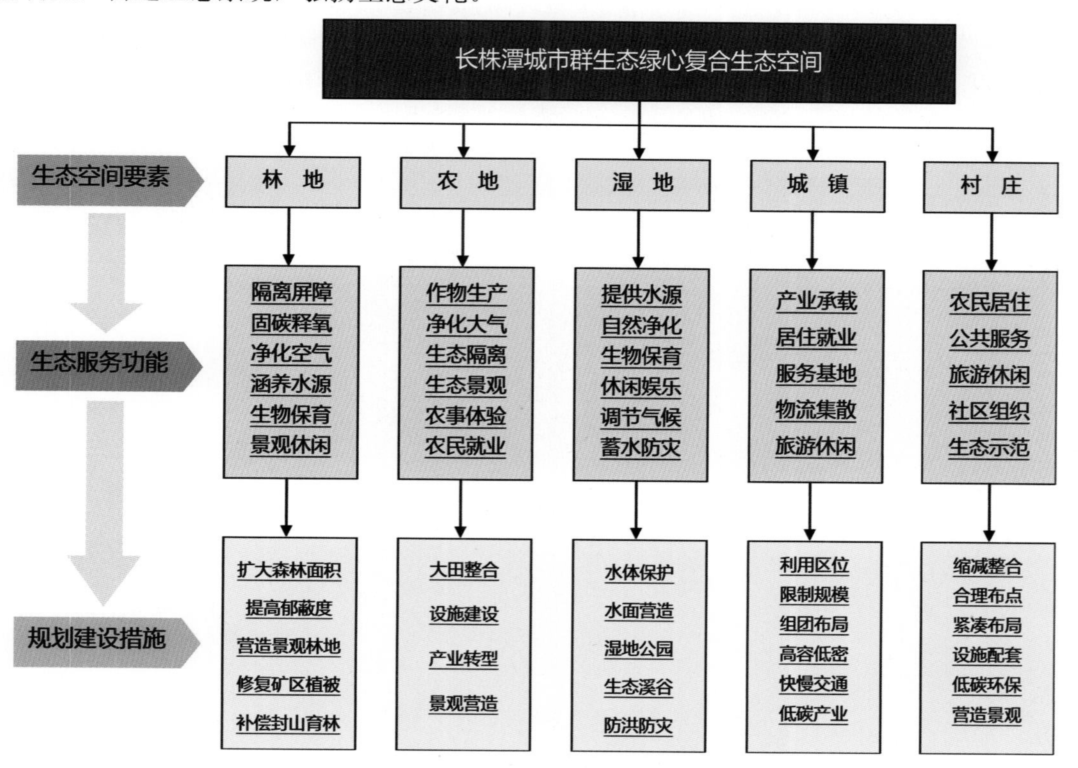

图4.10　生态绿心地区生态服务功能结构图

资料来源：黄田、马楠绘制

生态服务功能

生态服务也可称为生态系统服务(Ecosystem Service)。其定义有很多，其中Daily和Costanza 等的定义比较有代表性。Daily 的定义是“生态系统服务是指通过自然生态系统和其中的物种为维持人类生活而提供的一系列条件和过程”。Costanza 等的定义为“生态系统服务是人类直接或间接地从生态系统功能中得到的效益”。

绿色空间的生态服务功能是指绿地系统为维持人类活动和居民身心健康提供物态和心态产品、环境资源和生态公益的能力。它在一定的时空范围内为人类社会提供的产出构成生态服务功效，主要包括：

- 净化环境：净化空气、水体、土壤、吸收CO_2、生产O_2、杀死细菌、阻滞尘土、降低噪声等。
- 涵养水源：雨水渗透、保持水土等。
- 调节小气候：调节空气的温度和湿度，改变风速风向。
- 土壤活化和养分循环。
- 维持生物多样性。
- 景观功能：组织城市的空间格局。
- 休闲、文化和教育功能。
- 社会功能：维护人们的身心健康，加强人们的沟通，稳定人际关系。
- 防护和减灾功能：抵御大风、地震等自然灾害。

生态服务功能类型基本上可以划分为两大方面：即生产和生产方面（图4.11）。城市绿色空间生态服务功能的强弱取决于绿地的数量、组成结构、镶嵌格局、分布特征、与周边人工景观的联系以及管理水平等。

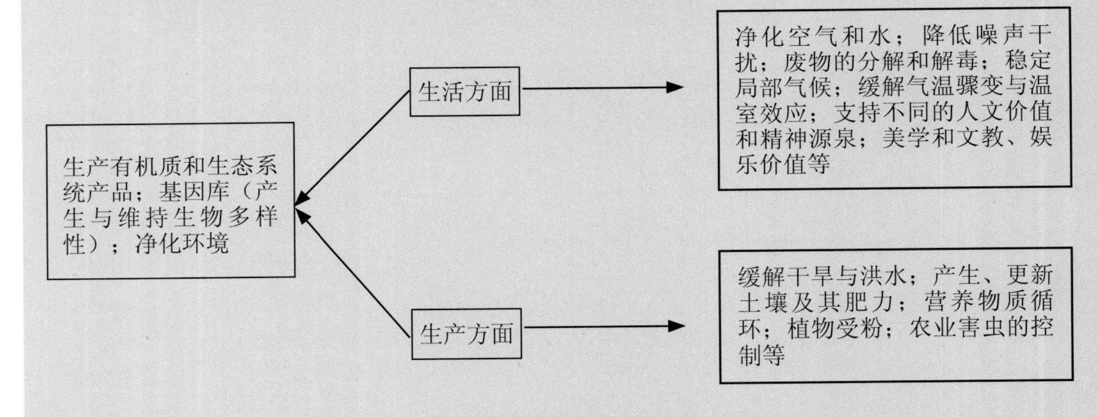

图4.11　生态系统服务功能的类型及内涵

资料来源：李锋，王如松．城市绿色空间生态服务功能研究进展[J]．应用生态学报，2004,15（3）：527-531

4.8 典型生态建设模式

1）森林建设模式

为了优化森林生态系统，将现存针阔混交林改造成为生物多样性最为丰富、稳定性最高、生产能力最强的中亚热带丘陵常绿阔叶林，采用科学的人工调控技术，增加阔叶树种如壳斗科、樟科、茶科等的比重，封山育林30年左右，并在进行常绿阔叶林建设的同时，增加季节性落叶阔叶树种，如南酸枣、枫树、鸡爪槭等，实现景观多样性。

为了缓解温室效应，在保障带、交通干道两侧种植紫薇、樟树、黄柏、杜英等碳汇树种，有效地吸收城市、交通工具产生的CO_2，并能净化空气。

2）山体生态修复模式

被破坏严重的山体是水土流失的重灾区，其生态修复采用人工干扰的方法。选择各演替阶段中的优势植物，通过人工培育和管理，加快演替进程，最终达到顶级群落——亚热带常绿阔叶林。先锋种类主要有蜈蚣草、芒、蕨类等。

3）生态农业资源循环利用模式

运用生态学原理，优化农业结构，提高生物能的利用率和废物的循环转化，建设社会主义新农村。

4）水系生态建设模式

主要分滨岸带生态建设、水系生态廊道建设、湿地公园建设和水库生态建设4种建设模式。

针对湘江、浏阳河污染现状，在定时清理水面藻类、生活垃圾，监控航道船舶排污的同时，恢复河流水底生态系统，在浅水区逐步引进优势沉水藻类，如轮生黑藻、金鱼藻、菹草、微齿眼子菜等。

在云田芙蓉园等地建立湿地公园，跳马建立湿地廊道。运用生态浮岛等手段，修复水体富营养化、重金属污染等环境问题的同时，美化环境，保护湿地资源，开展生态教育，提高人们的环保意识，让更多的人参与到环境保护工作中来。

保持库区水土，水库四周种植水源涵养林，使森林覆盖率达到80%以上；控制库区点源和面源污染，运用生态浮岛、缓冲带生态修复等手段，提高库区水质、净化库区水体（图4.12）。

生态公益型建设模式示意图

常绿阔叶林

竹 林

针阔混交林

生态节点修复模式示意图

严重破坏山体

修复严重破坏山体

旅游观光型建设模式示意图

常绿阔叶林

落叶阔叶林

常绿落叶阔叶混交林

生态农业建设示意图

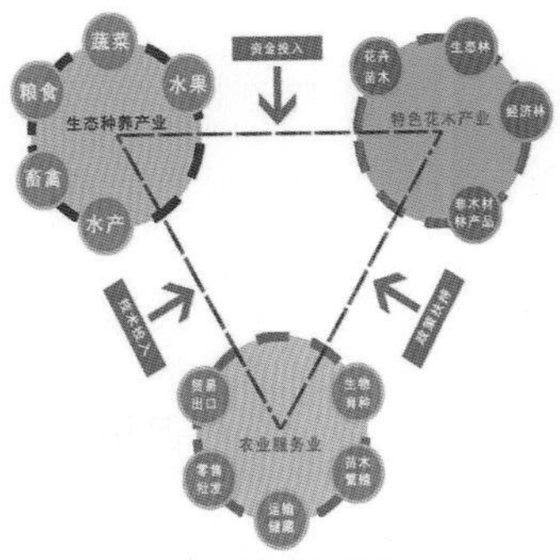

生态农业循环框架

道路防护林地建设模式示意图

交通干道建设模式

道路防护林带

碳汇林

河流生态防护带修复示意图

湿地修复模式断面示意图

湘江富营养化现状

湘江现状

溪流生态廊道修复示意图

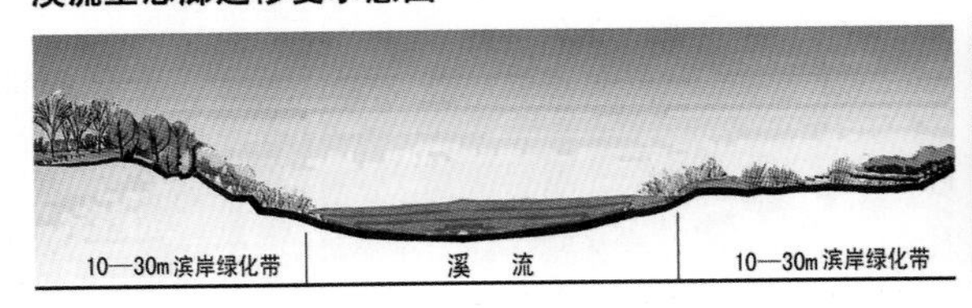

溪流修复模式断面示意图

溪流生态廊道

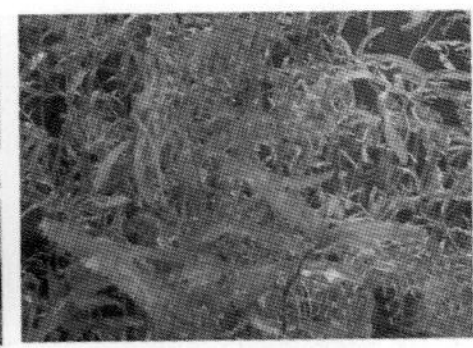
水底植物修复模式

图4.12 生态绿心地区生态建设模式示意图
资料来源：文彤、黄田、曾敏绘制

4.9 环境功能分区

4.9.1 环境保护目标

1）环境保护总体目标

严格控制工业及农业面源污染，进一步提高整体环境质量，各功能组团、乡镇和农村的污水全部处理后达标排放，垃圾进行无害化、资源化处置，实现环境、经济、社会的协调发展，实现城乡环境清新、优美、安静、适宜的目标（图4.13）。

污水处理率、垃圾处理率、烟尘有效控制率、固体废弃物处理率、环境噪声达标率均为100%。

2）大气环境保护分区目标

生态绿心地区内城镇建设区空气环境质量总体达国家二级标准，农村、风景区及自然保护区达国家一级标准。

3）水域环境保护目标

生态绿心地区城镇建设区、湘江和浏阳河等地表水、水体的水质规划均达到国家地表水质Ⅲ类标准；水库及其他河渠水系的水质规划均达到国家地表水质Ⅱ类标准。

4）城镇组团区域噪声控制目标

执行国家《声环境质量标准》(GB3096—2008)，控制标准见表4.17。

表4.17　区域噪声控制标准

城镇建设区（dB）	农村、风景区及自然保护区（dB）	主要交通干线两侧（dB）
55	50	70
45	40	55

5）环境卫生质量目标

近期垃圾以无害化为主，实行垃圾全封闭式运输，远期实现减量化，最终达到资源化目标。

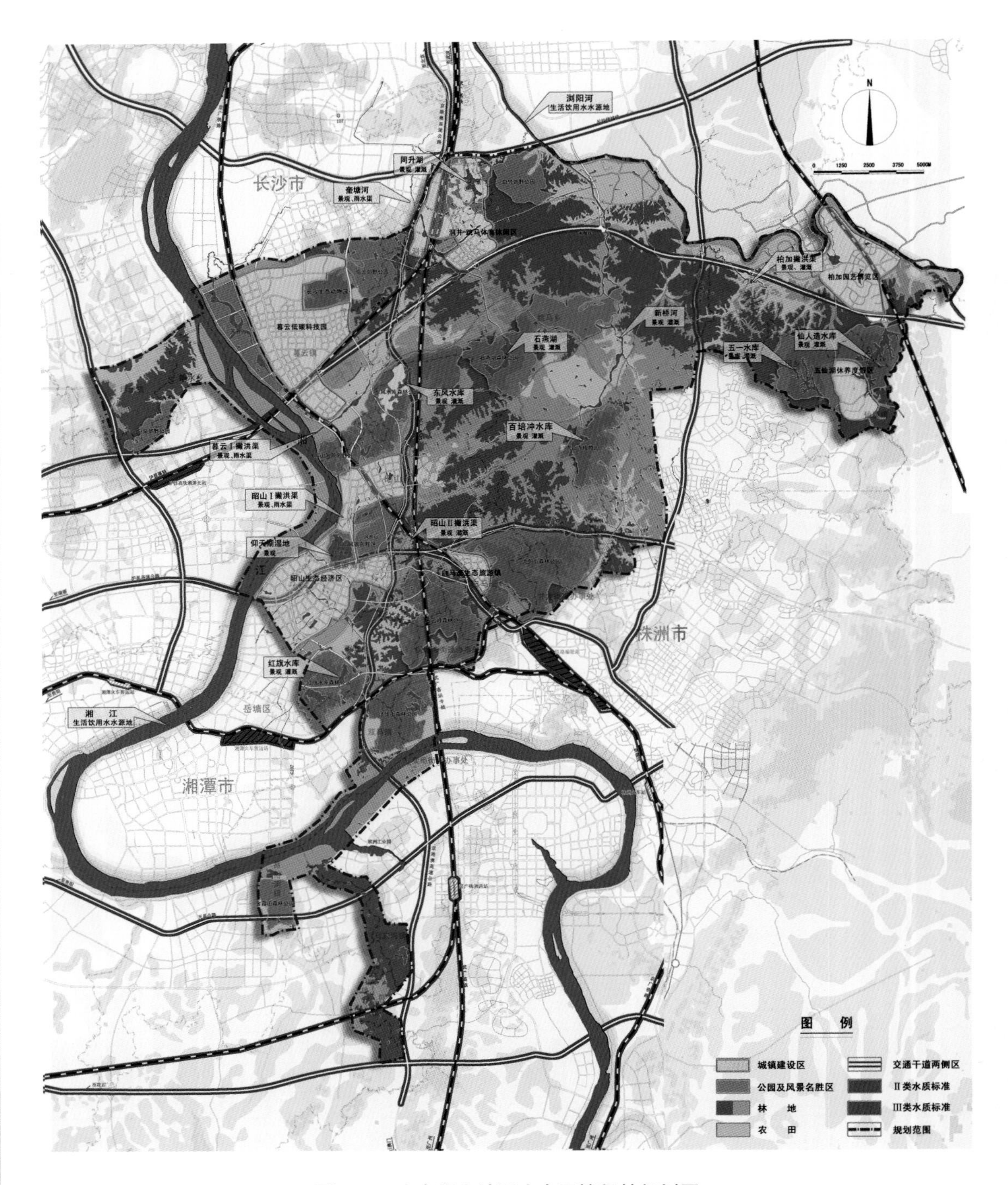

图4.13 生态绿心地区生态环境保护规划图

资料来源：赵运林、文彤、曾敏绘制

4.9.2 环境空气质量功能区划

分为2类，其中Ⅰ类区为自然保护区、风景名胜区、森林公园、农田、林地区以及其他需要特殊保护的地区；Ⅱ类区为其余地区。各级功能区内环境空气质量应分别达到《环境空气质量标准》（GB3095—1996）相应标准（表4.18）。

表4.18 生态绿心地区环境功能区划和环境目标

功能分区		环境空气目标(级)
组团	昭山生态经济区 暮云低碳科技园 同升湖生态社区 洞井—跳马体育休闲区 柏加庭院式总部经济区 白马垄生态旅游镇 五仙湖休养度假区	Ⅱ
公园及风景名胜区	昭山风景名胜区（昭山森林公园） 石燕湖森林公园 法华山森林公园 五云峰森林公园 金霞山森林公园 九郎山森林公园 红旗水库森林公园	Ⅰ
交通干道两侧区	沿京港澳、沪昆、长株高速公路 京广、武广、湘黔、沪昆铁路	Ⅱ
农田及林地区	农田、林地区	Ⅰ

资料来源：李黎武绘制

4.9.3 声环境功能分区

分为3类，其中0类区为自然保护区、风景名胜区、森林公园、农田、林地区以及其他需要特殊保护的地区；1类区为城镇建成区；4a类区位于交通干道两侧。各级功能区内区域环境噪声等效声级限值应达到《声环境质量标准》（GB3096—2008）相应要求。

城镇建设区，包括昭山生态经济区、暮云低碳科技园、同升湖生态社区、洞井—跳马体育休闲区、柏加庭院式总部经济区、五仙湖休养度假区、白马垄生态旅游镇；公园及风景区，包括昭山风景名胜区（昭山森林公园）、石燕湖森林公园、法华山森林公园、五云峰森林公园、金霞山森林公园、九郎山森林公园、红旗水库森林公园；开敞景观带，包括沿京港澳、沪昆、长株高速公路、京广、武广、湘黔、沪昆铁路；农业及林地。

4.9.4 地表水环境功能区划

分为河流水环境功能区和水库水环境功能区两个分区。各功能区内水质应分别达到《地表水环境质量标准》（GB3838—2002）相应标准。

1）河流水环境功能区

包括湘江、浏阳河以及五一水库和仙人造水库撇洪渠、昭山Ⅰ和Ⅱ撇洪渠、柏加撇洪渠、奎塘河、幕云Ⅰ撇洪渠、新桥河等谷地溪渠，规划水质达到Ⅲ类要求，控制目标为Ⅲ类。其中，湘江和浏阳河规划水质达到二级水源要求。

2）水库水环境功能区

包括仰天湖湿地、红旗水库、石燕湖、百培冲水库、同升湖、五一水库、仙人造水库等地表水体，规划水质达到Ⅱ类要求，控制目标为Ⅱ类（表4.19）。

表4.19 生态绿心地区水环境功能分区一览表

环境功能区类别	环境功能区名称	功能	水质现状类型	功能区水质要求	水质控制目标
一	湘江	生活饮用水水源地	部分指标超Ⅲ类	Ⅲ类二级水源	Ⅲ类二级水源
二	昭山Ⅰ水涌	生态旅游	Ⅱ类	Ⅲ类	Ⅱ类
二	昭山Ⅱ水涌	生态旅游	Ⅱ类	Ⅲ类	Ⅱ类
二	跳马水涌	生态旅游	Ⅱ类	Ⅲ类	Ⅱ类
二	柏加Ⅰ水涌	生态旅游	Ⅱ类	Ⅲ类	Ⅱ类
二	柏加Ⅱ水涌	生态旅游、灌溉	Ⅱ类	Ⅲ类	Ⅱ类
二	仰天湖湿地	生活饮用水水源地	Ⅱ类	Ⅱ类	Ⅱ类
二	东风水库	生态旅游	Ⅱ类	Ⅱ类	Ⅱ类
二	红旗水库	生态旅游	Ⅱ类	Ⅲ类	Ⅱ类

续表4.19

环境功能区类别	环境功能区名称	功能	水质现状类型	水质要求	水质控制目标
二	石燕湖	生态旅游	Ⅱ类	Ⅱ类	Ⅱ类
二	同升湖	生态旅游	Ⅱ类	Ⅱ类	Ⅱ类
二	五一水库	生态旅游	Ⅱ类	Ⅱ类	Ⅱ类
二	仙人造水库	生态旅游	Ⅱ类	Ⅱ类	Ⅱ类
三	奎塘河	雨水受纳水体	Ⅲ类	Ⅲ类	Ⅲ类
三	暮云Ⅱ水涌	雨水受纳水体	Ⅲ类	Ⅲ类	Ⅲ类
三	暮云Ⅰ水涌	雨水受纳水体	Ⅲ类	Ⅲ类	Ⅲ类

资料来源：李黎武绘制

4.10　历史文化保护

坚持保护与发展并举、系统保护与重点保护相结合原则，抢救历史文化遗产，继承和彰显湖湘特色和传统文化，促进城乡精神文明、物质文明和生态文明建设（图4.14）。

1）历史文化遗产保护

实行保护为主、适当利用原则，严格依法保护所有文物建筑、文物古迹，严禁损毁、破坏原有风貌，严禁改建、拆建，严禁挪作他用。文物保护单位详见表4.20。

古遗址、古墓葬、古迹等历史遗存以原状保护与修复为主，标示文物保护单位，按国家规定对文物保护单位分级划定保护范围。充分利用文物资源作为参观旅游景点。

历史建筑以修复性保护为主，标示各级历史建筑，适度利用和景点开发。

重点保护易家湾步行古街。周边建筑的高度、体量、形式和色彩等应与它协调。

表4.20　生态绿心地区主要文物保护单位名录

名称	时代	级别	地址
左宗棠墓	清代	市保	长沙县跳马乡白竹村
昭山寺	唐代	市保	湘潭市郊昭山乡昭山
昭山古蹬道	清代	省保	湘潭市岳塘区
罗哲墓	中华民国	市保	马家河镇高塘村槽门组
罗瑶墓	明代	县保	马家河镇古桑洲上洲头
上林寺	不详	区保	清水街办九郎山
十长桥	清代	区保	铜塘湾街办长石村组
抗日阵亡将士墓	中华民国	区保	云田镇云峰湖村祠棠山
福笔桥	清代	区保	云田镇马鞍山村
铁炉塘宋元遗址	汉代	区保	龙头铺镇鸡嘴山村铁炉塘组

资料来源：徐娟、罗瑶整理

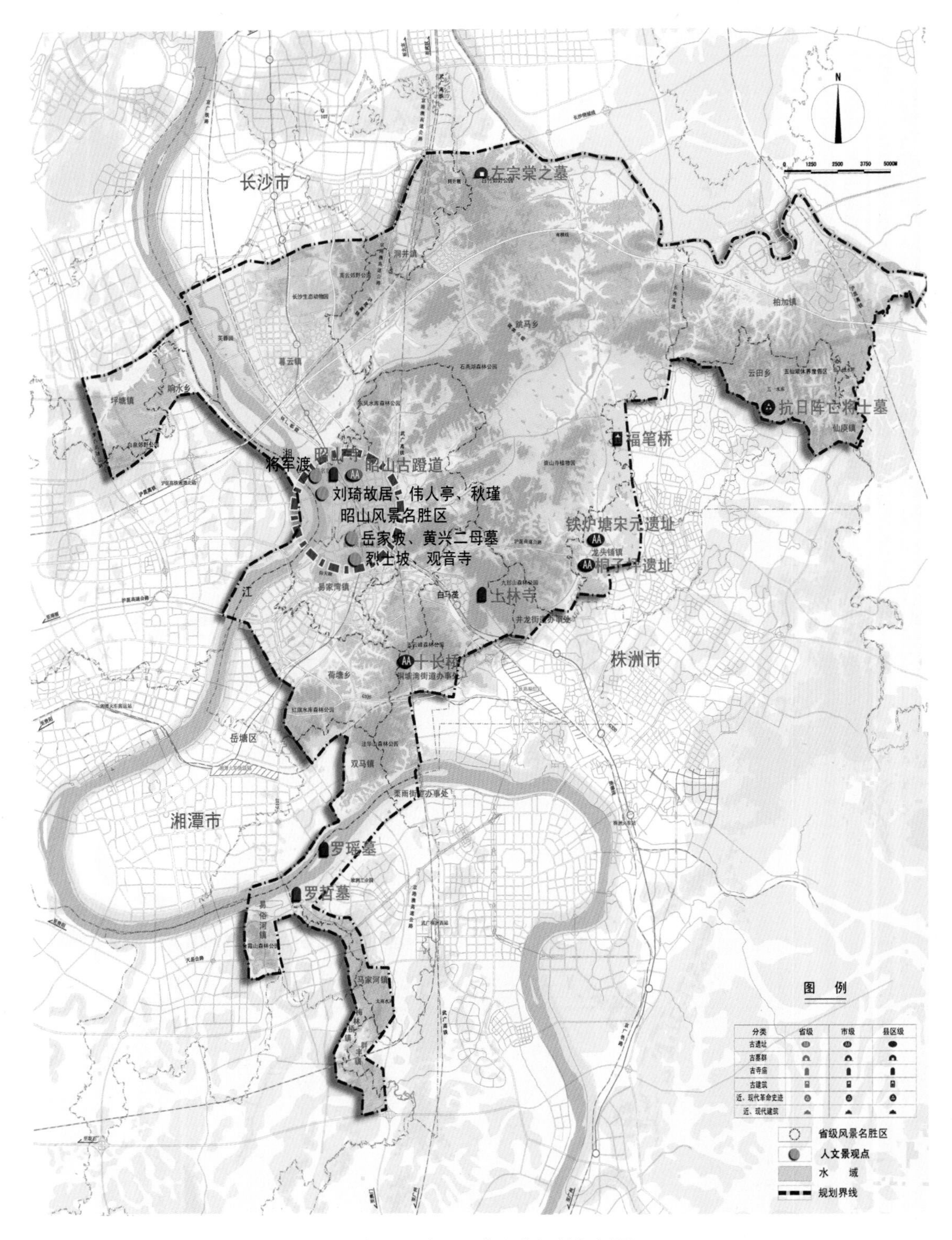

图4.14 生态绿心地区历史文化保护规划图

资料来源：吕贤军、欧振绘制

2）风景名胜区保护

保护主要寺庙、园林和风景名胜区。严格按已划定的保护区范围保护各级风景名胜区。风景名胜区有昭山风景名胜区（昭山森林公园）。

4.11 生态发展策略

1）生态优先，治保结合

遵循生态保护与生态服务优先原则，以保护自然生态本底为基础，以生态建设和生态修复为重点，优先建设生态屏障、生态基础设施以及生态文明，将生态绿心地区建设成为人与自然、人与社会和谐相处、良性循环、全面发展、持续繁荣的社会—经济—自然复合生态系统，成为具有国际品质的都市绿心，促进区域可持续发展。

以整体生态格局为基础，以生态服务功能为指导，以森林、水体、农田和湿地为斑块，以河流、高速公路和铁路及其防护带、自然山脉为廊道，大力推进森林生态、生态农业、生态村镇和生态廊道建设，加强常绿阔叶林、碳汇林、滨岸带、湿地公园、道路防护林带、生态农业、生态村庄等生态基础设施建设，实施水体生态修复、植被生态修复、土壤生态修复、生物多样性修复。

2）分区控制，分级保护

按照主体功能分区与生态绿心地区特殊要求，将生态绿心地区分为禁止开发区、限制开发区和控制建设区3个空间管制分区，分区进行最为严格的空间管制。采用景观生态学原理和群落设计方法,将生态绿心地区分为核心保护区、重要保护区、一般保护区三级，严格实施分级保护。双管齐下，确保生态绿心地区成为长株潭三市的生态屏障。

3）统一规划，分步实施

以复合生态系统理论为指导，在生态环境现状调查以及综合评价的基础上，结合生态绿心地区的生态服务功能，科学构建形成斑块—廊道—基质的网络化景观生态格局，与长株潭三城市绿地生态系统有机地融为一体。

针对生态绿心地区生态系统现状存在的问题，合理规划区域内的生态修复与建设工程，确保生态绿心地区的生态安全，为长株潭三市提供生态安全和生态服务的同时，保障长株潭三市的可持续发展。

5 空间整合——塑造绿色空间形态

5.1 空间定位

环长株潭城市群、湖南省、全国乃至世界的**生态公共客厅，“两型社会”生态服务示范区**。

5.2 空间特色构想

1）生态安全的空间格局

按照生态枢纽、生态基础设施和复合生态系统等理论和方法，以生态基础设施为基础，构建斑块—廊道—基质的网络化生态安全格局，维护区域生态安全（图5.1a）。

2）高端占领的空间保护

调整产业结构，设置产业进入门槛，用高端低碳的一、三产业占领生态绿心地区，以“绿色引擎”促使生态绿心地区从“单一自然生态系统保护”向“复合生态系统保护与发展”转变，带动生态绿心地区经济社会实现跨越发展（图5.1b）。

3）组团网络的空间结构

沿循精明增长理念，采取周边式组团状布局模式，以规划设立的昭山国家森林公园为核心，以各功能区为组团，以交通干线和生态廊道为纽带，形成**一心六区多点**的组团状网络化空间结构（图5.1c）。

4）自相嵌套的空间层次

实行保护与建设并举策略，从整个生态绿心地区到各个功能组团、再到节点均采用生态保护与城乡建设双向渗透的生态化建设模式，形成自相嵌套的空间层次（图5.1d）。

5）城乡融合的空间模式

以“两型社会”建设和新农村建设为契机，构建城乡一体的生态保障体系、城乡一体的产业体系、城乡一体的公共服务设施体系、城乡一体的基础设施体系、城乡一体的劳动就业体系、城乡一体的社会管理体系，促进规划区内经济、社会、人口、资源与环境的可持续发展，实现城乡共生融合（图5.1e）。

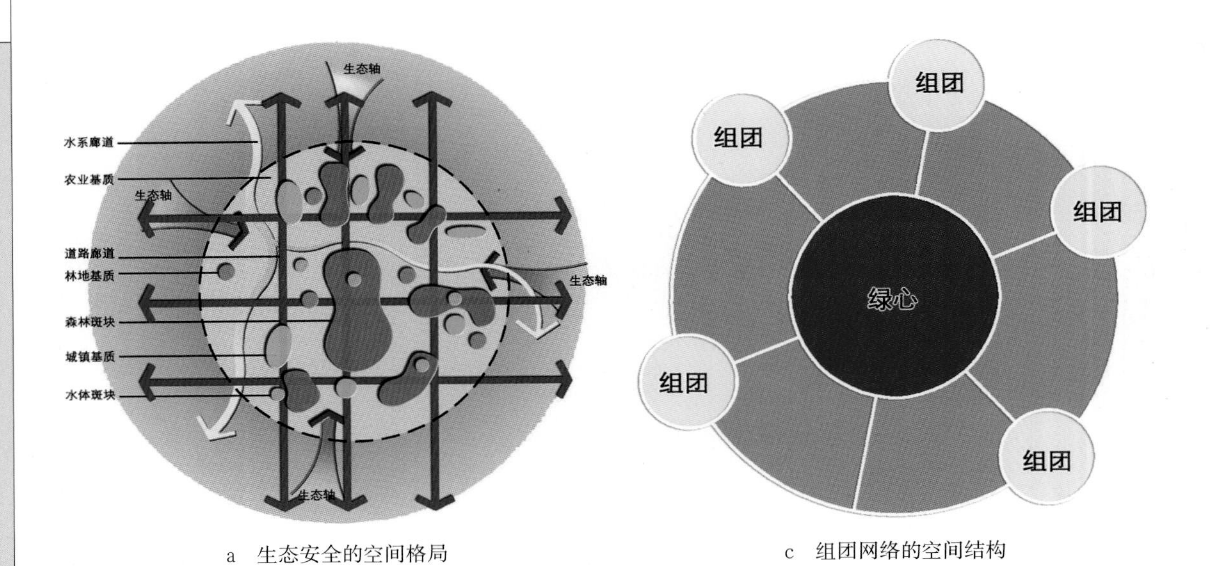

a　生态安全的空间格局　　　　c　组团网络的空间结构

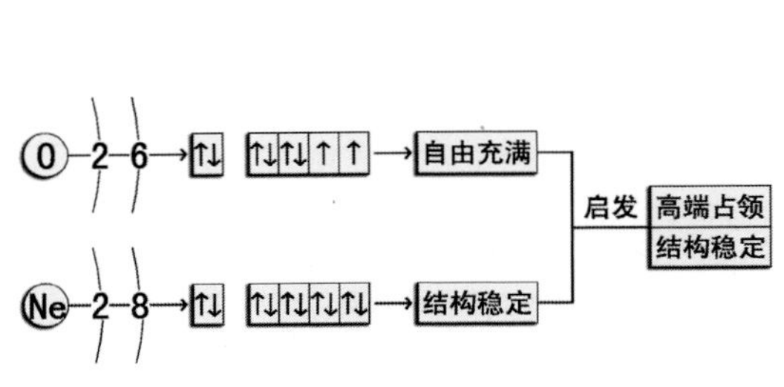

b　高端占领的空间保护

e　城乡融合的空间模式

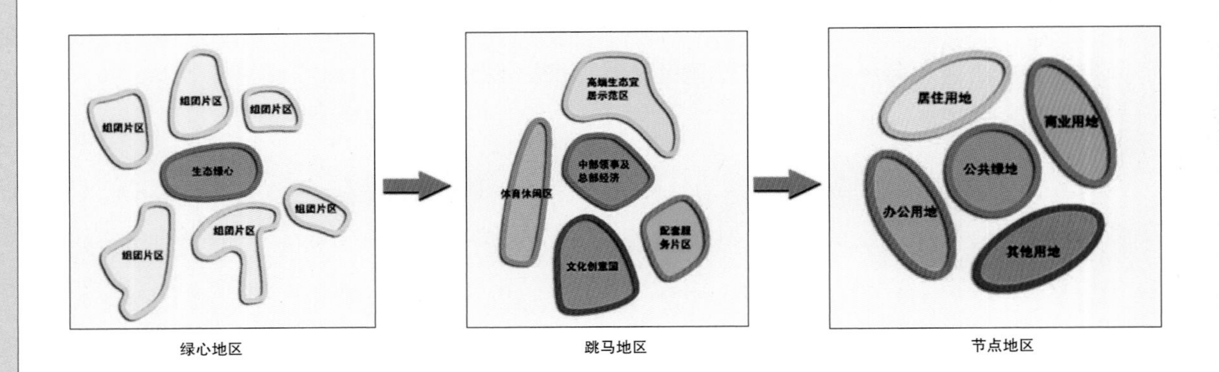

d　自相嵌套的空间层次

图5.1　空间构想示意图

资料来源：汤放华、周婷绘制

5.3 空间发展模式

深受太极图谱、景观生态学、分形几何和有机疏散理论的启示，汲取中国传统中天人合一、人土不二的理念，构想出阴中有阳、阳中有阴、生态保护与城乡建设双向渗透的组团式空间发展模式（图5.2）。

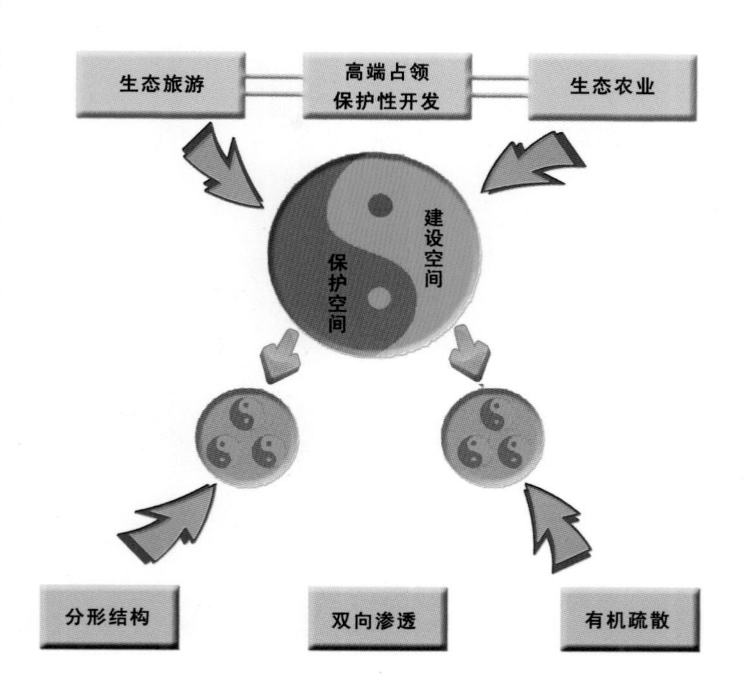

图5.2 空间发展模式图
资料来源：汤放华、周婷、陈雯绘制

5.4 空间结构

在“保护第一、高端占领、转型创新”理念的指引下，以满足生态安全格局为前提，实施周边式、组团状空间布局，规划形成**一心六区多点**的空间结构（图5.3）。

1）一心

以规划设立的昭山国家森林公园为核心。范围包括现状昭山风景名胜区（昭山森林公园）、东风水库森林公园、石燕湖森林公园、嵩山寺植物园和九郎山森林公园。

2）六区

昭山、暮云、洞井一跳马、柏加、白马垄、五仙湖6个生态组团。

3）多点

30个乡村生态社区，包括双溪社区、冬斯港社区、曙光坑社区、关刀社区、渡头社区、双源社区、郭家塘社区和长石社区8个乡村中心社区以及三兴社区、田心桥社区和梅怡岭社区等22个乡村一般社区（表5.1）。

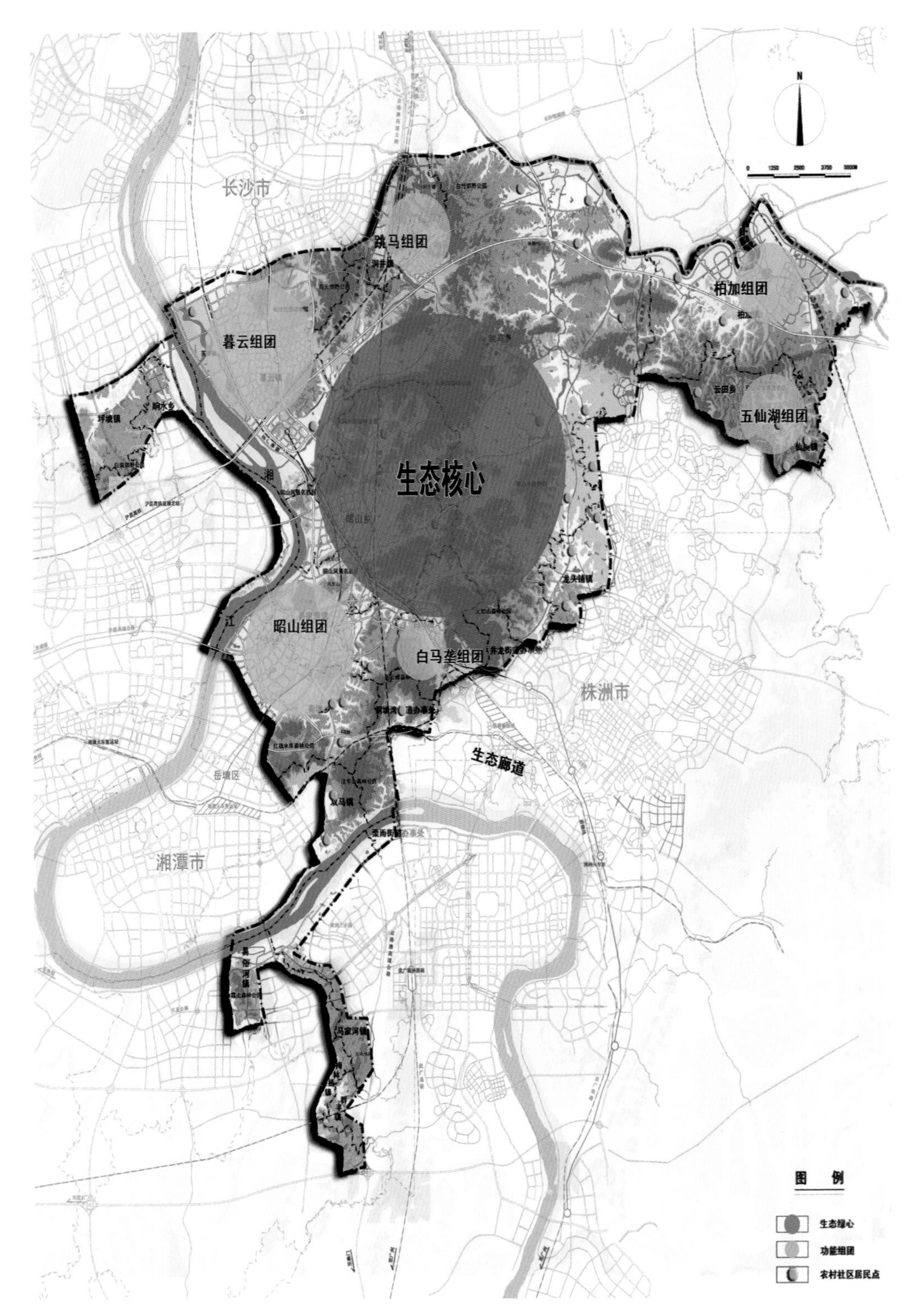

注：图中数字表示组团人口数量，单位为万人。

图5.3　生态绿心地区空间结构图

资料来源：汤放华、周婷、龙运涛绘制

表5.1 生态绿心地区乡村社区一览表

社区等级	序号	社区名称	规划人口（人）
乡村中心社区	1	长石社区	4 000
	2	郭家塘社区	4 000
	3	渡头社区	4 000
	4	双源社区	4 000
	5	关刀社区	4 000
	6	冬斯港社区	4 000
	7	曙光垸社区	4 000
	8	双溪社区	4 000
乡村一般社区	1	三兴社区	1 500
	2	田心桥社区	1 500
	3	梅怡岭社区	2 000
	4	石桥社区	2 000
	5	嵩山社区	1 500
	6	仙湖社区	2 300
	7	樟桥社区	1 500
	8	霞山社区	1 000
	9	交通社区	2 000
	10	鸡嘴山社区	1 000
	11	柏岭社区	1 500
	12	五星社区	1 000
	13	马鞍社区（株洲市云田镇）	1 000
	14	金屏社区	800
	15	团山社区	800
	16	金星社区	800
	17	马鞍社区（湘潭市昭山乡）	800
	18	楠木社区	800
	19	青山社区	1 000
	20	指方社区	1 000
	21	云和社区	1 200
	22	法华社区	1 000
总计			60 000

资料来源：张曦绘制

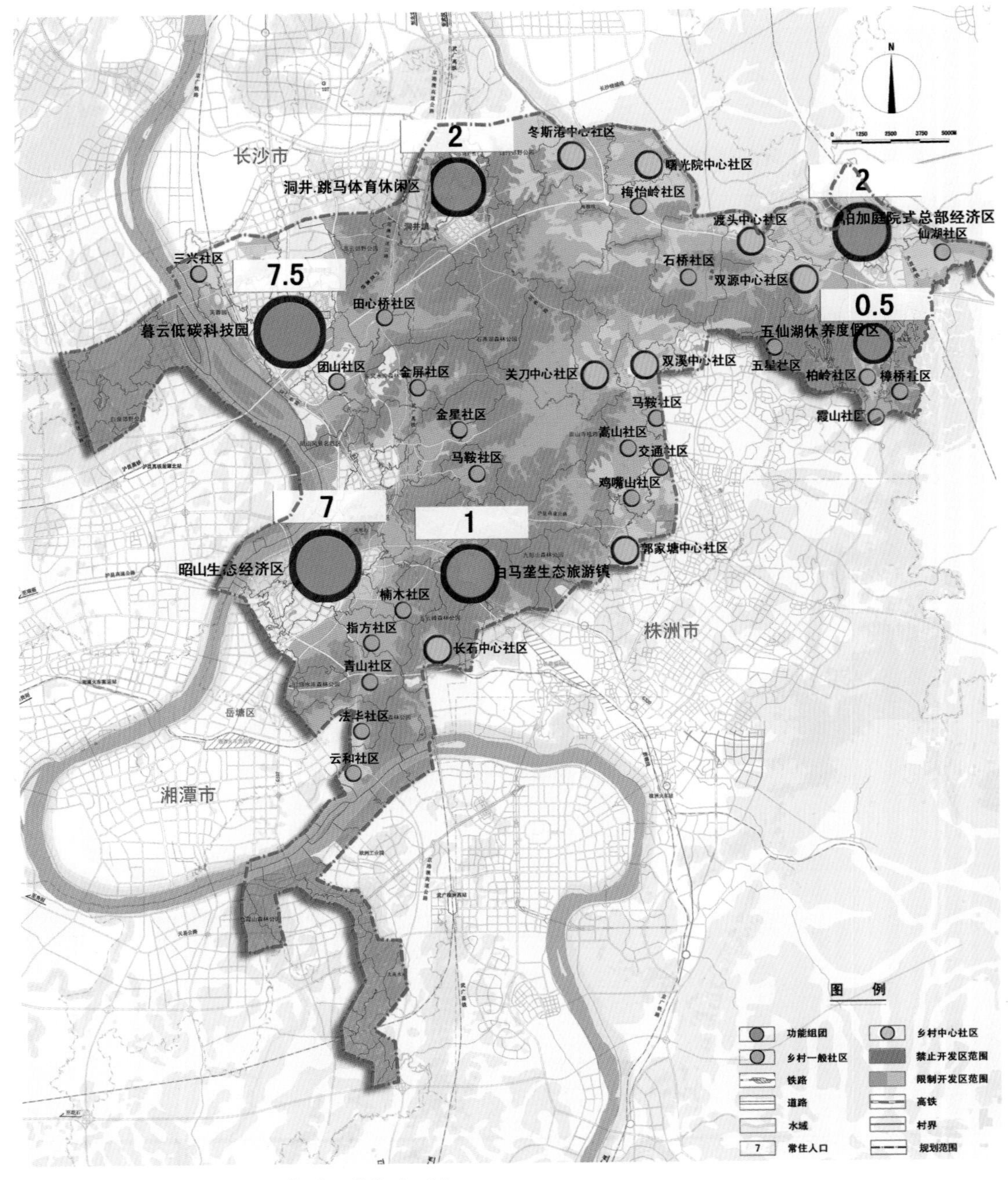

注：图中数字表示组团人口数量，单位为万人。

图5.4　生态绿心地区城乡聚落规划图

资料来源：曹永卿、张曦绘制

5.5 城乡空间聚落

生态绿心地区经过交通引导、空间整合、居民点兼并重组之后，规划形成“组团—乡村中心社区—乡村一般社区”3种城乡聚落类型（图5.4）。

1）组团

昭山组团定位为生态经济区。主要功能片区为仰天湖主题公园、湖湘文化园、旅游接待中心、论坛博览会展中心、中部领事区、商务贸易区、创意产业园、体育休闲园、娱乐服务中心、生态宜居区等。

暮云组团功能定位为低碳科技园。主要功能片区为低碳生态产业园、低碳产业研发与生产基地、动物园和农耕文化展示区、综合配套服务片区、生态宜居区等。

洞井—跳马组团定位为体育休闲区。主要功能片区为体育休闲公园、国际赛事区、综合配套服务区、高端生态宜居区等。

柏加组团定位为庭院式总部经济区。主要功能片区为庭院经济总部、园艺博览园、苗木研发与生产基地、花木交易和综合配套区等。

白马垄组团定位为生态旅游镇。主要功能为生态宜居和配套服务，注重完善功能，保护和恢复生态环境。

五仙湖组团定位为休养度假区，功能片区有休养区、度假娱乐休闲区。

2）乡村中心社区

选择交通便利、发展基础较好的居民点或新址建设大规模基层居民点。配置完善的公共服务设施和基础设施，使之成为片区的服务中心。在服务体系中，乡村中心社区既接受长株潭三市以及6个功能组团的服务辐射，同时也服务本社区，还为周边的乡村一般社区服务。人口规模为4 000人，人均建设用地控制在130 m^2以内。

3）乡村一般社区

乡村一般社区的公共服务设施和基础设施主要为本社区服务。规模较小，人口规模为800—2300人；人均建设用地控制在150 m^2以内（见表5.1）。

5.6　功能分区

1）　生态核心区

以规划设立的昭山国家森林公园为核心。范围包括现状昭山风景名胜区（昭山森林公园）、东风水库森林公园、石燕湖森林公园、嵩山寺植物园和九郎山森林公园。禁止进行有损生态环境的各种活动。

2）昭山生态经济区

在发挥生态枢纽功能的前提下，主要发展总部经济、中部领事、文化创意、旅游服务、研发检测、论坛会展、休闲度假、高端商务、金融服务、信息服务、物流商贸。

3）暮云低碳科技园

主要发展低碳科技研发、高新科技孵化、综合配套服务、动物园、生态宜居等产业。

4）洞井—跳马体育休闲区

主要发展体育休闲、高端生态宜居、国际赛事、综合配套服务。

5）柏加庭院式总部经济区

主要发展庭院经济总部、园艺博览、花木研发与生产、花木交易和综合配套区等。

6）白马垄生态旅游镇

为旅游型城镇，主要职能为承担生态绿心地区乃至长株潭三市的旅游服务功能，主要发展旅游服务、配套服务、生态宜居，注重完善功能，保护和恢复生态环境。

7）五仙湖休养度假区

在保护生态基底的前提下，发展休闲度假。主要包括休养、度假、游憩和休闲。

5.7　人口与建设用地规模

5.7.1　规模确定原则

综合考虑长株潭城市群生态环境、生态资源的承载能力和可持续发展的需求，坚持保护第一、永续发展，确保城乡统筹发展，科学构建生态绿心地区远景发展框架，确保人口规模控制底线和城乡建设用地控制底线。

5.7.2　人口规模

通过生态绿心地区水资源、自然保护区、森林公园、风景名胜区、景观山体及湘江水系等生态环境保护和基本农田保护等方面的系统研究，充分考虑湖南省“两型社会”建设需求，通过反复博弈之后，最后确定至2030年，总人口规模26万人。其中，城镇常住人口20万人，乡村社区人口6万人。

5.7.3 建设用地规模

建设用地规模分近期（2010—2015年）、中期（2016—2020年）和远期（2021—2030年）进行控制。

规划至2015年，总建设规模控制在42.56 km^2以内。其中，各组团建设规模控制在21.96 km^2以内（昭山为8.76 km^2，暮云为10.34 km^2，跳马为0.78 km^2，柏加为0.87 km^2，五仙湖为0.54 km^2，白马垄为0.24 km^2，同升湖为0.43 km^2）；乡村社区建设规模控制在20.6 km^2以内。

规划至2020年，总建设规模控制在55.58 km^2以内。其中，各组团建设规模控制在40.28 km^2以内（昭山为14.36 km^2，暮云为19.27 km^2，跳马为1.96 km^2，柏加为2.13 km^2，五仙湖为1.12 km^2，白马垄为0.57 km^2，同升湖为0.87 km^2）；乡村社区建设规模控制在15.3 km^2以内。

规划至2030年，总建设规模控制在66.99 km^2以内。其中，各组团建设规模控制在58.14 km^2以内（昭山为22.37 km^2，暮云为22.03 km^2，跳马为4.84 km^2，柏加为4.43 km^2，五仙湖为1.40 km^2，白马垄为1.93 km^2，同升湖为1.14 km^2）；乡村社区建设规模控制在8.85 km^2以内。

5.8 土地利用

5.8.1 建设用地布局

总建设用地规模控制在66.99 km^2。其中，各组团建设规模58.14 km^2（满足20万城镇化人口的建设用地20 km^2和创新提升功能用地38.14 km^2），乡村社区建设规模8.85 km^2（图5.5，表5.2）。

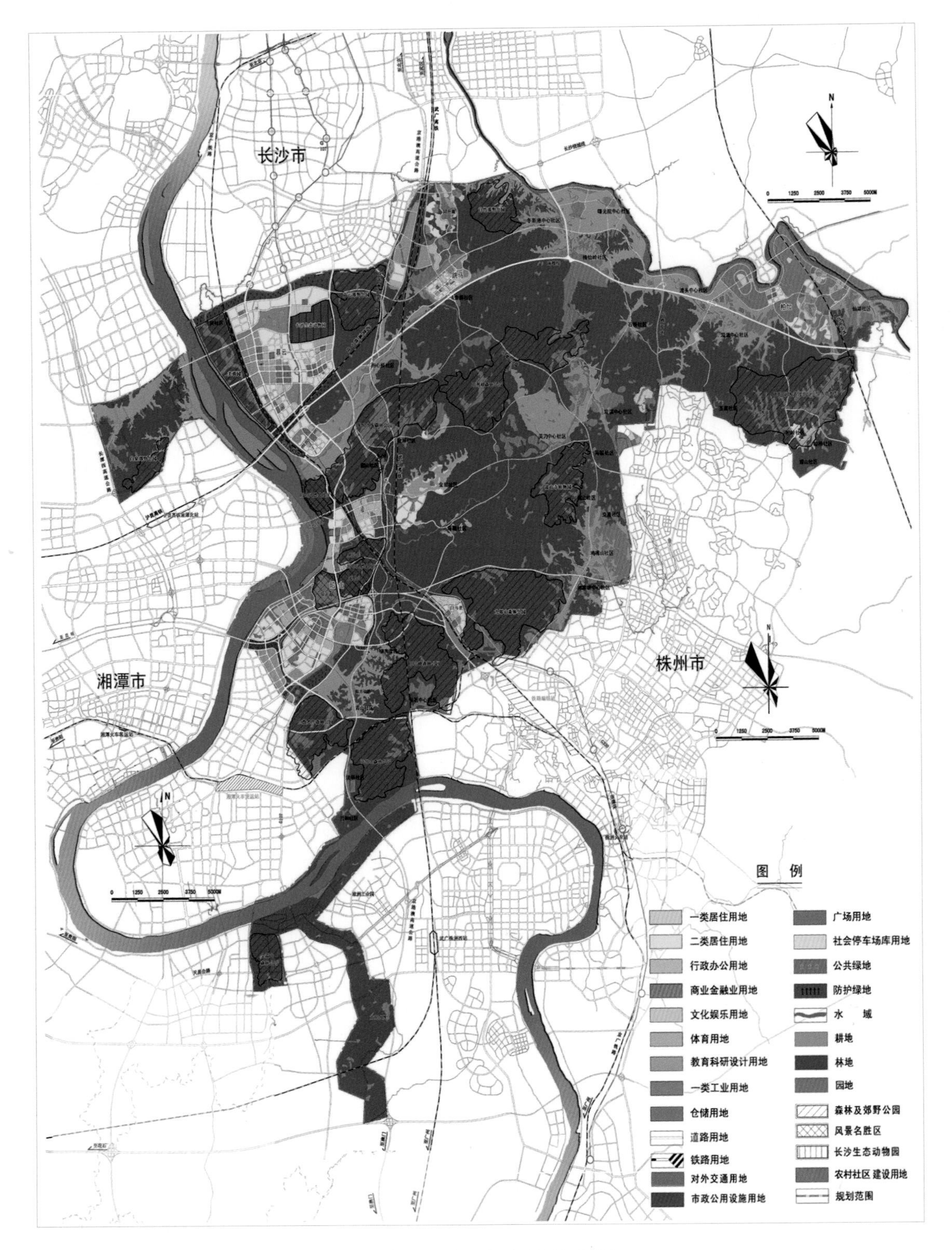

图5.5 生态绿心地区土地利用规划图

资料来源：赵运林、左兰兰、周婷、龙运涛等绘制

表5.2　生态绿心地区规划城乡用地汇总表

序号	用地性质		用地代号	面积（hm²）	比例（%）
1	居住用地		R	1798.92	30.94
	其中	一类居住用地	R1	157.98	2.72
		二类居住用地	R2	1640.94	28.22
2	公共设施用地		C	1206.46	20.75
	其中	行政办公用地	C1	48.95	0.84
		商业金融业用地	C2	541.31	9.32
		文化娱乐用地	C3	428.44	7.37
		体育用地	C4	20.03	0.34
		医疗卫生用地	C5	58.15	1.00
		教育科研设计用地	C6	109.58	1.88
3	工业用地		M	211.37	3.64
	其中	一类工业用地	M1	211.37	3.64
4	仓储用地		W	195.56	3.36
	其中	普通仓库用地	W1	195.56	3.36
5	对外交通用地		T	218.04	3.75
	其中	铁路用地	T1	70.96	1.22
		公路用地	T2	147.08	2.53
6	道路交通用地		S	825.23	14.19
	其中	道路用地	S1	758.38	13.04
		广场用地	S2	48.93	0.84
		社会停车场用地	S3	17.92	0.31
7	市政公用设施用地		U	50.35	0.85
	其中	供应设施用地	U1	24.35	0.40
		交通设施用地	U2	12.21	0.21
		邮电设施用地	U3	7.33	0.13
		环境卫生设施用地	U4	6.46	0.11
8	绿地		G	1309.75	22.52
	其中	公共绿地	G1	628.27	10.80
		生产防护绿地	G2	681.48	11.72
9	小计	城市建设用地		5 815.68	100.00
10	水域和其他用地	E		46 472.46	—
11	合计	总用地面积		52 288.14	—

资料来源：吕贤军、周婷绘制

1）行政办公

主要布置在昭山、暮云，设置国际总部办公机构。

2）商业金融

主要布置在昭山、暮云，设置大型金融贸易企业、市场和服务业。

3）文化娱乐

主要布置在昭山，设置大型文化博览、会展中心、文化创意园等。

4）体育休闲

主要布置在跳马、昭山，建设洞井—跳马体育休闲公园、昭山体育休闲公园。

5）教育科研

主要布置在昭山、暮云和柏加，设置昭山国际科研机构、暮云高科技研发基地、柏加花卉苗木研发基地。

6）居住

主要布置在昭山、暮云、同升湖，设置生态宜居示范区（图5.6）。

7）绿色空间布局

主要指风景名胜区、森林公园、郊野公园、湿地公园、生态农业、生态林地用地。

5.8.2 组团用地

生态绿心地区内6个组团的功能及其用地规模如表5.3所示。

1）昭山组团用地

省级会展文化中心之一，都市旅游业的服务基地，国际总部基地。昭山组团由于仰天湖、昭山风景名胜区（昭山森林公园）分为南北两片区。北片区考虑为昭山风景名胜区旅游服务，以文化娱乐用地、居住用地为主；南片区以居住用地、文化娱乐用地、行政办公与商业金融用地、仓储物流用地为主。城镇建设用地面积为2108.02 hm^2（不包含农村居民点用地及区域交通用地）。

2）暮云组团用地

由于长沙生态动物园、沪昆高铁、道路与绿地的分割，暮云组团形成三大片区。重点发展低碳高新技术产业，以居住用地、工业用地与仓储物流用地、公共设施用地为主。公共服务设施用地结合居住用地分布，工业与仓储物流用地考虑现状情况布局组团西侧，

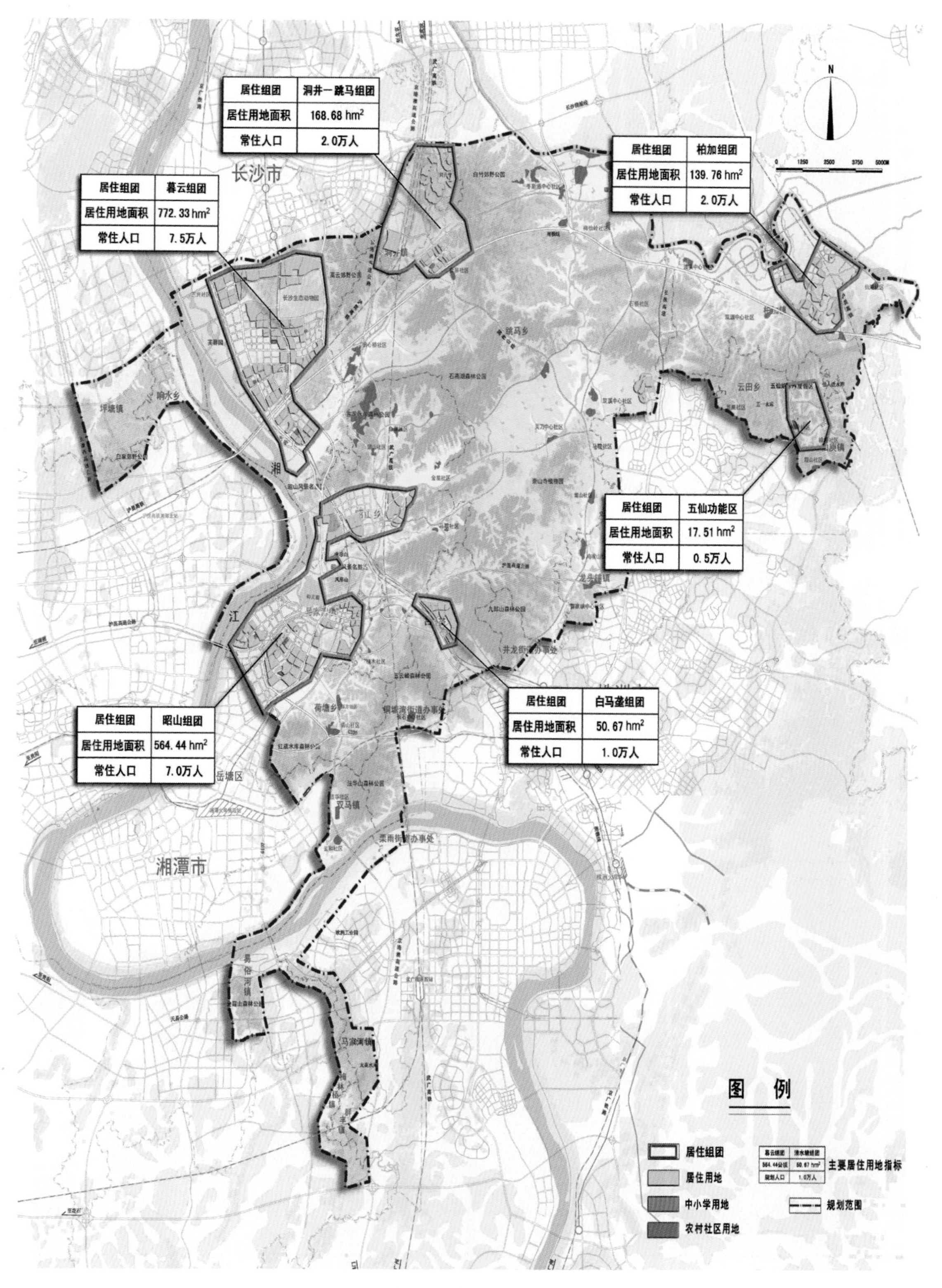

图5.6 生态绿心地区居住用地规划图

资料来源：赵运林、周婷等绘制

绿地考虑周边山体、景观及服务半径分散布置。城镇建设用地面积为2203.72 hm^2（不包含农村居民点用地及区域交通用地）。

3）洞井—跳马组团用地

充分利用原有现状基础发展，洞井主要是同升湖高档住宅区，跳马以居住、文化娱乐用地为主。跳马城镇建设用地面积为483.67 hm^2（不包含农村居民点用地及区域交通用地）。同升湖高档住宅区规划居住用地78.03 hm^2。

4）柏加组团用地

庭院式总部经济区所在地，以文化娱乐用地、居住用地、园林生产绿地为主。城镇建设用地面积为443.82 hm^2（不包含农村居民点用地及区域交通用地）。根据现状与未来发展情况，分为西、中、东三片区，西部以居住用地为主，中部主要是公共服务设施用地与居住用地，东部以园林生产绿地、公共设施用地为主。

5）五仙湖组团用地

休养度假基地，考虑其山水环境，主要为商业金融用地与文化娱乐用地。组团规划面积为138.90 hm^2。

6）白马垄组团用地

结合地铁站点建设，以居住用地、旅游服务用地为主。规划城镇建设用地面积为192.61 hm^2（不包含农村居民点用地及区域交通用地）。

表5.3　生态绿心地区总体规划组团建设用地汇总表

序号	功能组团	用地面积（hm^2）
1	昭山生态经济区	2237.46
2	暮云低碳科技园	2203.72
3	洞井—跳马体育休闲园	483.67
4	柏加庭院式总部经济区	443.82
5	白马垄生态旅游镇	192.61
6	同升湖生态社区	114.50
7	五仙湖休养度假区	138.90
8	合计	5814.68

资料来源：吕贤军、周婷、罗瑶绘制

5.8.3 村镇用地

乡村社区现状建设用地5 312.1 hm²减少到885.6 hm²。

5.8.4 农业用地

现状耕地13 493 hm²，规划减少到11 404 hm²，主要用于退耕还林。

5.8.5 生态建设用地

生态建设用地由水域、耕地、林地、园地组成，包括森林公园、昭山风景名胜区（昭山森林公园）。其中规划水域5 225.1 hm²，占总用地的9.99%；规划耕地11 404 hm²，占总用地的21.81%；规划林地33 857.11 hm²，森林覆盖率达到65%。

5.9 空间管制

厘定空间增长边界目的在于限制城市扩张，这是增长管理和精明增长的基本前提，也是成为控制长株潭三市向生态绿心地区无限蔓延的一种有效手段。划定生态空间管制分区时，必须坚持以下3项原则：

（1）判断一定规划期限内（2010—2030年）必要的建设规模，以河流、山体、道路或者绿化带等自然或是人工形成的边界为界线，划定控制建设区的空间边界。

（2）在控制建设区外围，结合产业发展布局，适度规划低强度的生态旅游相关产业的限制开发区；而作为弹性空间，剩余的空间在规划期内按禁止开发区控制。

（3）在划定空间管制分区时，必须充分考虑交通、现状发展条件、地形地貌、周边发展关系、行政隶属关系、生态格局的本底关系等因素。

按照上述生态空间管制分区划分原则以及生态保护与建设要求，对原有的主体功能区进行了优化和整合，重新将生态绿心地区划分为禁止开发区、限制开发区和控制建设区3个空间管制分区（图5.7，表5.4）。对于不同的空间管制分区，强调实施不同的管理措施。

1）禁止开发区

范围包括生态极度敏感区和生态高度敏感区、生态屏障带、城际生态隔离带、坡度25°以上的高丘山地、各类保护区、水源地保护区、重点公益林区、相对集中连片的基本农田、重要湿地、泄洪区、蓄洪区、滞洪区以及法律、法规和省人民政府禁止开发的其他区域。本区面积263.69 km²，占生态绿心地区总面积的50.43%，其中长沙129.88 km²，株洲57.52 km²，湘潭76.29 km²。

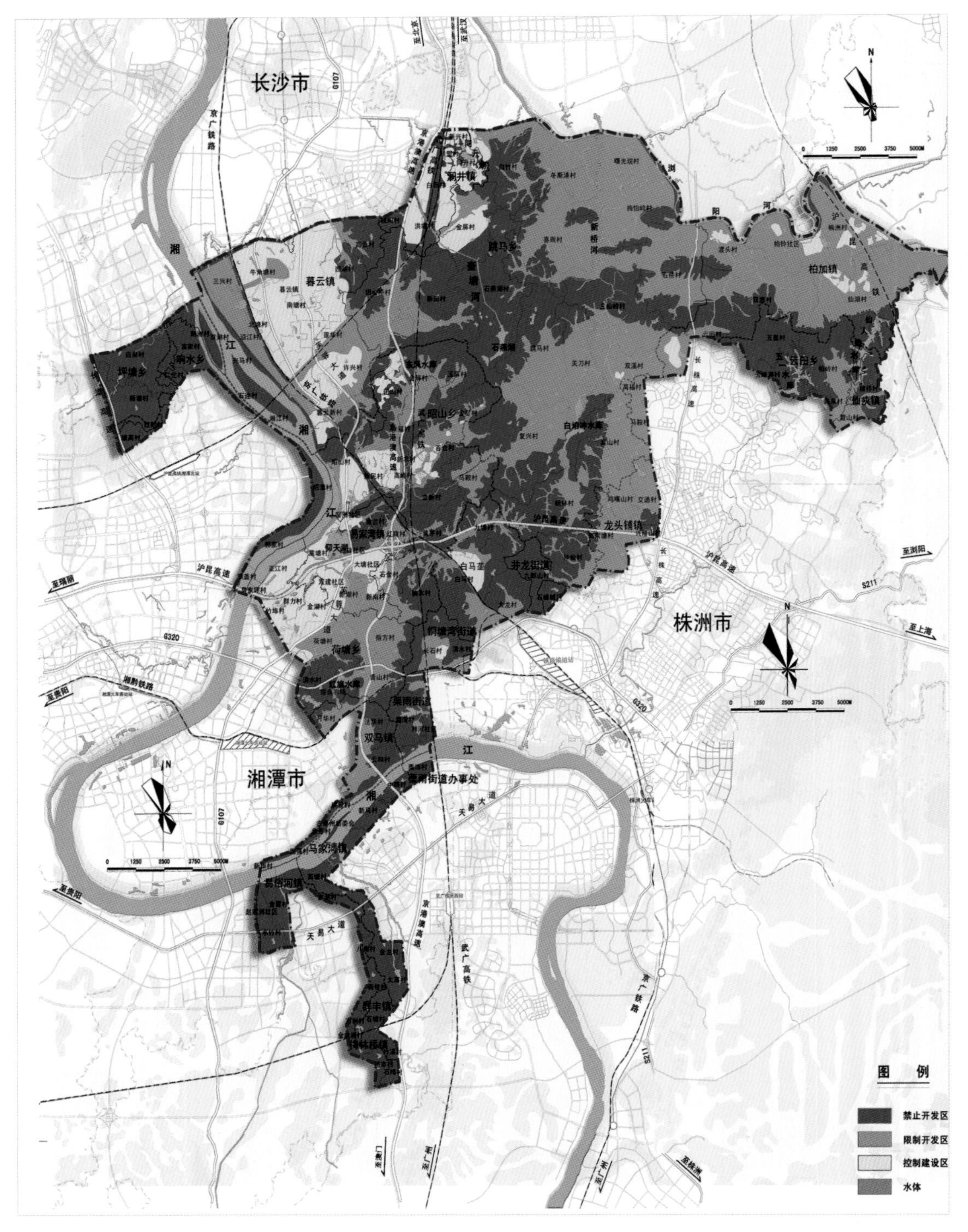

图5.7　生态绿心地区生态空间管制分区图

资料来源：吕贤军、黄田、马楠、罗瑶绘制

表5.4 生态绿心地区生态空间管制分区统计一览表

	禁止开发区		限制开发区		控制建设区		合计	
	面积	比例	面积	比例	面积	比例	面积	比例
长沙	129.88	24.84	141.05	26.98	34.76	6.65	305.69	58.47
株洲	57.52	11.00	22.13	4.23	2.71	0.52	82.36	15.75
湘潭	76.29	14.59	35.38	6.77	23.15	4.42	134.82	25.78
总计	263.69	50.43	198.56	37.98	60.62	11.59	522.87	100.00

备注：面积单位为km^2，比例单位为%
资料来源：蒋刚、罗瑶绘制

本区为非经特殊许可不得建设的区域。除生态建设、景观保护、土地整理和必要的公益设施建设外，不得进行其他项目建设，禁止任何大型开发项目进入，不得进行开山、爆破等破坏生态环境的活动。采取整治外迁为主策略，省、市两级政府应加强本区生态补偿资金投入。

2）限制开发区

处于禁止开发区周边缓冲区内，范围包括生态中度敏感区和生态低度敏感区、湘江及其主要支流两岸河堤背水坡脚向外水平延伸100 m以内地区、坡度在15°—25°之间的丘陵山地、生态脆弱区、前项规定范围以外的各类宜农土地以及法律、法规和省人民政府限制开发的其他区域。本区面积198. 56 km^2，占生态绿心地区总面积的37. 98%，其中长沙141. 05 km^2，株洲22. 13 km^2，湘潭35. 38 km^2。

采取产业调整策略，发展设施农业、都市农庄、主题公园、休闲度假、体育健康、生态养老等无污染、零排放绿色产业；逐步集中安置本区人口，流转土地，推进农业现代化、规模化发展。

应当坚持保护优先、适度开发的原则，可以发展生态农业、旅游休闲；可以进行生态建设、景观保护建设、土地整理、村镇建设、必要的公共设施建设和适当的旅游休闲设施建设，不得进行其他项目建设。准入设施农业、休闲农业、主题公园、休闲度假游乐设施、体育健康设施、生态养老设施以及少量高档居住等生态低冲击力项目；禁止工业项目、普通住宅、商业办公、医院、购物中心等项目；其他项目待专项论证后确定。

3）控制建设区

范围包括现状已集中连片建设的区域、生态非敏感区、地势较为平坦而且现状条件具备较大利用潜力的区域。本区面积60.6 2km^2，约占生态绿心地区总面积的11.59%，其中长沙34.76 km^2，株洲2.71 km^2，湘潭23.15 km^2。

采取发展提升策略，通过引导城镇化发展，释放当地发展诉求，解决规划区内原住民居住、生活和就业问题。应严格控制在空间增长边界之内，调整、置换城市产业职能，创新提升功能，实现产业转型。应完善基础设施和公共服务，盘整土地、更新改造与整治环境。

必须严格限制开发建设范围，应规模化梯度推进发展，高效集约利用土地，避让生态廊道，保证生态廊道的连通性与完整性。准入文化创意、总部基地、高档居住、酒店餐饮、会议度假、休养等项目；禁止污染工业；其他项目可专项论证后确定。

5.10 空间发展策略

1）保护第一，高端占领

遵循“生态性、高端性、文化性和国际性”的基本原则，开发策略实现从“被动生态保守”到“主动生态保护”的转型，突出生态绿心地区河流、水库、湿地的规划与建设；加强石燕湖、昭山、法华山、金霞山等森林公园景观建设，打造风光秀美的湘江风光带；保护好生态环境，建设维护组团生态绿带、生态廊道、绿楔、绿核、公共绿地等生态系统；优先建设全国领先的总部经济、中部领事、生态产业、国际会展中心、体育公园、休闲度假区、旅游服务中心、生态宜居示范区、都市农庄、庭院经济。

2）创新发展，整体提升

优先建设生态基础设施（尤其是生态枢纽），确保生态安全，并能提供优质多样充足的生态服务。森林、湿地、农田等斑块通过山脉、道路、水系和绿带等生态廊道的连接，并延伸至各功能组团，从而形成生态网络；加强生态绿心地区与长株潭产业的互动，防止土地空间过度开发、组团空间连绵发展，综合提升各组团的区域职能。

3）优化交通，城乡统筹

加强城际道路连接，促进相向发展。加强生态绿心地区与周边地区及其与长沙、株洲、湘潭三市的联系，打通连接三市的内环路，增加连接三市的外环路；城市道路向乡村延伸，改善小城镇的通外道路，加强城乡经济联系、文化交流，促进城乡互动发展。

遵循“有利生产、方便生活、相对集中、节约用地、少占耕地、保护环境”的原则，通过搬迁、缩减和整合等手段，采取合理集聚、适度分散的方式合理布局小城镇和农村居民点。强化小城镇辐射职能，依托小城镇道路网体系进行点轴式发展，形成空间分布相对均匀、辐射范围比较合理、围绕小城镇的农村居民点空间结构。

4）集约节约，动态调控

切实加强土地资源管理，严格控制城镇建设用地规模；建立组团发展的动态监控机制，依据人口增长和经济发展的趋势与变化，紧密结合发展重点调控城镇建设用地投放总量和建设时序，适时制定规划应对方案；积极推动组团建设，优化城镇空间结构。

SWOT

6 产业整合——发展高端低碳产业

6.1 SWOT分析

S

★ 生态旅游资源丰富，发展零次产业条件成熟

★ 区位优势明显、生态环境良好，对高端第一、第三产业项目具有较大吸引力

★ 农业基础扎实，发展生态农业前景广阔

★ 区域市场宽广，易于吸引腹地人群消费

★ 区域经济条件良好，产业配置、转移和提升的物质保障较为坚实

★ 城市群产业优势与辐射效果日趋明显，有助于部分特色产业做大做强

W

★ 经济发展水平较低且三次产业发展不平衡

★ 产业规模小，关联度不高；主导产业不突出，地域特色不强；市场竞争能力较差

★ 化工、建材等部分产业污染比较严重，与生态绿心地区建设宗旨相违背

★ 传统产业缺乏高技术含量，效率普遍偏低

O

★ 长株潭“两型社会”建设有效引导生态绿心地区产业配置

★ 绿色发展目标符合新的经济增长方式的要求

★ 得天独厚的自然条件为产业进一步发展提供便利

★ 生态资本雄厚，对环境友好型产业颇具吸引力

T

★ 长期缺少有效的政策引导和合理的开发，惯性作用仍将存在

★ 各地诉求不一，资源整合难度比较大

★ 现状产业升级转型加大产业优化成本

6.2 发展思路与目标

6.2.1 发展思路

面向环长株潭城市群和更大尺度区域发展需求（服务中部地区），抓住新一轮国际现代服务业转移的战略机遇，以低碳经济、循环经济理念为指导，根据“两型社会”建设的高标准要求，依托良好的区位条件，充分利用生态绿心地区自然生态资源相对优势，与生态绿心地区周边产业错位互补，实现城乡产业发展互动互促，在已有产业基础上调整、改造、提质和优化、转型第一、第三产业，逐步淘汰第二产业，重点发展高端高效、低碳环保的绿色第一、第三产业。强化区域联动，着力营造和优化服务业发展政策和制度环境，创新产业发展体制机制，全面提升服务业能级（图6.1）。

图6.1 生态绿心地区产业功能意向
资料来源：蒋刚、周婷整理

6.2.2 发展模式

以城带乡、以三促一、城乡互动。

以城带乡：通过长沙、湘潭、株洲三市城区的快速发展带动生态绿心地区的发展。

以三促一：通过高端低碳的第三产业，引领并促进第一产业的转型与升级。

城乡互动： 统筹城乡与区域发展，整合城乡优势资源，实现城乡产业一体化。

6.2.3 发展方向

遵循所设定的产业门槛，结合生态绿心地区生态特色大力发展绿色服务业，重点发展生态观光旅游、休闲度假旅游、商务旅游、博览会展、文化创意等，积极发展体育休闲、中部领事、总部经济、旅游配套服务、农业技术研究中心等绿色的现代服务业门类。

生态农业以花木产业为特色，辅以生态种植业和家畜、家禽养殖，构建种养结合、农林互动的农业循环经济，同步发展观光农业。

生产功能以旅游业、其他绿色的现代服务业和生态农业为主导产业，对于区内工业进行选择性保留并加以改造提升。

6.2.4 发展目标

主要发展以生态服务产业为主导，文化创意、体育休闲、生态旅游产业充分发展，现代农业与现代服务业相互支撑，高新技术产业和生态宜居房地产业为补充，产业结构优化，发展方式集约，资源利用节约的绿色产业。将生态绿心地区建设成为国家“两型社会”生态服务产业示范区。

6.3 产业准入

6.3.1 产业准入原则

充分体现“两型”特色，确保产业准入底线，坚持“组合优势、集聚发展、突出重点、整体推进、创新机制、优化环境”原则。

遵循第二产业退出原则，禁止第二产业进入禁止开发区与限制开发区，强制现有第二产业逐步退出。

设置严格的产业准入门槛，确保第一、第三产业准入底线，在已有产业基础上调整、改造、提质和优化、转型第一、第三产业，强制不符合“两型”标准、与生态绿心地区产业定位不相符的产业逐步退出。

充分利用生态绿心地区自然生态资源相对优势，与周边产业错位互补，重点发展高端高效、低碳环保的绿色一、三产业。

6.3.2 产业准入类型

鼓励发展并迅速提升具有国际知名度、竞争力较强、资源利用高效、科技含量高、附加值高、消耗低、污染低的温室气体“零排放”的产业类型，如博览会展、总部经济、中部领事、文化创意、服务外包、主题公园、商务度假、休养度假、体育休闲、生态观光旅游等产业；重点配套现代服务业。

优先发展现代农业，推进绿色农业发展，培植生产绿色农产品、特色农产品和经济作物，促使向生态农业转型。

适度发展对空间环境、交通区位高标准要求的高新技术产业、低密度生态宜居房地产业，充分运用现代科技改造、升级传统产业，争取达到绿色环保标准。

禁止发展污染工业、劳动和土地密集型的第二产业、高能耗产业、高密度房地产等。

6.3.3 禁止开发区项目引导

1）鼓励类项目

主要是指与本区生态保护、修复和重建相关的产业和项目。具体而言，主要包括如下一些项目：（1）森林植物、水生植物重大病虫害及动、植物减疫病防控工程；（2）野生动植物优良品种种质资源保护及开发利用工程；（3）退耕还林、退耕还湿工程；（4）马家河白鹭保护区等珍稀、濒危野生动植物保护工程；（5）石燕湖森林公园、虎形山和凤形山等系列森林公园；湘江生态湿地公园；（6）法华山、金霞山、仙庚岭、百培冲、五仙湖等郊野公园；（7）湘江、浏阳河、水库清淤疏浚工程；（8）水土流失综合治理工程；（9）饮用水源保护工程；（10）防洪抗旱应急设施建设工程；（11）农村居住和人口迁出工程。

2）限制类项目

（1）道路建设项目；（2）小型旅游配套设施建设项目。

3）禁止类项目

（1）农副产品生产项目；（2）工业项目；（3）建材业（开山采石、黏土制品）；（4）地产开发；（5）大型旅游项目开发；（6）餐饮业、宾馆业；（7）野生动物捕猎和经营利用；（8）禁止新建与生态修复重建无关的经营性项目（包括旅游开发项目）。

6.3.4　限制开发区项目引导

1）鼓励类项目

除包括禁止开发区鼓励类项目以外，生态绿心地区限制开发区还包括如下鼓励类项目：（1）苗木培养、教育农园、风情农场度假村、小型立体农业、市民农园、盆景生产基地、鲜花生产基地等花木产业；（2）高效特色农业庄园、生态种养、三湘农业产业园等“两型”农业；（3）花卉苗木研发、生产基地、蔬菜基地、生态观光林、经济林等设施农业；（4）灌区改造及配套设施建设；（5）农村可再生资源综合利用开发技术及装备（沼气工程、生态家园等）；（6）生态保护型农村社区建设项目，低密度生态社区建设项目；（7）植物园、桃花园、百竹园、神农百草园、昆虫眼世界、观鸟园、芙蓉园等主题公园建设项目；（8）乡村俱乐部、休闲度假庄园、商务旅游型农庄、休闲体验农业基地建设项目；（9）湘西民俗村、民俗文化村、湖湘文化小镇、浏阳河名人文化公园、浏阳河红歌广场等民俗文化产业；（10）综合旅游休闲设施项目；（11）SPA中心、休养度假村、养生园、水疗按摩中心、泥浴针灸中心等休养度假；（12）老年人服务中心设施建设项目；（13）工业设计、建筑设计、时尚设计、网络与信息创意、艺术设计等设计创意、昭山文化创意产业园、湖南省文化艺术中心等文化创意产业；（14）植物园、花博会、园艺博览、特色文化展示、农耕文化展示、体育文化科技展示、艺术博览、“两型社会”成就展览、湖湘论坛、科普教育、高科技文化研究展示、生态农业博览中心、绿色展览中心、企业文化展示等博览会展业。

2）限制类项目

（1）粮、棉、油等大宗农产品生产；（2）高档低密度的住宅开发；（3）道路等基础设施建设；（4）宾馆餐饮业；（5）新型集中农村社区建设。

3）禁止类项目

（1）物流中心；（2）高密度的住宅开发；（3）工业项目；（4）建材业；（5）大型医院；（6）野生动物捕猎和经营利用。

6.3.5　控制建设区项目引导

1）鼓励类项目

除包括禁止开发区和限制开发区鼓励类项目以外，控制建设区内还包括如下鼓励类项目：（1）观光采摘园、农事体验园、休闲农庄、农家乐、乡村租赁农场、休闲渔业庄园、企业化庄园、乡村休闲俱乐部、乡村博物馆、农业创意园等观光农业；（2）新型农村集中社区建设；（3）农田等农业生产配套设施建设；（4）农村基础设施和公共服务设施建设；（5）欢乐谷、游乐城、绿色餐馆、亲子乐园、水晶宫、滨江生态度假村、古桑洲古岛、茶桑休闲岛、鹅洲—兴马洲快乐天堂风情岛、水上瑜伽中心、水上芭蕾中心、潜水休闲基地、水上游艇中心、金沙滩滨水乐园、仰天湖游乐场和滨江绿茵花带等休闲度假旅游项目。（6）旅游集散基地建设项目：① 娱乐城、购物街、国际会议中心、特色高档酒店、商务度假区、森林健身会所等商务娱乐项目；② 动物园、生态产业博物馆、湖湘文化主题公园、山市晴岚文化园；③ 各国领事馆所在地、国际组织分支机构等项目；④ 商贸服务业、金融服务业、职业培训、婚庆基地、老年休养娱乐中心农业技术研究中心、花木科技研发、服务外包、农业科研教育宣传培训区、农业孵化园、现代租赁业、中介专业服务等现代服务业；⑤ 特色商业街、购物城、主题酒吧、特色餐饮、个性化酒店、高端客户体验区、特色英语街等旅游配套服务；⑥ 世界知名企业总部、地区总部、中国在湘500强企业总部、花卉总部、天娱总部、动漫产业总部、远大空调总部、国际影视总部、艺术产业总部等庭院式经济总部；⑦ 动漫创作工作室、网络游戏软件开发、动漫主题商店、真人模仿秀、角色咖啡店、动漫展览馆、拼馆模型、动漫培训、动漫餐饮等动漫产业；⑧ 特色剧场（皮影戏、花鼓戏）、环球影视城、影视制作中心、国际影视基地、文化演艺园等影视业；⑨ 出版发行、文艺创作等出版传媒业；⑩ 体育社区、马术俱乐部、攀岩俱乐部、国际赛事区、儿童游乐场、儿童职场、中国式迪斯尼乐园、多功能滑道、青少年竞技体验区、森林定位运动、自行车越野俱乐部、垂钓俱乐部、湘江体育休闲长廊、水上运动中心、极限体验、低碳“两型”科技与生活体验、野外生存、登高探险、金霞秀溪漂流、城市体育休闲园、低空俱乐部、体育综合训练基地、汽车越野赛、拓展运动基地、其他体育健身俱乐部等体育休闲业。（7）道路等基础设施、市政设施、公共服务设施建设。（8）低碳环保设备研发及生产中心、科技成果孵化基地等高新技术产业。

2）限制类项目

（1）无污染、轻微污染的工业项目；（2）大型医院。

3）禁止类项目

（1）占用基本农田植树，在基本农田内开挖鱼池；（2）占用基本农田的各类开发项目；（3）占用耕地的大型商业设施；（4）高污染工业项目；（5）建材业；（6）野生动物捕猎和经营利用；（7）占用耕地的低密度、大套型住宅项目（指住宅小区建筑容积率低于1.0，单套住房建筑面积超过144 m²的住宅项目）；（8）别墅类房地产开发项目；（9）国家法律、法规禁止发展的其他项目。

6.4 产业分类

以低碳经济、循环经济理念为指导，以创建国家“两型社会”生态服务产业示范区、中部重要的特色旅游休闲度假基地为目标，大力发展高端高效、低碳环保的绿色产业（表6.1）。

表6.1 生态绿心地区产业分类表

产业性质	产业类型	产业细分
主导产业	生态旅游业 文化创意产业 休闲产业	生态观光旅游、体育郊野休闲、养生休闲度假、商务娱乐、主题游乐、影视制作、动漫业、出版传媒、民俗挖掘与创新、博览会展
支柱产业	现代服务业	总部经济、中部领事、商贸服务业、职业培训、婚庆摄影基地、旅游集散咨询服务、先进农业技术推广
	现代农业	绿色养殖业、特色蔬果栽培观光、观光农业、花卉苗木种植与研发产业、中草药生产及研发
	高新技术产业	低碳环保设备研发及生产、科技成果孵化、新材料与新能源开发与应用、光机电等先进制造业、太阳能多晶硅生产项目、太阳能并网发电项目和新能源汽车项目
适度发展产业	生态宜居房地产	高品位商住区、精品休闲会所、高档别墅等房地产

资料来源：江丽、徐娟统计

6.5 产业项目库

在清楚产业类型的基础上，建立“两型”产业项目数据库，优选一批符合生态绿心地区产业定位要求、充分体现“两型”特色、满足生态绿心地区可持续发展需要并且具有发展潜力的产业，作为近期产业发展和建设的主要项目（表6.2）。

表6.2 生态绿心地区“两型”产业项目库

产业类型	产业细分	项目名称
生态旅游业	生态观光旅游	地块中心核心广场以及各块分区公共广场、沿江风光带—各核心区与湘江连接带，仰天湖—昭山风景区、石燕湖森林公园、动物园、桃花园、百竹（湘竹）园、神农百草园、昆虫眼世界、观鸟园、芙蓉园、生态产业博物馆、湖湘文化主题公园等
	休闲度假旅游	SPA中心、休养度假村、养生园、欢乐谷、游乐城、绿色餐馆、亲子乐园
	商务娱乐	娱乐城、购物街、国际会议中心、特色高档酒店
	庭院经济	苗木培养、教育农园、风情农场度假村、小型立体农业、市民农园等
	博览会展	植物园、花博会、园艺博览、特色文化展示、农耕文化展示、体育文化科技展示、艺术博览、“两型社会”成就展览、湖湘论坛、国际会议中心
文化创意业	影视业	特色剧场（皮影戏、花鼓戏）、环球影视城、影视制作中心、国际影视基地
	动漫产业	动漫创作工作室、网络游戏软件开发、动漫主题商店、真人模仿秀、角色咖啡店、动漫展览馆、动漫KTV、拼馆模型、动漫培训、动漫餐饮
	出版传媒业	出版发行、文艺创作
	设计创意	工业设计、建筑设计、时尚设计、网络与信息创意
现代服务业	庭院式总部经济	世界知名企业总部、地区总部、中国在湘500强企业总部、花卉总部、天娱总部、动漫产业总部、远大空调总部、国际影视总部、艺术产业总部等
	中部领事	各国领事馆所在地、国际组织分支机构
	体育休闲	体育社区、马术俱乐部、攀岩俱乐部、国际赛事区、儿童游乐场、儿童职场、中国式迪斯尼乐园、多功能滑道、青少年竞技体验区、森林定位运动、自行车越野俱乐部、垂钓俱乐部、湘江体育休闲长廊、水上运动中心、极限体验、其他体育健身俱乐部等
	其他	商贸服务业、金融服务业、职业培训、婚庆基地、老年休养娱乐中心、旅游配套服务（特色商业街、购物城、主题酒吧、特色餐饮、个性化酒店、高端客户体验区、特色英语街）、农业技术研究中心
现代农业	设施农业	高效特色农业庄园
		花卉苗木研发、生产基地
		农业创意园
	观光农业	观光采摘园、农事体验园、休闲农庄、农家乐

续表6.2

产业类型	产业细分	项目名称
高新技术产业	低碳环保设备研发及生产中心	节能环保产业示范基地（能源与环境产业园）、太阳能光伏产业基地（太阳能级多晶硅生产项目、太阳能并网发电项目、太阳能电池组件生产项目）、半导体照明产业基地、新能源汽车项目、低碳节能建筑
	科技成果孵化基地	

资料来源：江丽、徐娟统计

6.6　产业空间布局

沿着生态绿心地区周边，呈组团状布局**一心两带六团多点**的产业空间结构（图6.2，表6.3）。

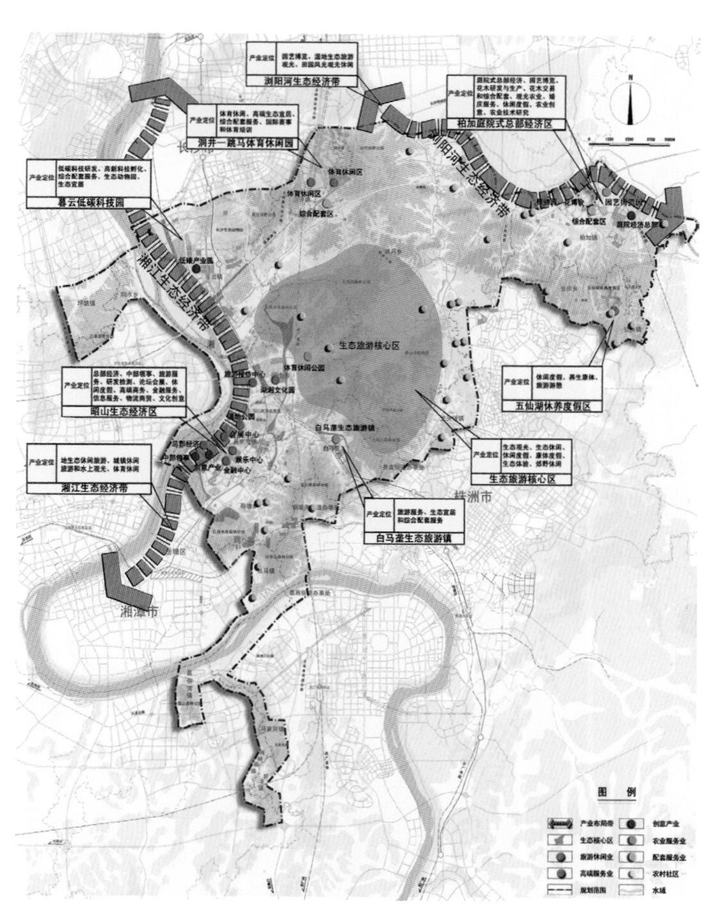

图6.2　生态绿心地区产业功能布局图

资料来源：吕贤军、张曦、周婷绘制

表6.3 生态绿心地区产业空间布局一览表

空间结构	组团	产业项目
一心	生态旅游核心区	昭山国家森林公园、都市桃源休闲旅游区、神农中药园、洞井—跳马体育休闲区、五云峰森林公园、名人园
两带	湘江生态经济带	滨江生态度假村、芙蓉园、观鸟园、古桑洲古岛茶桑休闲岛、湘江生态湿地公园、山市晴岚文化园、鹅洲—兴马洲快乐天堂风情岛、水上瑜伽中心、水上芭蕾中心、潜水休闲基地、水上游艇中心、金沙滩滨水乐园、仰天湖游乐场
	浏阳河经济带	百里花卉苗木长廊、滨江绿茵花带、浏阳河名人文化公园、浏阳河红歌广场、婚庆基地
六团	昭山生态经济区	世界知名企业总部、中部领事区、地区总部、中国在湘500强企业总部、天娱总部、动漫产业总部、远大空调总部、国际影视总部、艺术产业总部、国际组织分支机构、娱乐城、购物街、国际会议中心、昭山文化创意产业园、省文化艺术中心、特色高档酒店、商务度假区、森林健身会所
	暮云低碳科技园	节能环保产业示范基地（能源与环境产业园）、太阳能光伏产业基地（太阳能级多晶硅生产项目、太阳能并网发电项目、太阳能电池组件生产项目）、半导体照明产业基地、新能源汽车项目、低碳节能建筑、动物园、名企园、高云郊野公园
	洞井—跳马体育休闲区	体育社区、马术俱乐部、攀岩俱乐部、国际赛事区、儿童游乐场、儿童职场、中国式迪斯尼乐园、多功能滑道、青少年竞技体验区、森林定位运动基地、自行车越野俱乐部、垂钓俱乐部、水上运动中心、极限体验、低碳“两型”科技与生活体验、野外生存、登高探险、金霞秀溪漂流、体育休闲园、低空俱乐部、体育综合训练基地、汽车越野赛、拓展运动基地、其他体育健身俱乐部
	柏加庭院式总部经济区	苗木培养、教育农园、风情农场度假村、小型立体农业、市民农园、盆景生产基地、鲜花生产基地、盆景艺术交易中心、花木物流中心、花卉总部、花卉苗木研发中心
	五仙湖休养度假区	SPA中心、休养度假村、养生园、水疗按摩中心、泥浴针灸中心
	白马垄生态旅游镇	特色商业街、主题酒吧、特色餐饮、个性化酒店

续表6.3

空间结构	组团	产业项目
多点	双溪社区	花卉苗木种植，结合云田镇现有农业资源，发展中草药种植、中药按摩、桑拿等养生项目、食疗项目及食疗教学推广项目
	冬斯港社区	规模化、机械化水稻种植示范项目
	曙光垸社区	
	关刀社区	配合双溪乡村一般社区，发展中草药种植、登山等健体休闲项目和中药按摩、桑拿等养生项目
	渡头社区	位于柏加庭院式总部经济区，发展花卉苗木展示和销售项目、花卉色彩印象展示项目及花卉展销博览会
	双源社区	发展花卉苗木基地
	郭家塘社区	结合现状优势，引入湖南全国领先的油茶种植经验，发展油茶种植示范基地，发展花卉苗木种植，建材项目外迁
	长石社区	花卉苗木游览观光项目、花卉苗木种植、无公害蔬菜种植
	田心桥社区	无公害蔬菜项目，就近供应暮云低碳产业园
	梅怡岭社区	规模化、机械化水稻种植示范项目
	石桥社区	
	仙湖社区	结合五仙湖休养度假区，发展配套农家乐项目
	樟桥社区	结合现状优势，引入湖南全国领先的油茶种植经验，发展油茶种植示范基地
	霞山社区	结合现状优势，引入湖南全国领先的油茶种植经验，发展油茶种植示范基地，发展花卉苗木种植，建材项目外迁
	交通社区	规模化、机械化水稻种植示范项目
	柏岭社区	结合五仙湖休养度假区，发展配套农家乐项目；发展郊野花卉观赏游项目
	五星社区	规模化、机械化大棚蔬菜培育示范项目、特色餐饮
	马鞍社区（株洲云田镇）	花卉苗木种植、食疗特色农家乐项目
	金星社区	结合现状优势，适当发展旅游配套综合服务区
	马鞍社区（湘潭昭山乡）	农家乐休闲山庄、花卉种植、无公害蔬菜种植
	楠木社区	农家乐休闲山庄、无公害蔬菜种植、沥青搅拌场外迁
	团山社区	对535军工厂旧址进行改造发展文化景观，强化“团山乐园”休闲山庄
	青山社区	经济林种植示范基地，结合现状优势发展油茶种植，形成规模化油茶种植基地
	法华社区	无公害蔬菜种植，就近供应昭山生态经济区，结合现状优势发展法华青山云雾种植示范基地
	指方社区	近郊农家乐旅游服务项目、无公害蔬菜种植基地，就近供应昭山生态经济区

续表6.3

空间结构	组团	产业项目
多点	三兴社区	发挥群众主体能动性，结合暮云芙蓉园发展生态农业旅游农家乐项目
	金屏社区	发挥群众主体能动性，发展无公害蔬菜种植项目，就近供应昭山生态经济区
	嵩山社区	政府主导、新公司参与，发展新农村生态社区示范基地
	云和社区	
	鸡嘴山社区	

资料来源：张曦、龙运涛、周婷统计

1）一心

即，生态旅游核心区

在充分发展零次产业的基础上，以规划设立的昭山国家森林公园为核心，打造成长株潭城市群中央公园，主要为区内生态休闲旅游服务提供资源支撑和空间载体。产业定位为生态旅游，主要发展生态观光、生态休闲、休闲度假、康体度假、生态体验、郊野休闲等。

零次产业

水、林木、山体、土地等自然资源已经由普通的资源向资产过渡，生产这种资源的经济活动被称为零次产业，或“前一次产业”，通常也被称为资源产业。它为社会、经济和生态的正常运转和发展准备物质基础，对经济和社会的可持续发展意义重大。生态绿心地区的零次产业主要体现在保护区内自然生态资源，具体工作主要体现为生态保护、生态修复、水土保持、湿地保护、林木种植、退耕还林等。

2）两带

即湘江生态经济带、浏阳河生态经济带。

湘江生态经济带定位为湿地生态休闲旅游观光等。主要发展湿地生态休闲旅游、城镇休闲旅游、水上观光和体育休闲。

浏阳河生态经济带定位为园艺博览长廊。主要发展园艺博览、湿地生态旅游观光和田园风光观光休闲。

3） 六团

即昭山生态经济区、暮云低碳科技园、柏加庭院式总部经济区、洞井—跳马体育休闲区、白马垄生态旅游镇和五仙湖休养度假区。其中：

昭山生态经济区定位为总部经济、中部领事、旅游服务、研发检测、论坛会展、休闲度假、高端商务、金融服务、信息服务、物流商贸、文化创意产业。

暮云低碳科技园定位为低碳科技研发、高新科技孵化、综合配套服务、生态动物园、生态宜居等产业，逐步退出第二产业，向为生产服务的低碳产业研发、科研成果孵化等高端低碳服务业转型。

柏加庭院式总部经济区定位为庭院式总部经济、园艺博览、花木研发与生产、花木交易和综合配套、观光农业、婚庆服务、休闲度假、农业创意、农业技术研究、现代服务业、生态宜居等。

洞井—跳马体育休闲区定位为发展体育休闲相关产业、高端生态宜居、综合配套服务，重点建设长株潭体育休闲公园，积极承办大型国际赛事和体育培训服务。

白马垄生态旅游镇定位为旅游服务、配套服务、生态宜居。

五仙湖休养度假区定位为休闲度假、休养养生、康体健身、旅游游憩。

4）多点

主要为8个乡村中心社区所代表的优势产业：（1）双溪（社区）花卉苗木基地—体育休闲养生农业示范区；（2）冬斯港（社区）设施农业基地；（3）曙光垸（社区）设施农业基地；（4）关刀（社区）体育休闲养生农业示范基地；（5）渡头（社区）花卉苗木—生态农业休闲基地；（6）双源（社区）花卉苗木基地；（7）郭家塘（社区）油茶种植—花卉苗木基地；（8）长石（社区）生态农业观光—花卉苗木—无公害蔬菜基地。

6.7 旅游业

6.7.1 旅游业定位

以“文化、生态、养生、休闲”为主题，以湖湘文化之旅、生态观光之旅、休闲度假之旅、“两型”体验之旅为主要特色的生态旅游度假区。

1）生态旅游

以昭山、湘江、浏阳河、森林公园、风景名胜区、青山秀水为依托，以各级各类生态园区为重点，续建或开辟生态旅游地，发展观光、休闲、度假、休养、健身、远足、科学考察与实习、文化博览等生态旅游业，逐步培养成区域产业结构调整的支柱产业。新建法华山、金霞山、仙庾岭等多处城市郊野公园，满足城市群居民的日常郊野需求。

2）民俗风情和历史文化旅游

在生态绿心地区限制开发区内结合各旅游景点，建设具有湖湘文化特色的主题公园，与长沙世界之窗、长沙海底世界海洋主题公园共同形成区域的综合性休闲娱乐中心。

3）会展旅游

借助生态绿心地区良好的区位优势与丰富的生态资源，吸引国内外会展公司和会展承办机构落户，举办具有较大国际、国内影响、区域性的会议和展览以及大型节庆活动。借助举办国际会议、研讨会、论坛等会务活动以及各种展览会而开展旅游。直接推动商贸、广告、通信、旅游业发展，不断创造商机，吸引投资，进而拉动其他产业发展，并形成一个以会展活动为核心的经济群体。拓展地方名特优产品、特色园艺和区域先进制造业产品等的展览、会展等服务业务。

4）乡村旅游

与生态绿心地区农业产业结构调整结合，充分发挥现代农业的休闲、体验、娱乐、教育等服务功能。积极开发企业化庄园、乡村休闲俱乐部、乡村博物馆等乡村旅游产品。

以自然山水为依托，以“生态、休闲、康体、养生”为主题，推进旅游业与商业、农业、工业、科技、文化等产业融合，加强与长株潭城市群和区域大旅游联合互动。

6.7.2 市场定位

一级目标客源市场：环长株潭城市群核心区。

二级目标客源市场：环长株潭城市群，以及江西宜春、新余、萍乡等区域。

三级目标客源市场：主要为除一级、二级市场以外的国内其他区域及海外市场。

6.7.3 旅游发展目标

在全面保护自然生态环境和风景旅游资源的基础上，通过适度的超前发展，以特色资源为基础、以特色旅游区为框架、以湘江和浏阳河为纽带，以生态文化和湖湘文化为底蕴，积极发展“两型”文化，将生态绿心地区建设成为具有湖湘特色、国际品质的生态旅游度假胜地。

6.7.4 旅游空间布局

依据自然地理空间特征和旅游资源，规划形成**两带五区多点**的空间布局结构（图6.3）。

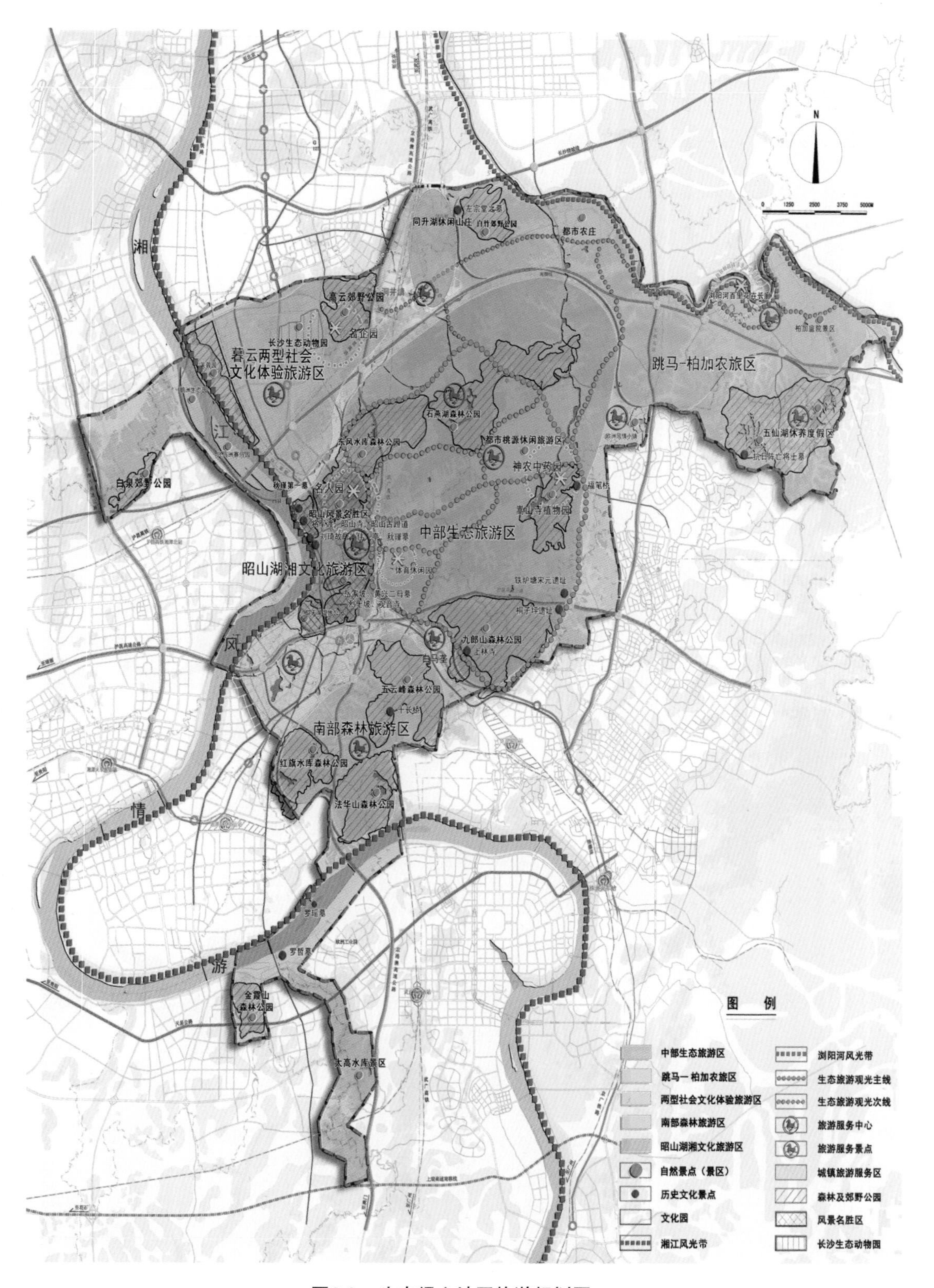

图6.3　生态绿心地区旅游规划图

资料来源：汤放华、吕贤军、龙运涛、欧振绘制

1）两带

即湘江风光带和浏阳河风光带。其中：

湘江风光带打造成为东方“莱茵河”。主要提供水上观光和滨江湿地旅游等生态服务和城镇休闲旅游服务。

浏阳河风光带依托闻名全国的花卉苗木百里走廊，打造成为世界闻名的园艺博览、花卉苗木观赏、休闲度假基地。主要提供园艺博览、庭院式总部经济区观光、湿地生态观光体验、生态教育等生态服务。

2）五区

形成5个特色旅游区，提供各具特色的生态旅游服务。其中：

中部生态旅游区主要提供各种生态体验、生态科普教育、湖湘文化旅游、养生休闲、康体健身旅游、郊游乐趣、保健休养等生态服务。

南部森林旅游区主要提供享受郊游乐趣、运动健身、科普教育等功能。

跳马—柏加农旅区主要提供观光、科普教育、休闲等功能。

“两型社会”文化体验旅游区主要提供生态旅游、度假、休憩和“两型”社会文化体验、展示等功能。

昭山湖湘文化旅游区主要提供游览、度假、休憩、保健休养、科学教育、文化娱乐等功能。

3）多点

主要为自然景点（区）、历史文化景点和文化园（区）。其中：

自然景点（区）主要为芙蓉园、鹅洲生态园、兴马洲赛马园、长沙生态动物园景区、都市农庄、柏加庭院式总部经济区景区、五仙湖休养景区、都市桃源休闲旅游区、石燕湖森林公园、东风水库森林公园景区、昭山风景名胜景区、仰天湖湿地公园、红旗水库森林公园景区、金霞山森林公园、太高水库景区、法华山森林公园景区、五云峰森林公园景区、九郎山森林公园景区、白泉郊野公园、高云郊野公园、白竹郊野公园、欧洲风情小镇、嵩山寺植物园。

历史文化景点主要为秋瑾墓、刘琦故居、左宗棠墓、昭山寺、昭山古蹬道、罗哲墓、罗瑶墓、上林寺、十长桥、抗日阵亡将士墓、福笔桥、铁炉塘宋元遗址、桐子坪遗址等。

文化园（区）主要为名企园、神农中药园、名人园、体育休闲区、浏阳河百里花卉长廊。

6.7.5 旅游产品（项目）策划

1）自然景观公园

主要包括生态绿心地区内的风景旅游区、郊野公园、森林公园以及众多自然山体和水体。区内植被覆盖率高，是城市群生态环境非常优越的地区。因此，结合现状生态优势，在保持“青山绿水”前提下，充分利用资源优势，适当开展风景旅游产业，发展地区经济。结合地形地貌和交通建设条件重点规划建设一批郊野公园、森林公园和风景旅游区。

2）体育休闲公园

在生态绿心地区中部地区充分利用自然山体的地形和生态条件，引导建设体育休闲公园，专业体育训练基地，带动体育产业的发展。除了传统体育项目与赛事外，增加各种户外休闲体育类型，发展体验性、趣味性、参与性强的相关体育项目，建设配套设施以健康生活为主题。可与公众媒体合作，举办各类体育娱乐赛事，通过体育休闲公园带动相关产业的发展，将生态绿心地区打造为健康活力之心。

3）花卉苗木博览园

结合生态绿心地区良好的生态环境和气候条件，建设集中外园林园艺、花卉展示、大众文化、艺术、建筑、科普、科研、旅游、展览业于一体的带有旅游性质的大型城市主题公园——长株潭花卉博览园，成为长株潭城市群的新亮点。

4）乡村俱乐部

充分利用生态绿心地区水库、湖泊、鱼塘建立垂钓俱乐部；建设乡村高尔夫球练习场俱乐部、野外射箭场、野外战争游戏场、遥控飞机场等乡村俱乐部。在这些主打产品以外还可以安排篮球、网球、羽毛球、游泳池等一般运动设施的乡村俱乐部。

由于形式多样，乡村俱乐部应该根据需要开展的项目因地制宜地进行规划设计，使之成为乡村旅游的高级会所和信息交流中心。

5）主题文化村

策划以花卉苗木等特色产业为主题的园艺博览文化村；策划农事体验、户外运动和生态养生项目，发展以生态养生文化为主题的主题文化村。

6）农业孵化园

建设农业高科技园、高产水稻生产展示基地、苗木种植与展销基地。引入国际、国家级农业科技重点实验室。产业孵化园既作为体制创新、机制创新基地和农业科技创新、科技成果转化展示、高层次人才培养(聚集)、国际农业科技交流基地，又是湖南现代农业园区的科技研发中心。

7）乡村博物馆

集中展现乡村文化历史，涉及传统乡村生活的所有领域。如农业生产、传统工艺、传统生产和交通工具、传统经营项目、当地娱乐生活、历史事件、遗址、传说与民间故事、语言和方言、地方音乐、地方民间体育、地方餐饮等。发挥乡村博物馆的教育功能、乡村文化遗产的保护功能、乡村生产和生活的体验休闲功能和其他综合服务功能。

8）企业化庄园

它是乡村旅游发展的一种新形态，是在乡村度假旅游发展过程中将商务度假、休闲旅游和旅游房产开发向乡村延伸的一种新的旅游形式，城市的企业把企业庄园作为将商务活动延伸到乡村的一种模式。这是新的企业文化的体现，形成公司经营的新领域。企业庄园主要经营项目有公司企业董事会和企业高管会议，公司董事的私人宴请和聚会，公司商务谈判，公司企业员工的奖励度假，对外接待与服务等。

充分利用生态绿心地区区位和生态优势，采取高端切入的目标定位，抓住大型化和国际化企业集团的总部经济和基地经济模式的兴起，以“湘江文化＋现代游憩文化＋商务功能文化”的有机结合，大力发展集观光、休闲、度假、商务于一体的企业基地性产品体系，将生态绿心地区建设成为新兴的商务、户外和度假“企业庄园”的集聚区。

9）休闲度假中心

依托环长株潭城市群，发展面向区域的休闲度假产业；充分利用生态绿心地区范围内良好的生态景观资源，在严格遵循景区保护要求的前提下，适度发展旅游地产业。在空间上，对于符合休闲度假建设的地区可以考虑建设面向环长株潭城市群的旅游度假区。旅游度假区的建设必须以生态保护为前提，规划上结合景观资源进行布置(如滨江、滨湖等)，形成独具特色的景观空间。在上述项目周边，因地制宜地规划一定面积的主题宾馆，包括水上俱乐部、温泉SPA、高档酒店、高档商店等等，为游人提供休闲旅游服务。

6.7.6　特色旅游线路组织

依托湘江、浏阳河、昭山风景名胜区（昭山森林公园）、森林公园、乡村田园等自然生态资源构建生态绿心地区完整的旅游系统，打造生态核心区生态旅游观光线、湘江风光带和浏阳河风光带3条主要精品游览线（见图6.3）。

1）生态核心区生态旅游观光线

主要由生态旅游观光主线和生态旅游观光次线组成。其中：

生态旅游观光主线为生态核心区内环，重要旅游景点主要有昭山风景名胜区（昭山森林公园）、石燕湖森林公园、东风水库森林公园、嵩山寺植物园、九郎山森林公园、五云峰森林公园等。

生态旅游观光次线为云柏路（跳马—柏加段）与内环慢行交通道路，主要景点有都市农庄、生态农业示范区、观光采摘果园区和神农中药园等。

2）湘江风情旅游线路

观光线路北起暮云组团、南至株洲法华山森林公园。充分利用湘江沿岸风景名胜众多、旅游资源丰富、生态景观优美、四季特色分明、自然与人文交融的湘江岸线资源，打造可以与德国莱茵河媲美的湘江风情旅游线。两岸主要观光景点有芙蓉园、鹅洲生态园、兴马洲赛马园、昭山风景名胜区（昭山森林公园）、昭山生态经济区、金霞山森林公园、法华山森林公园。其中，兴马洲、昭山—九华、法华山—金霞山为3个最为重要的生态景观区。风情旅游应该充分利用并结合湘江风光带两岸步行系统以及湘江即将蓄水成湖的优势，采用水上游艇观光、登岸登岛体验、慢行欣赏（步行或者自行车）3种方式及其不同组合。

3）浏阳河园艺博览旅游线

旅游线路东起规划中的庭院式总部经济区，西至同升湖，甚至还可以统筹考虑延伸至湘江。主要沿着浏阳河两岸，主要景点有同升湖休闲山庄、跳马北都市农庄、柏加苗木花卉基地、庭院式总部经济区等。

6.8 农村产业

采用设施农业、“两型”农业和休闲农业等新农村产业规模化发展模式，推进生态农业由城郊型家庭农业向都市型农业园区转型；由粗放型生产经营向集约化生产经营转型，由基础性传统产业向商品化特色农业转型。规划形成设施农业发展区、“两型”农业发展区和休闲农业发展区3大类农业发展区，定位主导发展方向，大力增强生态绿心地区农村产业的市场竞争能力。

1）设施农业发展区

规划15处艺术家农庄、苗木花卉农庄和设施化规模农庄，主要分布在双溪社区、冬斯港社区、曙光坑社区、梅怡岭社区、渡头社区、双源社区、马鞍社区（株洲市云田镇）、团山社区、霞山社区、樟桥社区、青山社区、法华社区、指方社区、交通社区、五星社区15个社区。探索设施农业集约化、规模化种植经营模式，鼓励和引导设施农业向大户集中，引导设施连片建设、规模发展；创造条件组建经营公司，实现标准化、专业化、规模化生产。充分考虑水源电力供应、资源共享与防灾应急、土壤质地与栽培方式、交通运输与市场建设等因素。

2）“两型”农业发展区

规划6处第一产业与第三产业相结合的体育休闲养生农庄和科技生态型农庄。主要分布在双溪社区、关刀社区、金星社区、嵩山社区、云和社区、鸡嘴山社区6个社区。推进农业从保障城市供给的单一功能向生态、经济、社会功能共同开发的“两型”生态农业转型。

3）休闲农业发展区

规划12处第一产业为主的传统观光农业和农家乐型农庄，发展生态休闲农业，提供生态旅游休闲场所。主要分布在长石社区、郭家塘社区、渡头社区、三兴社区、田心桥社区、仙湖社区、柏岭社区、马鞍社区（株洲市云田镇）、金星社区、马鞍社区（湘潭市昭山乡）、楠木社区和指方社区12个社区。

6.9 产业发展战略

1）集聚发展，确保底线

创新生态资本利用方式，以周边产业园区为依托，将生态绿心地区各具优势的生态环境、山水资源、特色花木等宝贵资源在空间上组合起来，坚持错位发展，加强科学引导；遵循第二产业退出的原则，调整产业结构，设置严格的产业准入门槛，确保第一、三产业准入底线，用高端低碳第一、三产业占领生态绿心地区，采取果断措施强制不符合“两型”标准、与生态绿心地区产业定位不相符的产业退出。将生态绿心地区打造成以生态旅游业和文化创意产业为主要发展动力、在环长株潭城市群乃至湖南省都较具竞争优势的特色经济区域。

2）品牌塑造，“两型”示范

以政府为推动主体，以品牌战略意识为主线，维育并创新生态绿心地区的生态品牌、休闲品牌、文化品牌和科技品牌。充分利用生态绿心地区的生态特色，打造具有湖湘特色的生态旅游业，塑造绿心旅游品牌；发展文化创意产业，塑造绿心文化品牌；开发康体休闲产业，塑造绿心休闲品牌；发展生态农业，塑造绿心新农旅品牌；建设低碳科技园，塑造绿心科技环保品牌。将生态绿心地区建设成为具有国际品质、湖湘特色的文化绿心、休闲绿心和科技绿心，国家“两型社会”生态服务产业示范区。

3）突出重点，整体推进

充分发挥森林、水系、湿地、农田、村镇等生态空间要素的生态服务作用，提供集生态卫生、生态安全、生态产业、生态景观和生态文化于一体的生态服务。坚持旅游带动，将旅游产业发展成为支柱产业，提升综合效益、整体形象和吸引力。吸引和建设休闲度假、会展论坛、观光旅游、健身养生等项目。

用好、用足生态绿心地区最具比较优势的资源；确立并坚持主导产业地位，做强、做大具有比较优势的重点产业；相对集中各类资源，规划和建设一批现代化的高端生产性服务业组团，以主导产业的大项目带动生态绿心地区的整体经济发展，打响在环长株潭城市群、全省乃至全国的生态绿心地区服务品牌；引导各乡镇和社区因地制宜地发展面向当地居民的商贸、社区服务等生活性服务业，积极培育新兴现代服务业。

4）创新机制，优化环境

推进生态绿心地区产业发展机制创新，使其成为环长株潭城市群发展现代服务业机制创新的先导区；探索和完善相关管理部门之间和生态绿心地区与各乡镇之间的协调机制，提高三市各职能部门之间的协作水平，使协调管理成为推进生态绿心地区生态旅游业、文化创意产业、高新技术产业、现代农业和现代服务业又好又快发展的主导力量；完善生态绿心地区基础设施、公共服务设施，构建与生态景观相融合、人文特色凸出的投资环境。

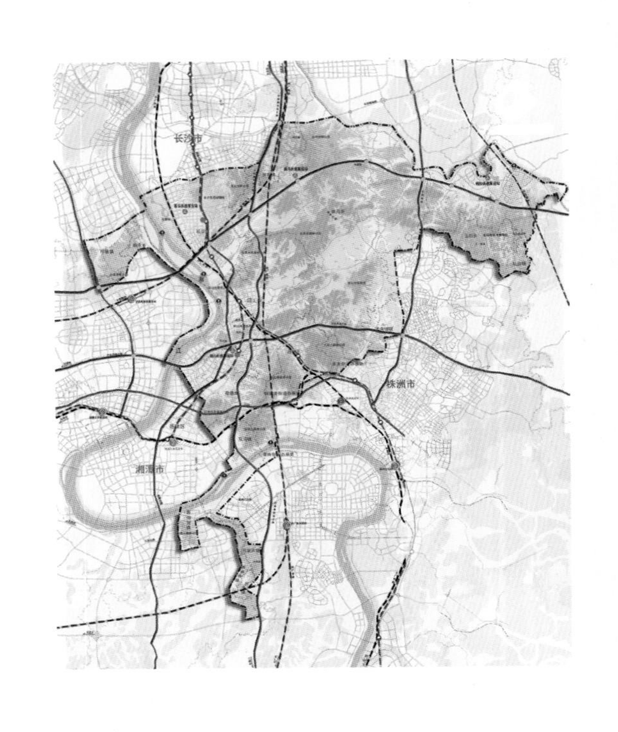

7 设施整合——统筹基础设施支撑体系

7.1 发展目标

统筹安排，加快生态绿心地区乃至长株潭城市群内基础设施对接进程，建设区域基础设施支撑体系，促进区内基础设施城乡一体化，保障区域可持续发展，实现自然社会资源、基础设施和社会服务共享。

7.2 综合交通

7.2.1 区域与对外交通

主要由铁路、公路（含高速公路）和水运3部分构成（图7.1）。其中：

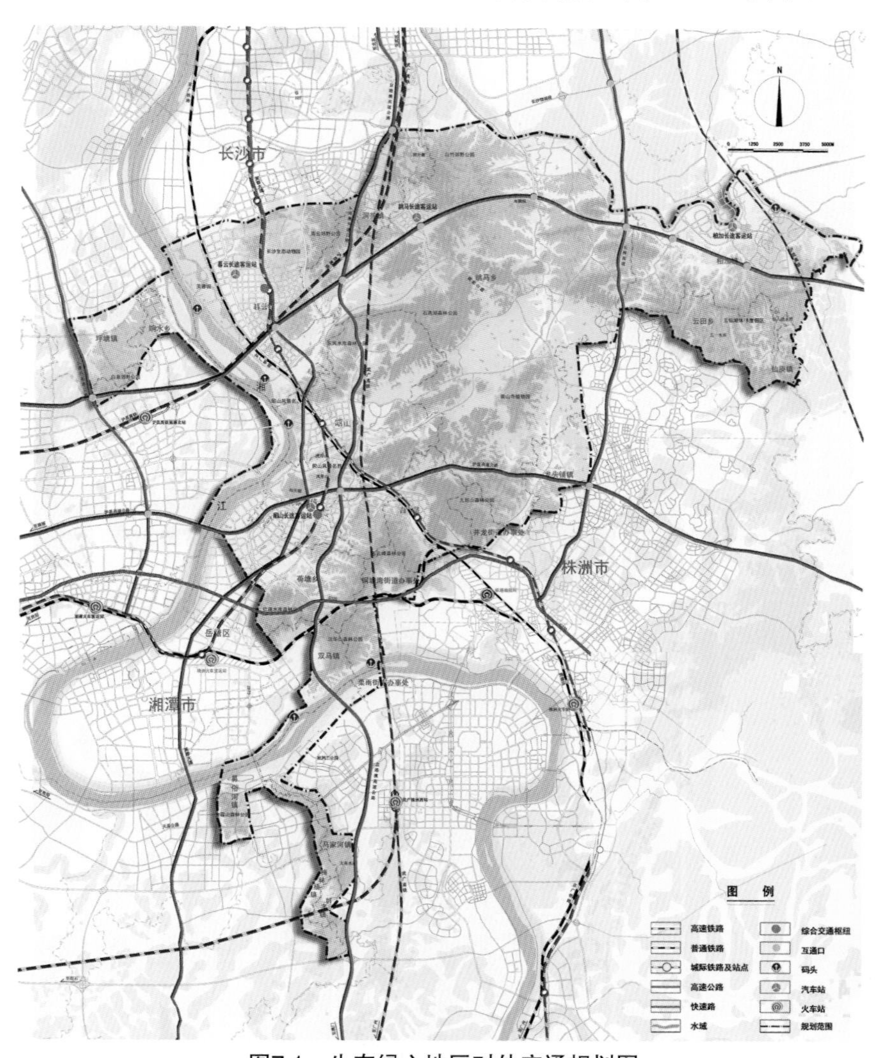

图7.1　生态绿心地区对外交通规划图

资料来源：蒋刚、周婷、左兰兰绘制

1）铁路

高速铁路为武广高铁和沪昆高铁；普通铁路为京广铁路；火车站充分依托长沙火车站、株洲火车站、湘潭火车站、武广高铁长沙南站、武广高铁株洲西站和沪昆高铁湘潭北站。预留武广高铁株洲西站—沪昆高铁韶山南站联络线；新建“人”字形长株潭城际铁路；新建暮云北、暮云南、昭山、仰天湖、白马垄5处城际铁路站点。

2）公路

充分利用现状“一横三纵”的高速公路网络，即东西向的沪昆高速以及南北向的长潭西高速、京港澳高速和长株高速；保留现状竹埠港和殷家坳高速互通口，新增昭山南、昭山北、跳马西、跳马东、云田5个互通口；提升改造107国道和320国道为城际快速干道。

构建“两横一纵”的快速交通结构，即南横线（规划）、芙蓉大道（现状）、G320国道。新增暮云、跳马、跳马东、柏加西、柏加5个互通口。

新建昭山汽车站，占地1.41 hm^2；暮云汽车站，占地1.25 hm^2；跳马汽车站，占地0.95 hm^2；柏加汽车站，占地1.05 hm^2。

3）水运

充分利用湘江航线，建立二级航道（2 000 t）；疏通浏阳河道，建立四级航道（500 t）。改造提升昭山客运码头；结合暮云烟草物流园新建货运码头，形成水陆联运交通系统。

长沙湘江航电枢纽工程

总投资规模达50亿元的长沙湘江航电枢纽工程于2009年9月全面开工建设。该工程坝址位于湖南省长沙城区湘江下游的蔡家洲。工程包括电站、泄水闸、船闸、坝顶公路桥、水库等；正常蓄水位初定30—31 m，电站装机5—8万kW，年均发电量约3亿度，坝顶公路宽20 m，双向4车道。整个工程将形成长达128 km的库区，将把长株潭三市沿江两岸有机连接起来，构成一个带状的滨江水域，使长株潭成为全国独一无二的库区城市群。

主体大坝一旦修建好，库区上游的水位将提升7—8 m，意味着将在库区上游形成135 km长的湘江滨水带。滨水带逆湘江而上，可途经湘潭湘江段，直接达到湘江株洲段，在丰水期库区尾水甚至还可以达到株洲县境内的湘江段。

巨大的库区滨水带，能使湘江江面变宽，航道水深也能不同程度得到加深，将可通行2 000 t级的大船只，使三市之间形成巨大的物流空间。库区滨水带还能与正在建设中的长株潭沿江风光带交相辉映，库区滨水带实际上成为长株潭城市群的“内湖”，形成“城在水中、水在城中”的格局。

长沙湘江航电枢纽工程会不会影响湘江生态，有关专家表示，航电枢纽工程不同于一般的大坝工程，属于“开放式”的综合工程，46个大型闸门可随时调节库区上下游的水位水量，不会导致下游干枯和污染加重的现象。6.8亿m^3的库容还可以起到巨大的水量调节作用。

资料来源：http://www.hnetv.com/news/jiaodian/20090720/hnetv_new12.html（湖南经视2009-7-20 11:22:32）

7.2.2　内部道路

1）道路构成

生态绿心地区内部道路系统主要由快速路、主干路、次干路、支路、农村道路5种类型构成（图7.2）。其中：

快速路为联系各组团的南横线和芙蓉南路，双向6车道，红线宽度为60 m，设计时速80 km / h。

暮云低碳科技园由G107、南塘路、云柏路、南湖路、伊莱克斯大道、盘古路、株塘西路构成主干路道路骨架；昭山生态经济区由昭云大道、滨江路、天湖南路、佳木路、红易大道、昭华大道、昭山二十三号路、沪昆高速联络线构成主干路道路骨架；洞井—跳马体育休闲区主干路为云柏路、洞株公路；柏加庭院式总部经济区主干路为园艺路和云柏路（表7.1）。

各组团次干路为双向2车道和双向4车道，宽度分别为12 m、15 m、20 m、24 m、30 m和40 m；支路为内部街坊路，红线宽度控制在15—24 m的范围（图7.3）。

提级改造现有县、乡、村道等道路，统筹建设旅游线路、组团之间道路、新农村道路和景观道路。近期实现所有具备条件的乡村社区一律造水泥或沥青路，道路红线宽度控制在6—10 m的范围。

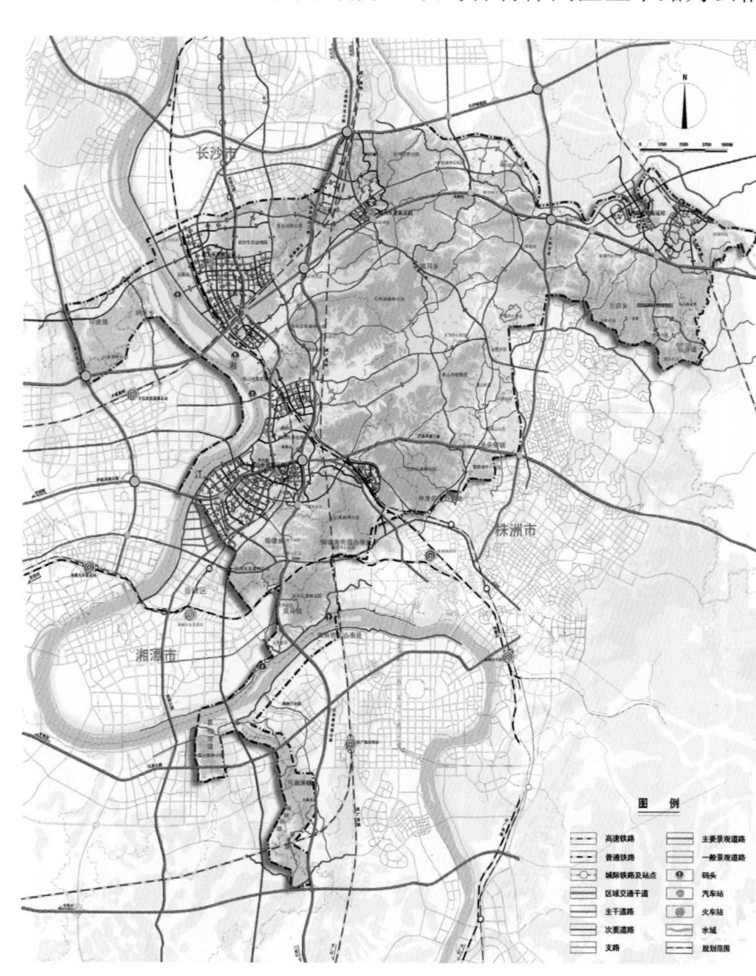

图7.2　生态绿心地区道路系统规划图

资料来源：将刚、周婷、左兰兰绘制

表7.1　生态绿心地区主干道一览表

暮云低碳科技园						
编号	道路名称	建设状态	道路功能	道路断面	红线宽度（m）	断面形式
1	G107	已建成	组团、对外联系	双向6车道	60	A—A
2	芙蓉南路	已建成	组团、对外联系	双向6车道	60	A—A
3	南塘路	新建	组团联系	双向4车道	30	E—E
4	云柏路（暮云段）	新建	组团、对外联系	双向4车道	30	E—E
5	南湖路	新建	组团联系	双向4车道	24	F—F
6	伊莱克斯大道	新建	组团联系	双向6车道	40	B—B
7	盘古路	新建	组团联系	双向4车道	40	B—B
8	株塘西路	新建	组团联系	双向6车道	60	C—C
昭山生态经济区						
编号	道路名称	建设状态	道路功能	道路断面	红线宽度（m）	断面形式
1	昭云大道	改建	组团、对外联系	双向6车道	40	B—B
2	滨江路	新建	组团、对外联系	双向4车道	30	E—E
3	天湖南路	新建	组团联系	双向4车道	30	E—E
4	佳木路	新建	组团联系	双向4车道	30	E—E
5	红易大道	新建	组团、对外联系	双向4车道	40	D—D
6	昭华大道	新建	组团、对外联系	双向6车道	60	A—A
7	昭山二十三号路	新建	组团联系	双向6车道	40	B—B
8	沪昆高速联络线	已建成	组团、对外联系	双向6车道	60	A—A
洞井—跳马体育休闲区						
编号	道路名称	建设状态	道路功能	道路断面	红线宽度（m）	断面形式
1	云柏路（跳马段）	新建	组团、对外联系	双向4车道	30	E—E
2	洞株公路（跳马段）	改建	组团、对外联系	双向4车道	30	E—E
柏加庭院式总部经济区						
编号	道路名称	建设状态	道路功能	道路断面	红线宽度（m）	断面形式
1	园艺路	新建	组团联系	双向2车道	20	G—G
2	云柏路（柏加段）	新建	组团、对外联系	双向4车道	30	E—E

资料来源：周婷、殴振、倪洋绘制

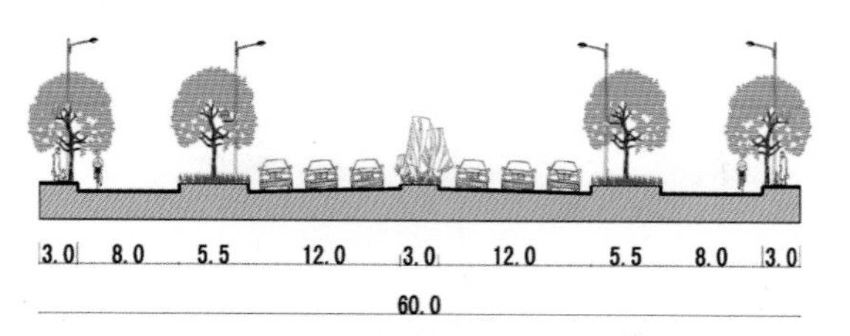

60 m芙蓉大道 道路横断面(A—A)

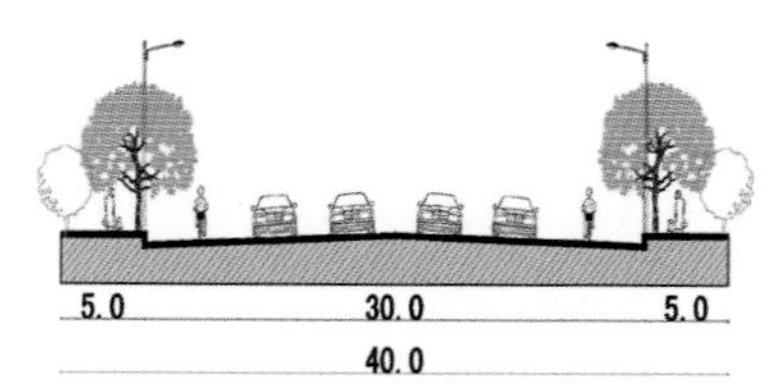

40 m道路 道路横断面(B—B)

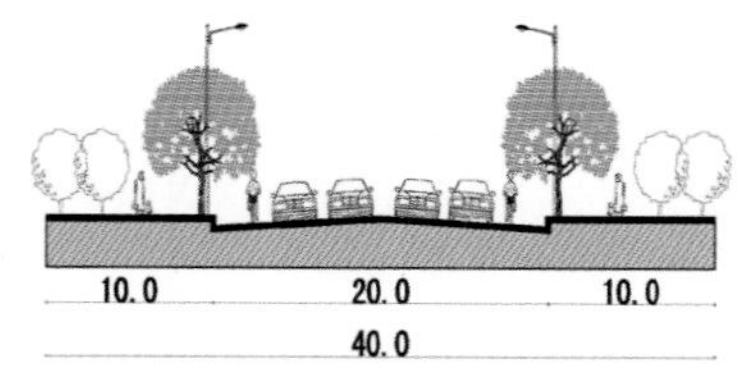

40m道路 道路横断面(C—C)

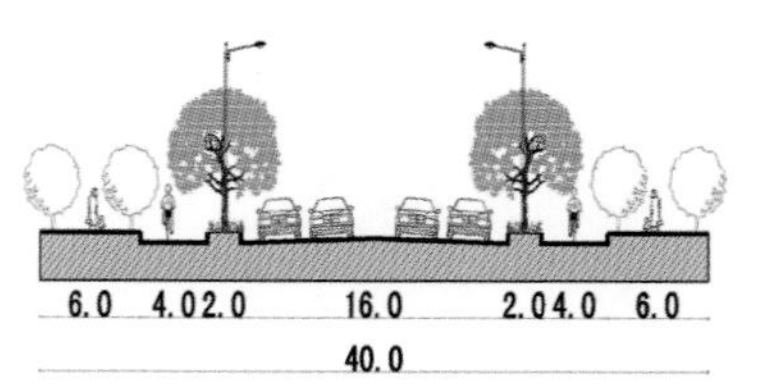

40m主干道 道路横断面(D—D)

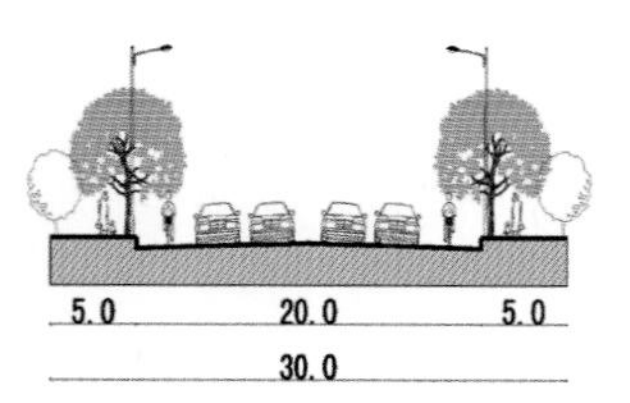

30m道路 道路横断面(E—E)

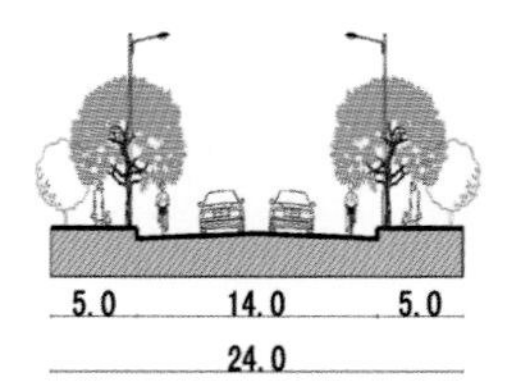

24m道路 道路横断面(F—F)

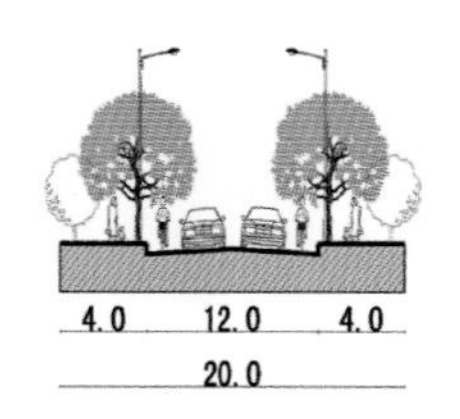

20m道路 道路横断面(G—G)

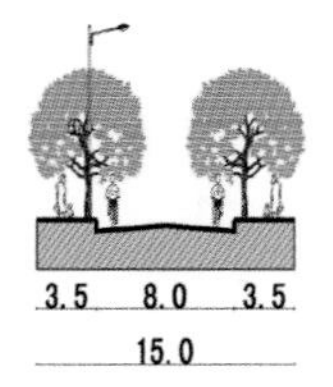

15m道路 道路横断面(H—H)

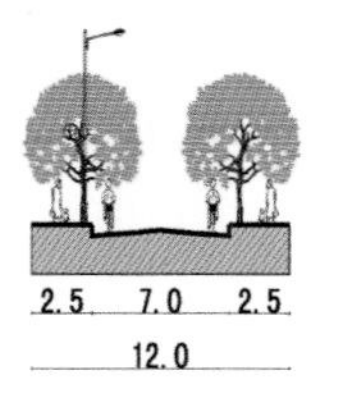

12m道路 道路横断面(J—J)

图7.3 生态绿心地区道路断面形式示意图

资料来源：周婷、欧振绘制

2）交通枢纽

由客运枢纽和货运枢纽两部分组成。其中：

客运枢纽为暮云综合交通枢纽和仰天湖综合客运交通枢纽。暮云综合交通枢纽与暮云码头、城际铁路暮云站、芙蓉南路、韶山南路相结合；仰天湖综合交通枢纽与沪昆高速、芙蓉南路、城际铁路仰天湖站、G320国道相结合。

暮云低碳科技园北部规划国家级专业物流园烟草物流园；昭山生态经济区南部易家湾结合上瑞高速公路增设的互通口规划生态型综合物流中心。

7.2.3 绿色公共交通

区内公共交通系统主要由城际轨道交通子系统、水上公共交通子系统、陆地公共交通子系统、慢行交通子系统以及静态交通子系统等组成（图7.4）。

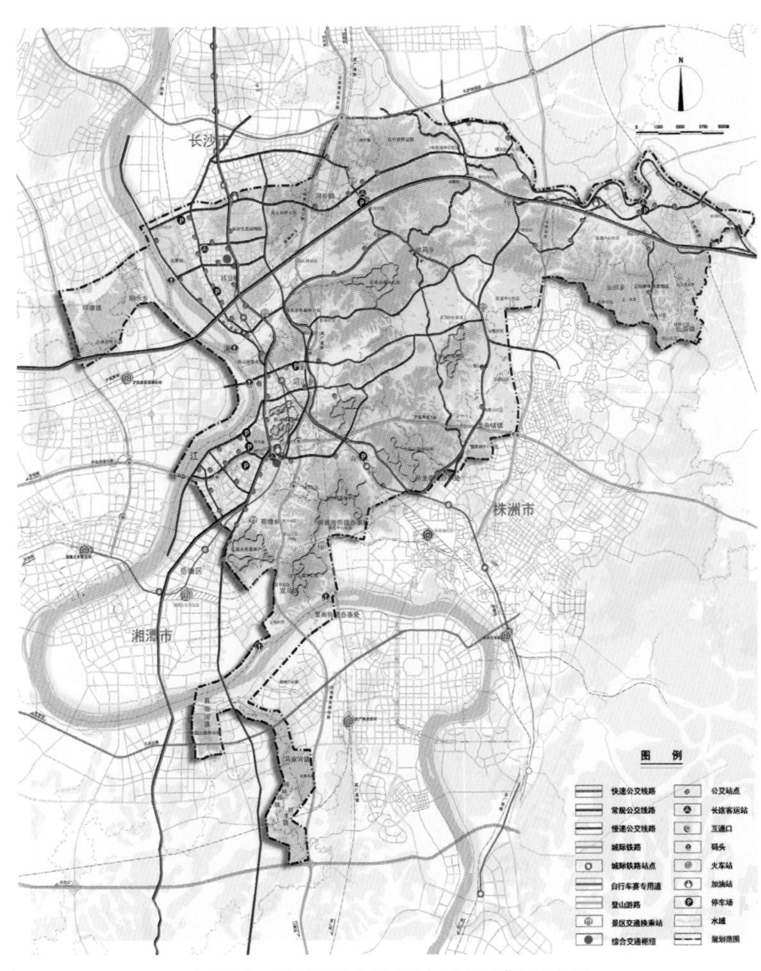

图7.4 生态绿心地区公交系统规划图

资料来源：周婷、左兰兰绘制

1）城际轨道交通

长株潭城际铁路呈"人"字形穿越生态绿心地区，昭山旅游服务中心站为城际铁路换乘枢纽站。

结合用地规划，长沙市范围内设置暮云北站和暮云南站；湘潭范围内设置昭山旅游服务中心站、仰天湖站和易家湾站；株洲范围内设置白马垄站。

2）水上公共交通

结合湘江两岸自然人文景观和城镇布局，规划设置码头。改造提升昭山客运码头；规划新建荷塘、暮云、湘江、建设游览码头，开设水上巴士线路和水上旅游线路，便于公众出行和水上观光旅游。

3）陆地公共交通

沿生态绿心地区主干路、城镇公交干线、昭山国家森林公园慢行道设置主要公交系统，满足生态绿心地区内部及其与周边组团的公共客运需要。逐步提高公交出行比例，改善居民出行结构，公交出行分担率规划近期达到35%，远期达到45%－50%。

快速公交主要依托芙蓉大道和南横线，加强生态绿心地区各组团之间及其与长株潭三市之间的快速交通联系。

常规公交主要负责组团内部联系和相邻组团之间的交通联系，弥补轨道交通服务薄弱、轨道交通服务能力无法满足客流的地区。

充分利用现有乡村道路网，建立乡村公交系统，与城镇公交系统无缝衔接，减少农民出行时间与成本，提高乡村公共服务水平，缩小城乡差距。

统筹生态绿心地区内公交专用道路、非机动专用道路以及出租车系统，提高绿色出行率。

4）慢行交通

主要由组团内部步行交通和生态绿心地区慢行交通两部分组成。

其中，在组团商业中心区、车站码头、大型集散场所普及无障碍通行设计。沿组团道路每隔250－300 m设置人行横道或过街通道。采用人行横道过街方式，宜设置人行横道线、人行横道标志和信号灯。优化步行环境，保护和完善步行系统。

慢行交通由昭山国家森林公园内慢行交通道路及其与内部其他类型道路的联络线、康体游憩步道系统、沿江沿湖道路和乡村道路组成。主要采取电瓶车道系统、非机动车系统和步行系统3种类型。组团和乡村社区内部设置自行车道，提高绿色出行率。利用慢行交通道路举办国际自行车赛和马拉松赛。慢行道公交车辆主要是低碳、环保的电瓶车，特殊情况除外，严禁污染性机动车入内。

5）静态交通

停车设施规划与建设实行城乡一体化政策。结合城乡建设项目，制定与交通发展相协调的建筑配建停车指标。

合理布局公共停车场，根据需求在交通换乘枢纽周边、主要旅游景区出入口等区域配套建设小汽车公共停车位，便于小汽车交通向公共交通转移。

7.3 基础设施

7.3.1 给水工程

1）用水量预测

生态绿心地区采用人均综合用水指标法，按照“两型”原则进行预测，取0.35t/（人•日）。预测远期2030年用水量为9.5万t/日。

2）供水设施

暮云低碳科技园纳入长沙市第八水厂供水范围，新建暮云和跳马供水加压站，近期规模2.0万t/日，远期4.0万t/日，用地面积1.0 hm^2。供水范围为暮云低碳科技园和洞井—跳马体育休闲区。

柏加庭院式总部经济区新建柏加水厂，取水水源为浏阳河，给水范围为柏加庭院式总部经济区和五仙湖休养度假区。近期规模1.0万t/日，远期2.0万t/日，用地面积1.4 hm^2。

昭山生态经济区纳入湘潭市三水厂供水范围，新建昭山供水加压站，近期规模2.0万t/日，远期4.0万t/日，用地面积1.0 hm^2。

白马垄生态旅游镇纳入株洲市三水厂供水范围，新建白马垄供水加压站，近期规模0.2万t/日，远期0.4万t/日，用地面积0.10 hm^2。

新建五仙湖供水加压站，近期规模0.2万t/日，远期0.4万t/日，用地面积0.10 hm^2。

3）管网布置

充分利用现有管网基础，采用分区供水方式，沿新建道路铺设供水管道，供水片区内采用环状管网，片区之间均用双管连通，通过加压站形成分区分压供水（图7.5）。

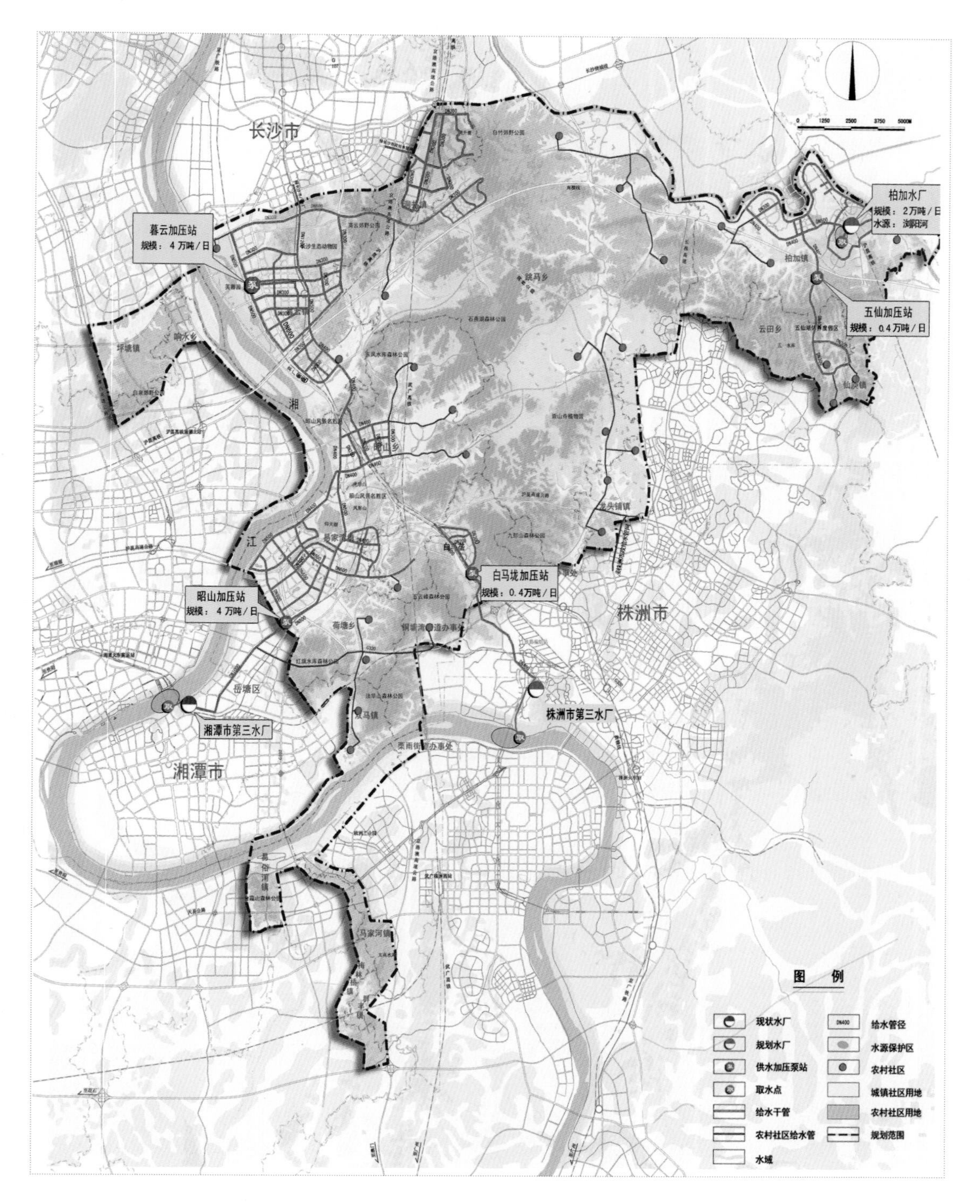

图7.5　生态绿心地区给水工程规划图

资料来源：李黎武、欧振绘制

7.3.2 排水工程

1）排水体制

生态绿心地区采用雨污分流排水体制（图7.6）。

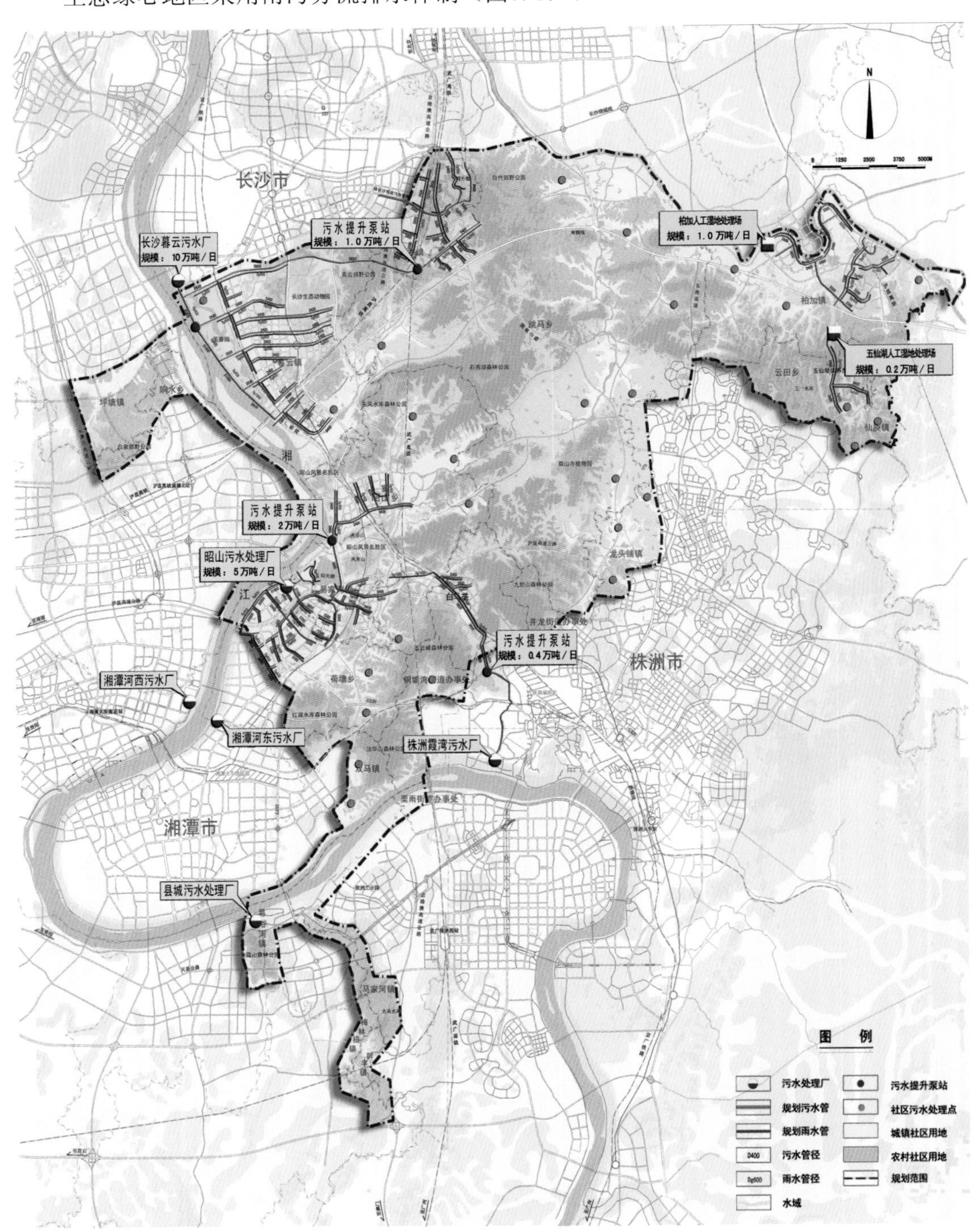

图7.6 生态绿心地区排水工程规划图

资料来源：李黎武、欧振绘制

2）污水系统

生态绿心地区分为昭山生态经济区、暮云低碳科技园、柏加庭院式总部经济区、洞井—跳马体育休闲区、白马垄生态旅游镇、五仙湖休养度假区6个排水分区。乡村社区污水采用沼气池或人工湿地就近处理。

生态绿心地区污水量预测由组团平均日用水量以及相应污水排放系数确定，排放系数取0.85，远期（2030年）污水量8.9万t/日。

暮云低碳科技园、洞井—跳马体育休闲区纳入暮云污水处理厂服务区；白马垄生态旅游镇纳入株洲霞湾污水处理厂服务区。昭山生态经济区规划昭山污水处理厂，占地5.0 hm^2；规划柏加人工湿地污水处理厂，占地2.4 hm^2；五仙湖人工湿地污水处理厂，占地0.6 hm^2。

排水分区根据地形独立布置各自的污水管网，分区内污水通过污水提升泵站提升至污水处理厂。充分采用人工湿地处理方式处理污水。

3）雨水排放

重点保护现有池塘、湖泊、水库和干渠，作为雨水系统的重要组成部分，充分发挥它们的调蓄能力，降低雨水排放工程造价；发挥排涝设施的排涝能力。

7.3.3 供电设施

生态绿心地区用电负荷预测采用人均综合用电水平法，人均用电指标3 000度/（人•年），最大负荷利用小时数4 000 h。远期年用电7.7亿度，供电负荷18.75万kW。

区内电力电源供应主要依托长株潭三市电网、省网和华中大电网。

区内电网分为500 kV、220 kV、110/35 kV、10 kV、380/220 V等等级。其中500 kV主干输电网规划以云田镇高福村500 kV变电站为区域供电电源，与湘潭和长沙500 kV变电站形成双环网结线；220 kV主干送电网规划与南托、荷塘和白马垄形成220 kV双环网结线；110 kV网络主结构主要采用 “3T”结线模式、环网结线模式。

区内变电站保留云田镇高福村500 kV变电站，荷塘、白马垄220 kV变电站，跳马、易家湾 110kV变电站，规划扩建南托110 kV变电站为220 kV，新建荷塘110 kV变电站、柏加110 kV变电站。

220 kV及以上高压走廊布局在组团以外，110 kV线路引入组团内。高压走廊宽度应符合《城市电力规划规范》要求。110 kV以下线路应结合道路改造及电网改造，逐步改为地下电缆（图7.7）。

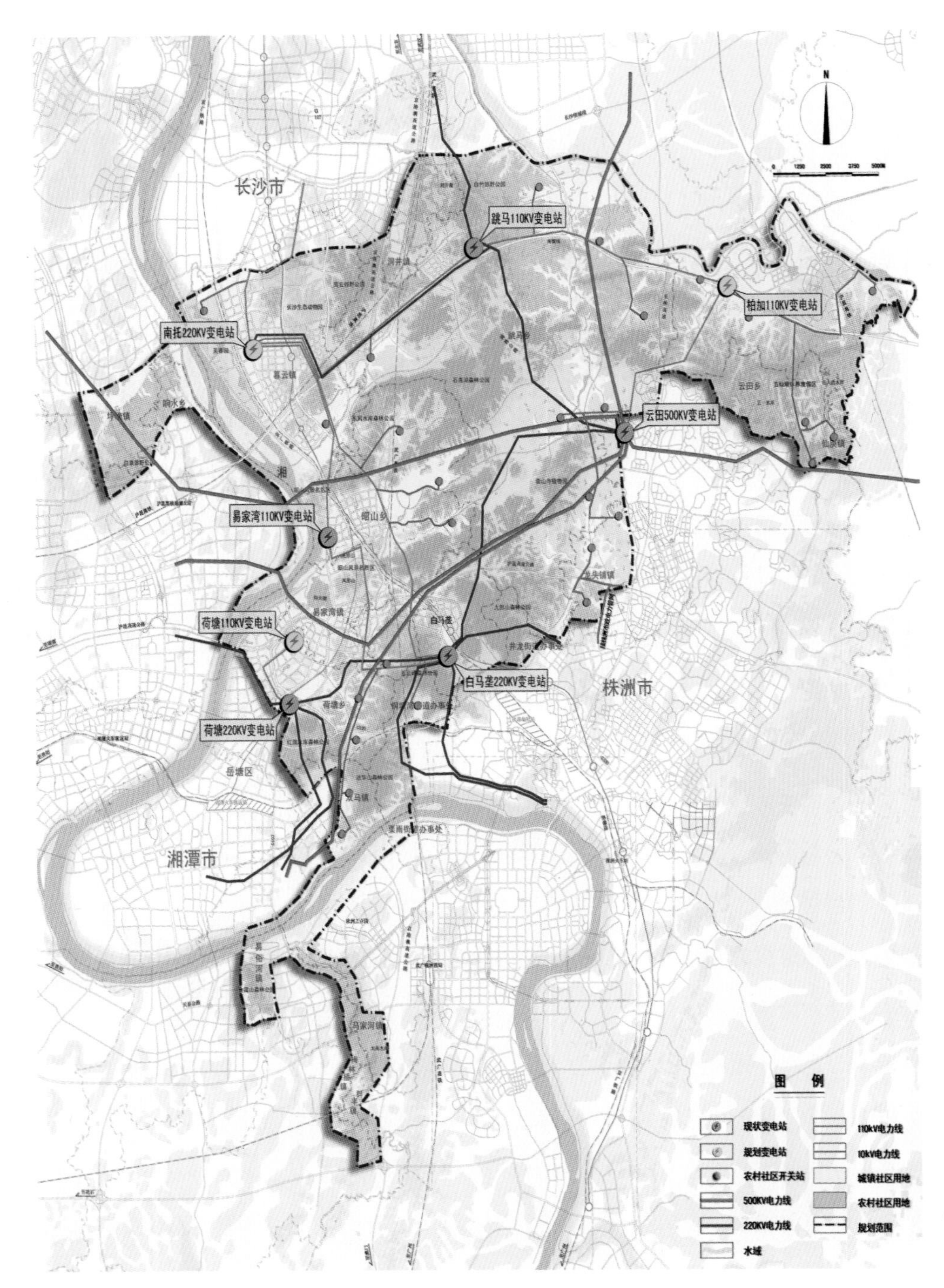

图7.7　生态绿心地区电力工程规划图

资料来源：吕贤军、欧振绘制

改造升级农村电网，提升农村电网的供电可靠性和供电能力。鼓励发展生物能、光伏电源、风能等绿色能源，政府实行经济补偿措施。生态绿心地区内新能源利用争取达到占电力总能源3.2%；光伏能灯具使用近期占路灯总量20%，远期占路灯总量50%。

7.3.4 燃气工程

1）气源选择

生态绿心地区以石油天然气为气源，全面引进和利用石油天然气。

2）用气预测

生态绿心地区内居民生活用气供应标准按平均每人每日0.24 m^3进行预测，日用气量3.744万 m^3，年用气量为1 366万 m^3。汽车加气站以及其他公用设施的年用气量150万 m^3。因此，生态绿心地区内年总用气量为1 516万 m^3。

3）输配系统

燃气输配系统主要由高、中、低压3级输配系统组成。其中，门站燃气管道采用次高压燃气管道A（$0.8<P\leqslant1.6$ MPa），中压燃气管道采用中压管道A（$0.2<P\leqslant0.4$ MPa），采用钢管输气，低压燃气管道（$P\leqslant0.01$ MPa），采用铸铁管配气。高、中压采用区域调压站链接，中、低压采用用户调压站连接。燃气中压管网采用环状布置，保证事故状态下具有一定的水力可靠性。特殊地区可采用枝状管。

4）调压站建设

近期扩建湘潭黄茅冲气化门站，占地2.23 hm^2。

生态绿心地区分昭山、暮云、柏加、跳马和白马垄5个供气区；仰天湖、昭山、暮云、跳马和柏加各设1个天然气调压站，实行大区间独立、大区内互联的供气方式；中低压调压站和低压调压站根据需要建设（图7.8）。

7.3.5 通信设施

依据各组团及其服务周边乡村社区的人口规模，合理布局通信设施。其中：

昭山生态经济区设置移动通信局2座、邮政枢纽局1座、电信枢纽局1座、邮政支局3座、电信端局3座。

暮云低碳科技园设置移动通信局1座、邮政枢纽局1座、电信枢纽局1座、邮政支局2座、电信端局1座。

洞井—跳马体育休闲区设置邮政支局1座、电信端局1座。

柏加庭院式总部经济区设置邮政支局1座、电信端局1座（图7.9）。

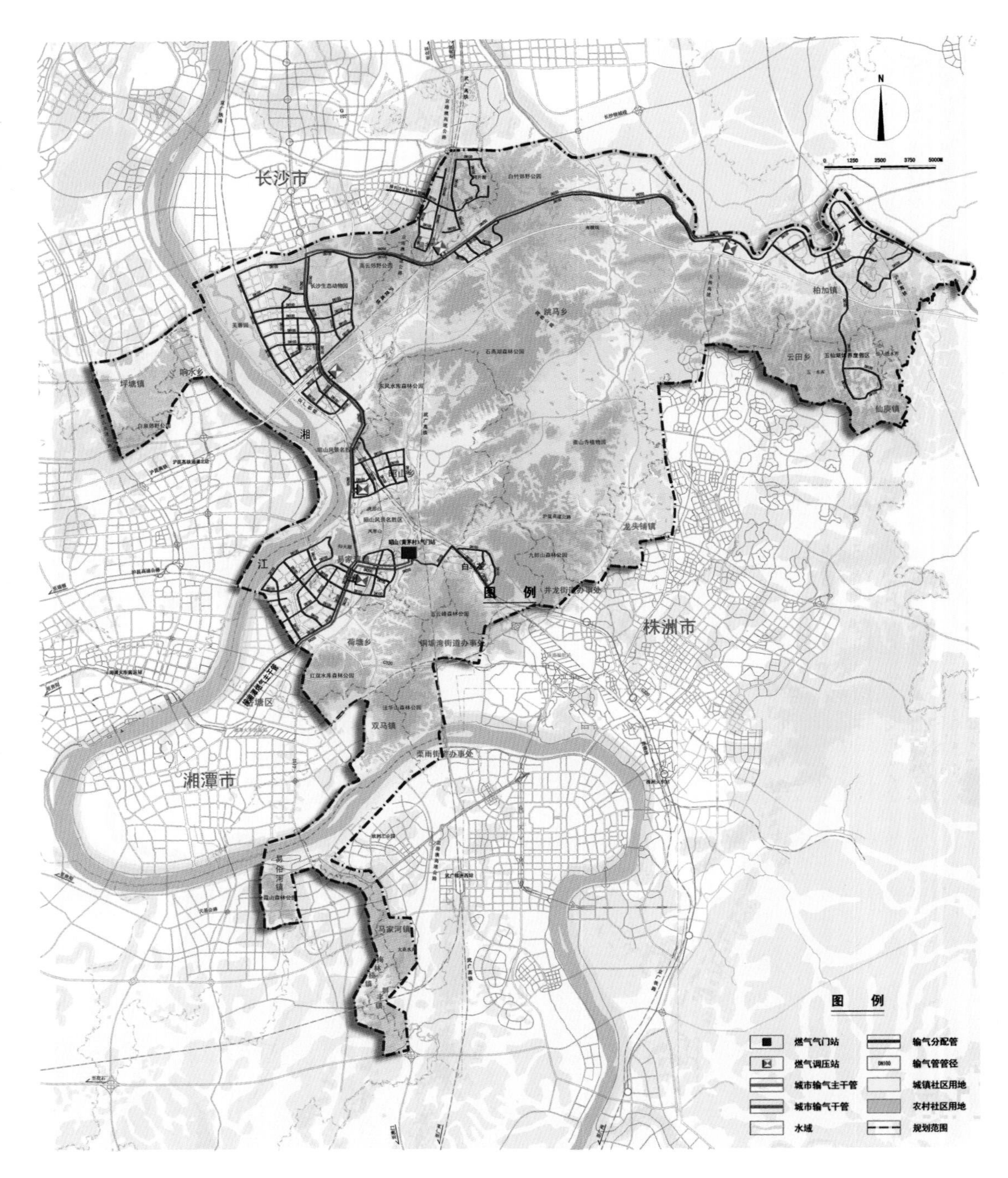

图7.8　生态绿心地区燃气工程规划图

资料来源：吕贤军、欧振绘制

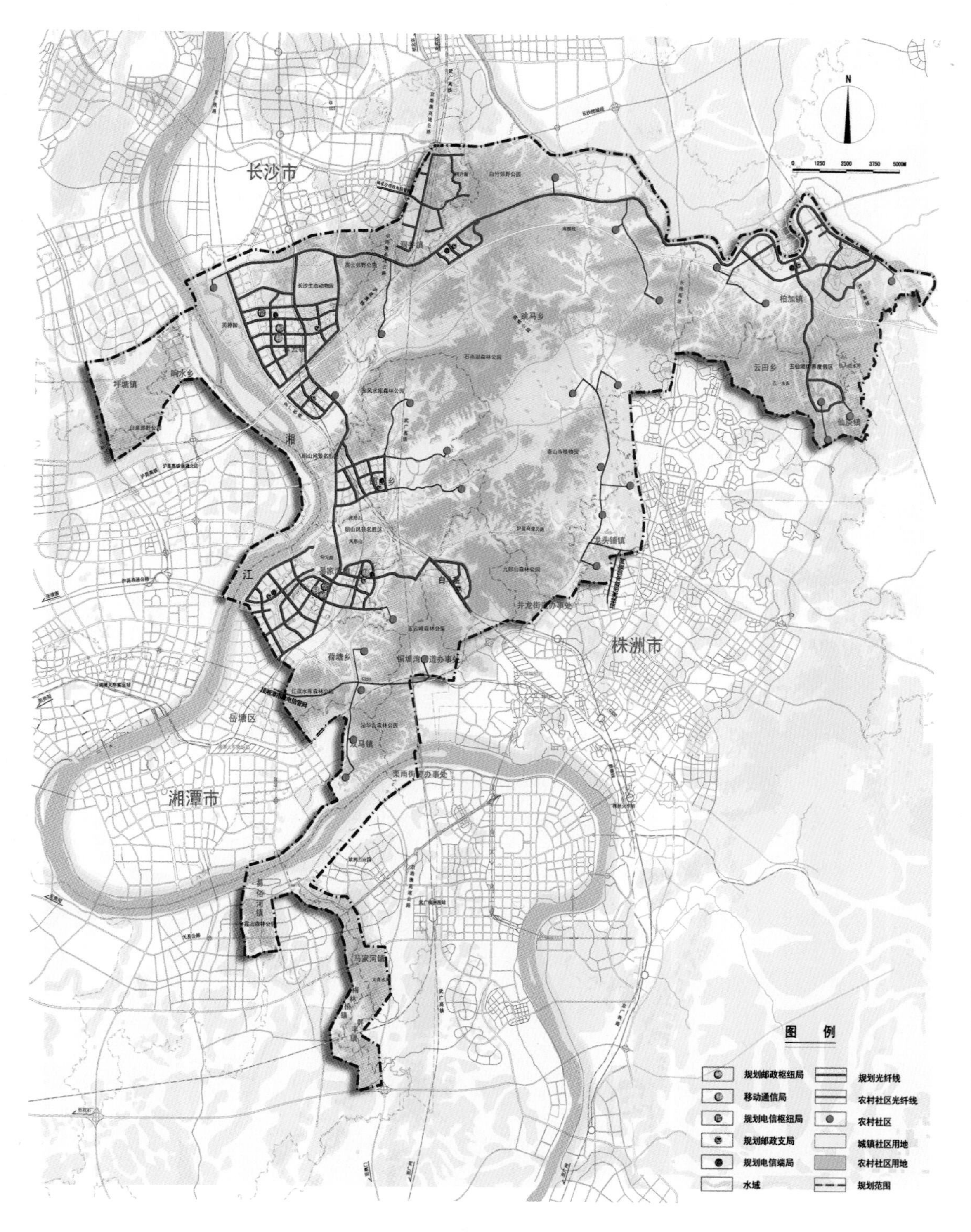

图7.9　生态绿心地区电信工程规划图

资料来源：吕贤军、欧振绘制

7.3.6 数字基础设施

重点建设信息网络基础设施，构建网络通信平台、数据交换平台和基础地理空间信息共享平台，建设“数字规划”、“数字政务”、“数字公共服务”、“数字社区”等。推进农村信息化，建设农村电信和互联网基础设施，健全农村综合信息服务体系。

7.3.7 环境卫生工程

1）生活垃圾量预测

生态绿心地区预测规划期末每人每日生成垃圾1.0 kg，流动人口及农村人口按每人每日生成垃圾0.5 kg。

2）垃圾转运与处理

创新垃圾收集方式，倡导全社会养成资源节约的垃圾处理习惯。环保部门定期、定量发放与收集垃圾袋，促使减少垃圾产生量。沿路垃圾箱按商业大街30 m，交通干道60 m，一般道路90 m间隔设置。

各组团规划按800—1 000 m半径设置垃圾转运站，用地面积约150 m^2；30个乡村社区各设1个垃圾转运站。用地面积根据日转运量按相关用地标准确定。

株洲云田镇马鞍社区附近规划1座垃圾无害化处理厂，日处理375 t、占地面积13 hm^2。

3）公共厕所

公共厕所数量和分布应符合《城镇环境卫生设施设置标准》（CJJ27—2005）要求，组团公共厕所一般按常住人口2 500—3 000人设置1座，建筑面积为30—50 m^2。

水冲式厕所粪便经稀释、三格式化粪池处理后，由排污公沟至污水处理厂处理（图7.10）。

7.4 组团绿地系统

1）规划目标

规划期末，生态绿心地区各组团达到国家生态园林城市水平，建成区绿化覆盖率大于50%，绿地率大于45%，人均公共绿地大于15 m^2。

2）昭山生态经济区

规划布置8个公园，多个街头绿地和防护绿地；高速公路两侧设置50 m及以上的防护绿地；铁路两侧设置 50 m及以上的防护绿地。

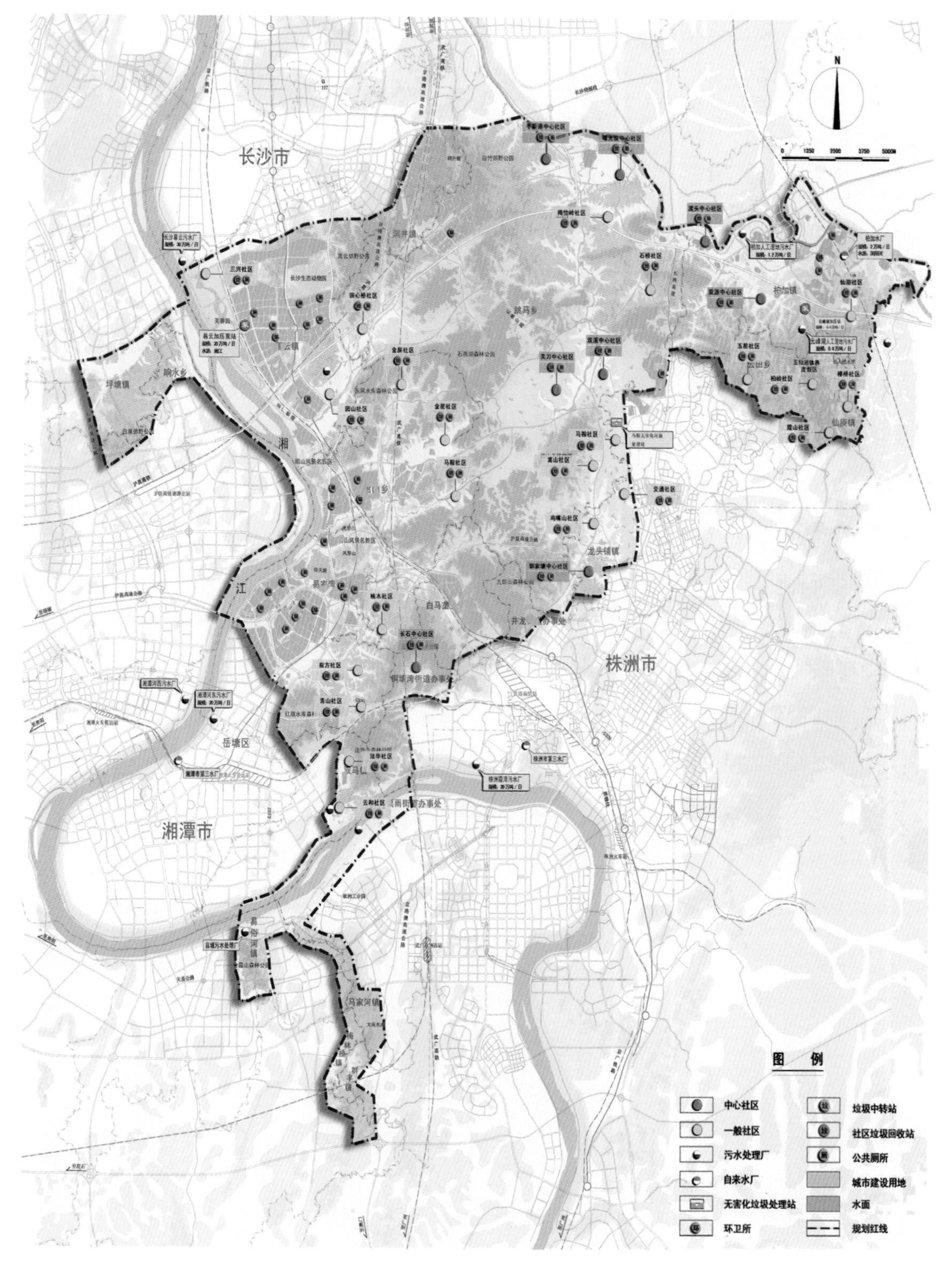

图7.10 生态绿心地区环保环卫设施规划图

资料来源：吕贤军、倪洋、李小舟绘制

3）暮云低碳科技园

规划布置8个公园，多个街头绿地和防护绿地；高速公路两侧设置50 m及以上的防护绿地；铁路两侧设置50 m及以上的防护绿地。

4）柏加庭院式总部经济区

规划布置3个公园，4处街头绿地；沿浏阳河布置花卉苗木生产绿地。

5） 洞井—跳马体育休闲区

规划公共绿地和防护绿地（图7.11，表7.2）。

7.5　公共服务设施

建设符合本地特色发展、符合国家相关法律法规、能够服务生态绿心地区、功能完善、充满活力的城乡社会事业及公共服务设施体系，推进城乡社会管理和基本公共服务一体化和均等化，提高城乡公共产品供给水平（图7.12）。

1） 综合公共服务

结合周边式团状空间结构，构建覆盖城乡、功能完善的组团级—中心社区级——一般社区级3级综合公共服务中心。

严格控制现有公共服务设施用途变更和用地流转，提质、改造并完善现状公共服务设施，提高区域公共服务水平。

2） 行政办公设施

昭山生态经济区、暮云低碳科技园、洞井—跳马体育休闲区、柏加庭院式总部经济区4个组团规划设置行政办公机构，集中布置行政办公用地。

乡村社区各设置1处行政服务中心，与其他公共设施混合建设。

3） 商业金融设施

按照组团商业区—中心社区商业中心——一般社区商业中心3级，规划布局商业服务设施，提升设施档次，健全服务网络。宜留足商业发展用地，结合商业区，集中建设商务办公楼、商务旅馆和写字楼。乡村社区设置本地居民日常必需的日杂店、百货店。

昭山生态经济区、暮云低碳科技园、洞井—跳马体育休闲区、柏加庭院式总部经济区设置金融区，集中布局金融、证券、保险、信息、咨询等机构；其他组团和社区布局农村信用社。

昭山生态经济区集中建设总部经济、中部领事、论坛会展、湖湘文化展示等集博览、

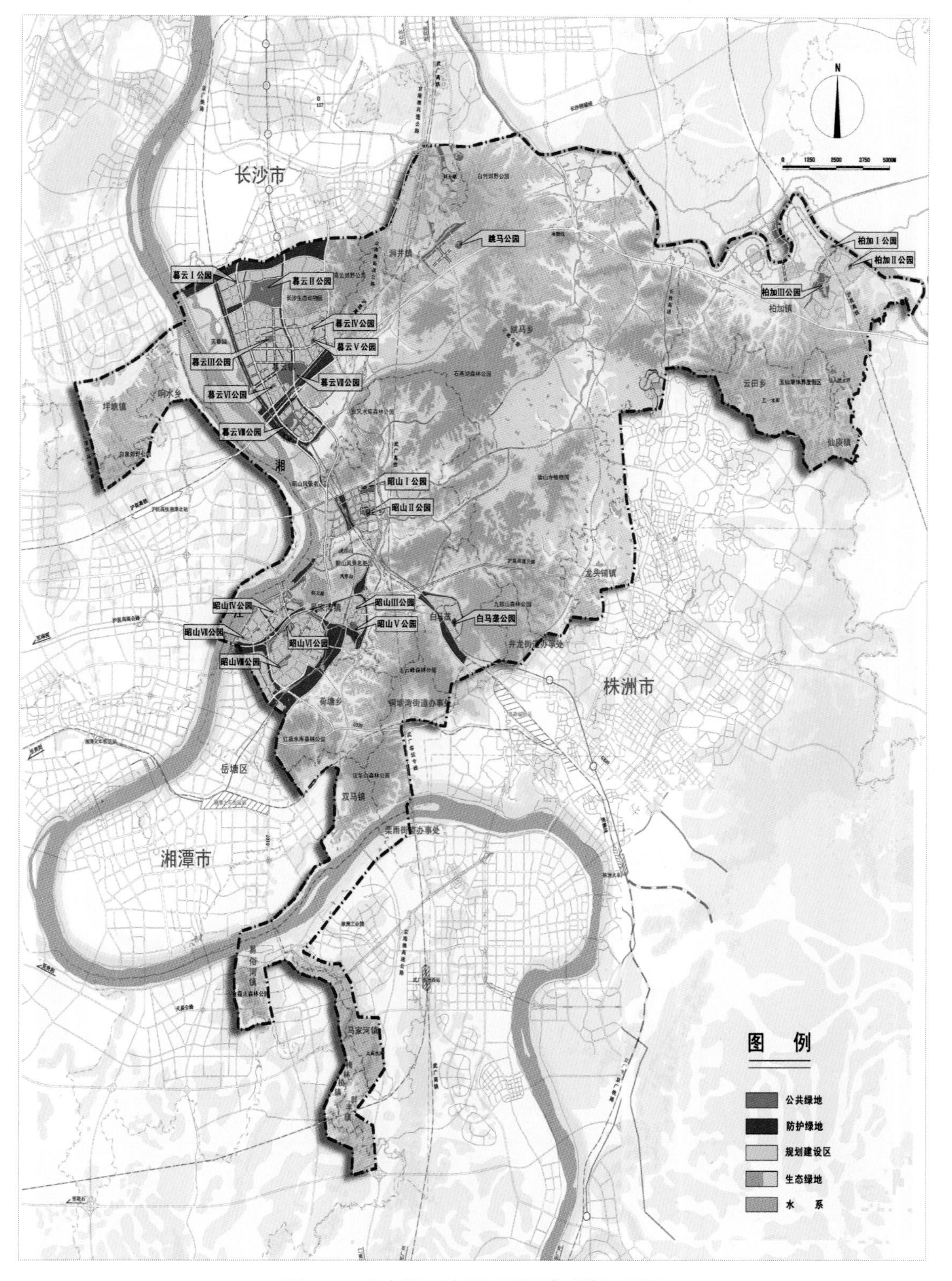

图7.11 生态绿心地区组团绿地系统规划图

资料来源：文彤、曾敏、周婷绘制

表7.2　生态绿心地区组团规划公园绿地一览表

暮云低碳科技园主要公园绿地			
序号	名称	面积（hm²）	备注
1	暮云Ⅰ公园	1.51	小游园
2	暮云Ⅱ公园	141.80	生态公园
3	暮云Ⅲ公园	5.83	社区公园
4	暮云Ⅳ公园	0.58	小游园
5	暮云Ⅴ公园	3.80	社区公园
6	暮云Ⅵ公园	3.51	社区公园
7	暮云Ⅶ公园	74.58	生态公园
8	暮云Ⅷ公园	17.90	社区公园
昭山生态经济区主要公园绿地			
序号	名称	面积（hm²）	备注
1	昭山Ⅰ公园	18.75	区级综合公园
2	昭山Ⅱ公园	8.68	社区公园
3	昭山Ⅲ公园	0.64	小游园
4	昭山Ⅳ公园	1.44	小游园
5	昭山Ⅴ公园	11.36	社区公园
6	昭山Ⅵ公园	4.42	社区公园
7	昭山Ⅶ公园	6.53	社区公园
8	昭山Ⅷ公园	17.20	区级综合公园
柏加庭院式总部经济区主要公园绿地			
序号	名称	面积（hm²）	备注
1	柏加Ⅰ公园	8.83	社区公园
2	柏加Ⅱ公园	3.60	小游园
3	柏加Ⅲ公园	43.38	区级综合公园

备注：生态公园不记入公园绿地。

资料来源：曾敏、周婷绘制

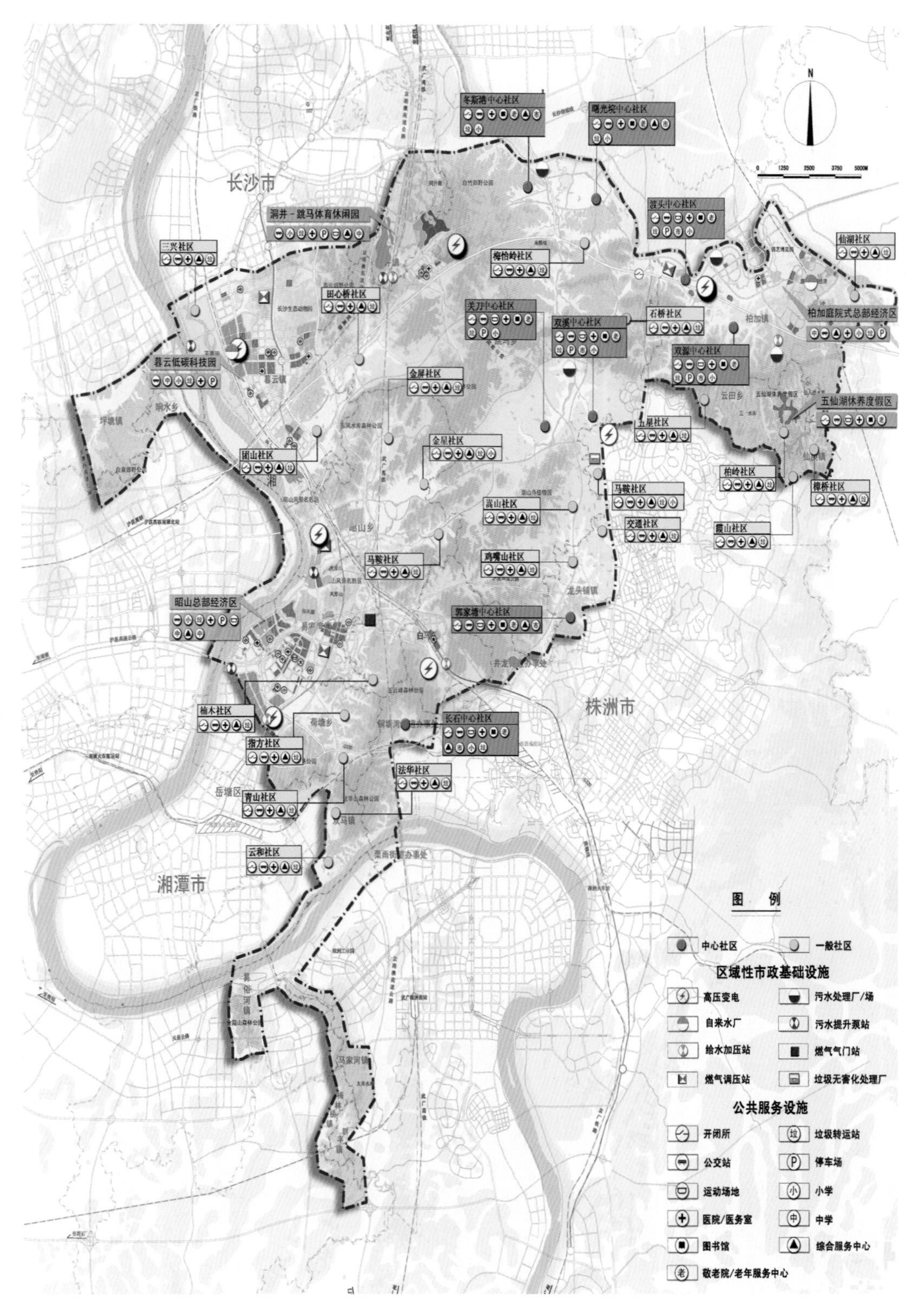

图7.12　生态绿心地区公共服务设施规划图

资料来源：汤放华、张曦、倪洋绘制

会议、旅游于一体的博览中心。柏加庭院式总部经济区规划重点建设庭院式总部经济区和园艺博览中心。

4）旅游服务设施

建设生态核心区旅游环线及其内部游路等交通基础设施；加强汽车旅游的各种设施配套，包括停车场、标志牌、维修服务等；发展大型旅游车及出租车服务；生态绿心地区开通旅游穿梭巴士服务；增加多种档次的宾馆、饭店、旅店，为不同层次的游客提供寄宿服务，寄宿设施建议布置于旅游项目集中的地带，同时应具有便捷的交通可达性。

建设昭山旅游服务中心，建设暮云、跳马、柏加、五仙湖、云田、石燕湖、都市桃源、仰天湖、荷塘、清水塘次级旅游服务中心。

5）文化设施

昭山生态经济区布局湖湘文化展示区，建设文化产业园，健全影视产业和数码娱乐产业链；发展设计、图书出版、音乐制作、杂志与电视广告等文化产业。

昭山仰天湖地区建设展示中心、文化广场、科技馆、影剧院和文化娱乐中心等市级文化娱乐设施。

保留原有设施，布局中小型文化教育设施。乡村中心社区设置图书室。

建立稳定的农村文化投入保障机制，发展文化信息资源共享工程，构建功能完备的农村公共文化服务体系。建设农村精神文明，繁荣农村公共文化，推进文化信息资源共享，建设乡村社区综合文化站、电影放映、书屋等重点文化惠民工程。

6）教育设施

拓宽教育投入渠道，加大基础教育投入，提高义务教育水平。撤并或搬迁原有规模较小的中小学；合理安排相应中小学数量和规模，实现基础教育设施集中规模化配置、均等化布局，提高公用经费和校舍维修经费补助标准，保障中小学校校舍安全和学生安全，方便学生上学。

双溪、冬斯港、曙光垸、关刀、渡头、双源、长石7个乡村中心社区各设置1所完全小学；金星社区设置1所小学。昭山生态经济区、暮云低碳科技园、洞井—跳马体育休闲区、柏加庭院式总部经济区4个组团共布局6所中学。

7）科研与科技推广设施

暮云低碳科技园重点建设高科技研发基地；昭山生态经济区重点建设隆平高科论坛；柏加庭院式总部经济区重点建设花卉苗木科技研究与推广基地。

布局区域性农技推广等公共服务机构，按照强化公益性职能、放活经营性服务原则，健全基层农技推广体系。

发展多元化、社会化农技推广服务组织，提升农业科研和技术推广服务水平。乡村中心社区各设置1所农技推广机构。

8）医疗卫生设施

建设组团—中心社区——般社区三级公共综合医疗卫生医疗体系，完善医疗服务、预防保健、卫生监督和医疗救助机制。

建立“组团医院—社区保健站” 的医疗设施布局体系，完善社区卫生服务体系。加强卫生基础设施建设，健全医疗卫生服务和医疗救助体系。结合组团建设配建综合医院。

注重保健服务功能，加强社区卫生保健站建设。结合社区中心，社区规划1个以上甲级卫生室。

提高新型农村合作医疗筹资水平、政府补助标准和保障水平，衔接新型农村合作医疗、农村医疗救助、城镇居民基本医疗保险、城镇职工基本医疗保险制度。

9）体育设施

洞井—跳马体育休闲区重点建设长株潭体育休闲公园，增加攀岩、马术、迷你高尔夫、欢乐谷、儿童职场、游乐城、水上乐园等户外休闲活动；结合湘江两岸和昭山国家森林公园环形道，布局体育起口公园。昭山生态经济区建设综合体育中心。

生态绿心地区周边结合山体布局郊野公园，提供登山、健身和休闲服务。

改造原有设施基础，建议保留原有比赛用体育场馆，作为群众性体育活动场所。充分利用中小学体育设施，建议节假日对外开放，有偿使用。

各级公园设立体育健身角；广场和街头绿地布置健身设施。社区级体育设施应考虑居民全面健身需求，一般社区规划运动场地，一般居住区规划布置健身房。

10）其他设施

应对老龄化趋势，提升社会养老设施建设标准，乡村中心社区设置敬老院。因地制宜地布局福利型及消费型老龄公寓，扩大老年公寓建设比例。

适应对外开放和国际交往需要，仰天湖周边集中建设中部领事馆区，占地100 hm^2，重点布局外国领事馆、国际组织机构以及相关配套服务设施。

7.6 综合防灾减灾

遵循区域城乡统筹、共建共享、因地制宜、均衡分布与重点防护相结合原则，建设综合防灾减灾设施，满足防灾和减灾需要，保障区域公共安全（图7.13）。

1）公共安全

生态绿心地区划分为昭山生态经济区防灾区、暮云低碳科技园防灾区、洞井—跳马体育休闲区防灾区和柏加庭院式总部经济区防灾区4个安全防灾区。

安全防灾疏散道路系统方面保证安全防灾区各方向至少有两条安全疏散通道，确保能够大量接收长株潭三市疏散人口。

疏散避难场所主要由公园、绿地、体育场地、中小学校等空旷场地以及机关大型庭院，配置必要的避险救生设施，设立明确标志。面积2 hm^2以上的防灾疏散场所设置给水、排水及供电等公用设施。

生命线工程方面，加强基础设施保护，健全应急处理机制，提高交通、通信、供电、给水、供气、医疗、卫生、消防等主要系统和设施的应急保障能力。构建大型医院和社区医疗机构共同组成的医疗救护体系，大型医院为应急救助医院，其中昭山生态经济区2个，暮云低碳科技园设置2个，洞井—跳马体育休闲区1个，柏加庭院式总部经济区1个。浏阳柏加水厂以及长沙暮云、跳马和昭山供水加压站作为防灾给水工程。

在昭山生态经济区和暮云低碳科技园各设置1处综合防灾指挥中心，结合行政办公楼建设。

2）防洪排涝

堤坝防洪标准湘江近期按照50年一遇标准，远期按照100年一遇标准建设；浏阳河防洪标准，近期按照20年一遇标准，远期按照50年一遇标准建设。其他组团防洪标准，近期按照20年一遇标准，远期按照30年一遇标准建设；村庄防洪标准按照20年一遇标准建设。

排涝泵站排涝标准采用20年一遇24小时暴雨量一天排干标准。城镇建设用地雨水排放采用2年一遇即时排干标准，非城镇建设用地采用20年一遇24小时暴雨量一天排干标准。

设置4处防洪闸。其中，湘江段昭山生态经济区设置2处，暮云低碳科技园设置1处，浏阳河段柏加庭院式总部经济区设置1处。

3）抗震减灾

抗震设防标准严格执行国标《中国地震动参数区划图》（GB18306—2001）。将公

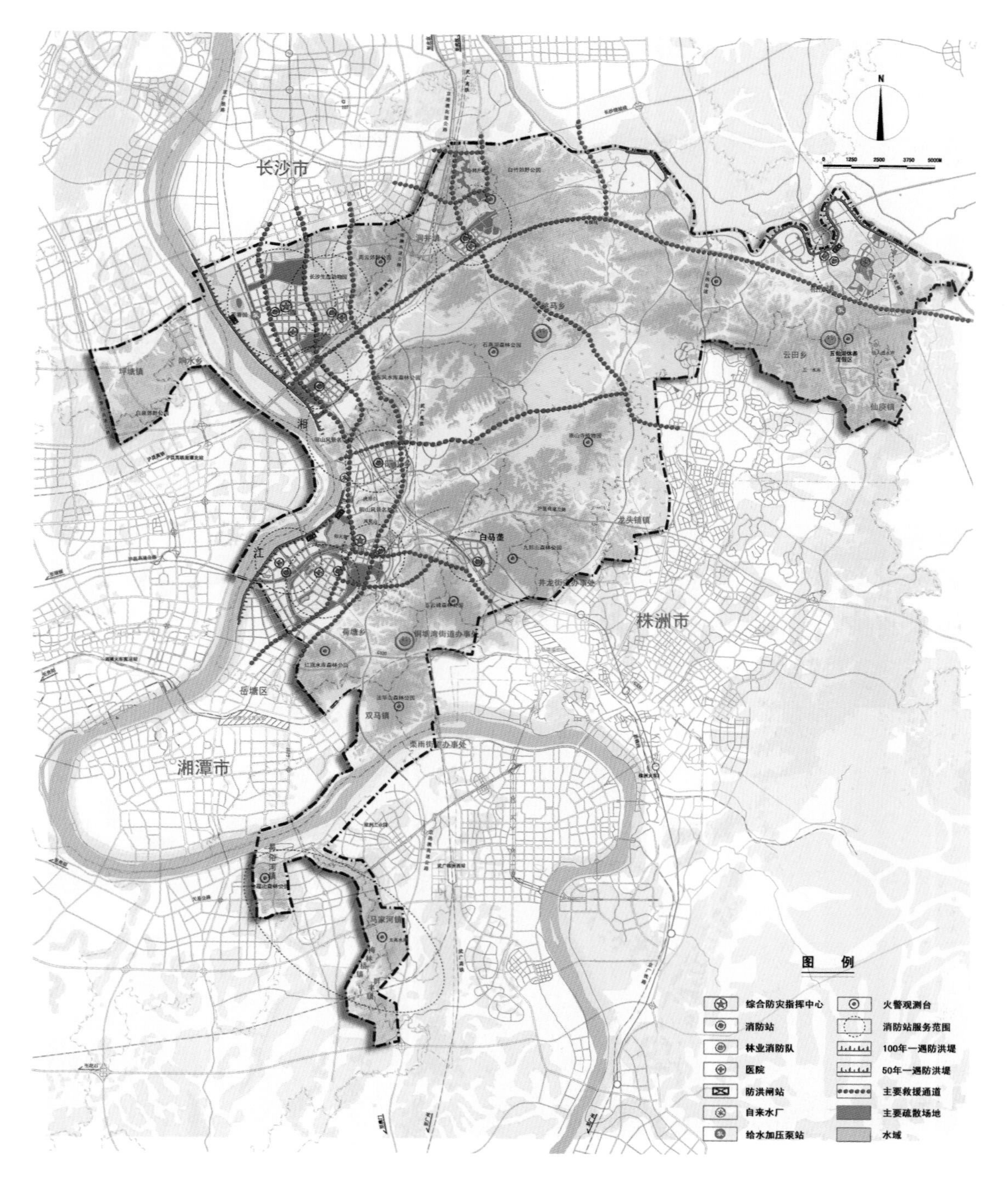

图7.13　生态绿心地区综合防灾规划图

资料来源：汤放华、龙运涛、周婷绘制

园、广场、运动场作为主要避震疏散场地。避震场地达到疏散半径300—500 m、人均疏散面积2-4 m^2的规范要求。避震疏散通道确保居民疏散救护便捷安全，通道两侧建筑物应按震时有7—10 m道路宽度计算倒塌堆积宽。

4）消防

普通消防站以接到报警5分钟内消防队可以到达责任区边缘为原则，每个责任区面积为4—7 km^2。6个组团布局普通消防站10个，其中暮云低碳科技园3个，洞井—跳马体育休闲区1个，柏加庭院式总部经济区1个，昭山生态经济区4个，白马垄生态旅游镇1个。规划组团绿地和公园作为主要疏散场地。

组团消防给水依靠市政给水系统，适当布局公共消防水池；沿湘江和浏阳河两岸修建部分消防车取水码头或平台。市政消火栓设置应严格按照规范要求，统一消火栓型号，设立明显标志。规划市政消火栓覆盖率达到100%。

消防站和水厂采用专线供电或双电源供电。保证区内性质重要、火灾扑救难度较大的建筑达到一级负荷供电条件（即双电源供电）。

5）森林防火

制定森林火险区划等级标准，确定森林火险区划等级。编制森林防火规划，划定护林防火责任区，加强森林防火基础设施建设。按森林消防队服务半径建立3个森林消防队，各森林公园规划设立火警观测台。储备必要森林防火物资，整合完善森林防火指挥信息系统。重点防火地带应设立防火标志。

6）人防

坚持人防建设与经济建设相协调、与城镇建设同步发展原则，将人防建设纳入城镇建设轨道。贯彻“平战结合”的方针，充分发挥人防工程在平时的经济效益和社会效益。至2030年，生态绿心地区人防工程面积达到55万m^2。6个组团修建人防指挥所，指挥通信实现生态绿心地区与三市联网。

加强人防工程规划管理，统一规划、建设区内指挥所工程和人员掩蔽工程。高层建筑应结合修建防空地下室一并修建医疗救护工程、物资储备工程、专业队掩蔽工程和其他配套工程等人防专业工程。生态绿心地区范围内新建10层(含10层)以上或整体基础开挖深度达3 m(含3 m)以上民用建筑，应按底层面积计算修建“满堂红”防空地下室。居住区、居住小区、居住组团均应按总建筑面积（不含10层以上部分）的2%面积统一修建平战两用防空地下室。9层以下的居住和公共建筑，均按地面以上总建筑面积的2%修建平战两用防空地下室。

7.7 设施发展策略

1）设施整合，共建共享

重点整合区域基础设施资源、公共服务设施资源和防灾应急设施资源，遵循三市统筹共建、城乡共享、就近均等配置原则，构建城乡一体、功能完善、低碳生态、高效便利的生态保障体系、城乡一体的公共服务设施体系、城乡一体的交通体系、城乡一体的基础设施体系、城乡一体的劳动就业体系、城乡一体的社会管理体系，实现区域城乡统筹。

2）因地制宜，差别化发展

设施建设必须遵循生态优先理念，因地制宜、依山就势，结合地形地貌，采用不同的建设标准。交通设施、基础设施、公共服务设施、防灾应急设施以及绿地系统建设必须采取生态化策略，与生态基础设施相结合。根据不同用地功能和不同设施类型，采取差异化发展策略。

8 机制整合——探索整体最优化调控机制

8.1 城乡统筹

8.1.1 指导思想

大力推进新型城镇化进程，积极推进农业结构调整；发展农业产业化经营；建立以工促农、以城带乡的长效机制，缩小城乡差异，促进城乡经济、社会、生态的协调发展和人口、资源、环境的和谐统一，努力形成城乡空间发展、生态环境保护、产业布局、基础设施、综合防灾、公共服务、劳动就业和社会管理一体化协调发展的城乡新格局。

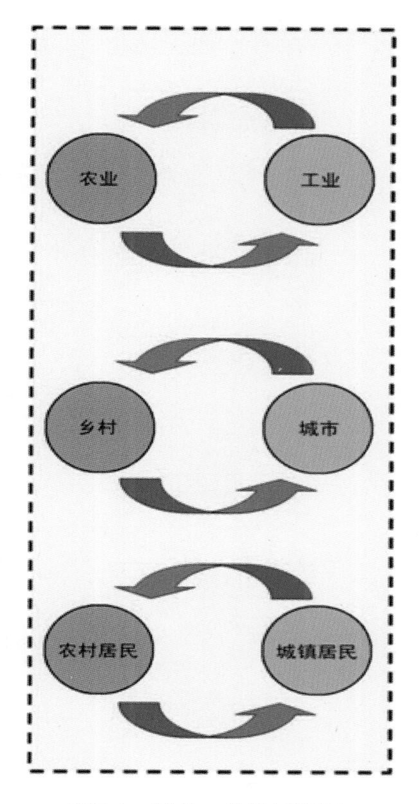

图8.1 城乡一体化示意图
资料来源：周婷绘制

8.1.2 城乡统筹策略

贯彻“城市支持农村、工业反哺农业、多予少取放活”方针，推动城乡协调发展。

坚持城乡“产业一体化、基础设施建设一体化、生态环境建设一体化、公用事业建设一体化、居民点一体化、户籍社保一体化、政策一体化”七项原则（图8.1）。

强化产业支撑，优化产业布局，提升城镇服务功能和辐射带动能力。加快城镇化进程，以新型城镇化促进新型工业化、带动农业产业化，提升农业竞争力和农产品知名度。

按照“生产发展、生活宽裕、乡风文明、村容整洁、管理民主”的要求，保护自然特色、维育生态特色、创造产业特色，加强中心社区、特色社区的辐射带动能力，协调推进新农村社区健康快速发展（图8.2）。

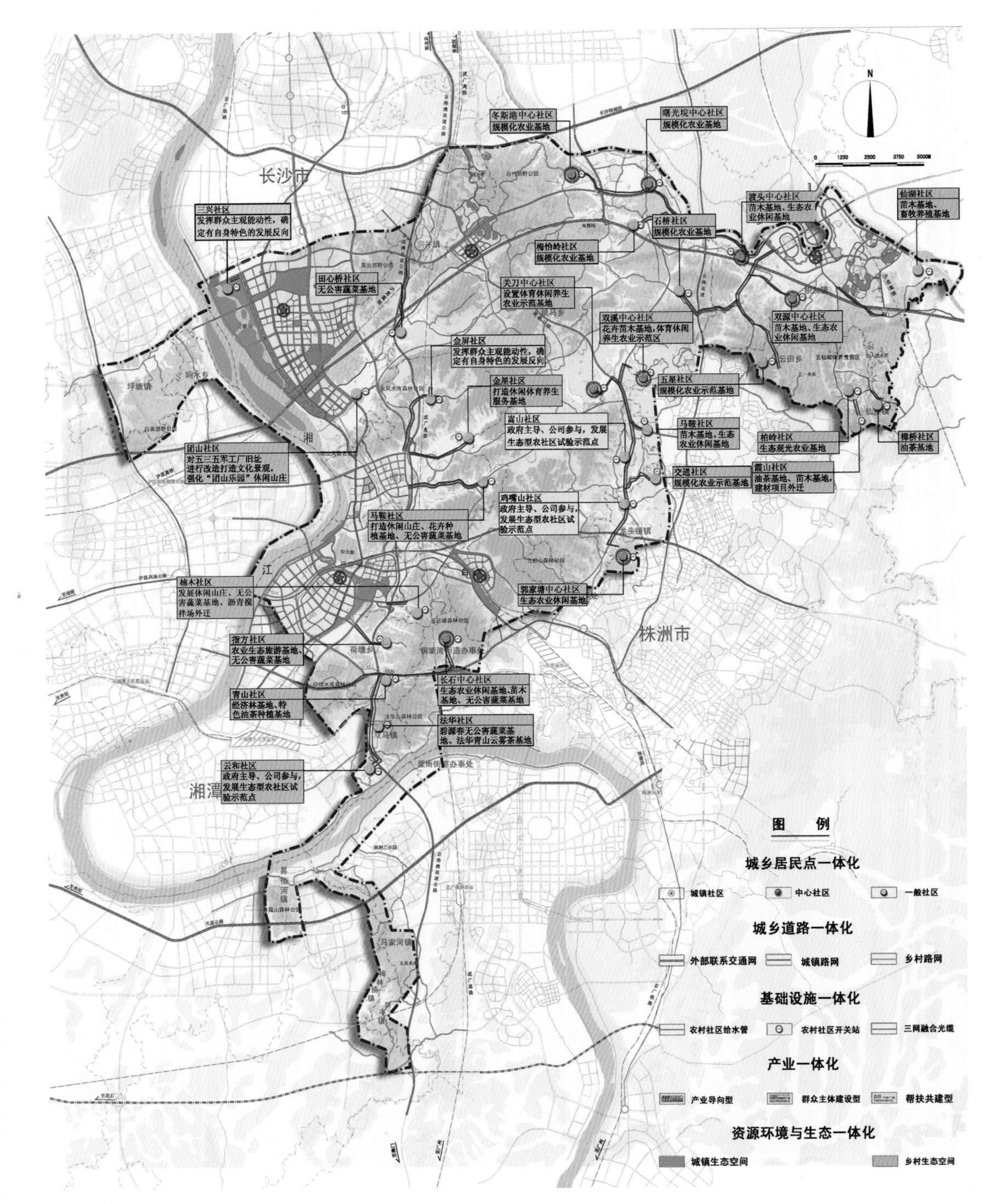

图8.2　生态绿心地区城乡统筹规划图

资料来源：张曦、倪洋绘制

8.2　新农村建设

8.2.1　居民点调控类型

根据《风景名胜区规划规范》(GB50298—1999)及生态绿心地区范围内属于禁止开发区的居民点必须逐步搬迁的严峻现实，结合生态绿心地区现状特征及功能布局，将居民点划分为现状城镇居民点、就地/近城镇化型、搬迁型、缩小型和聚居型5种基本类型（图8.3，表8.1）。

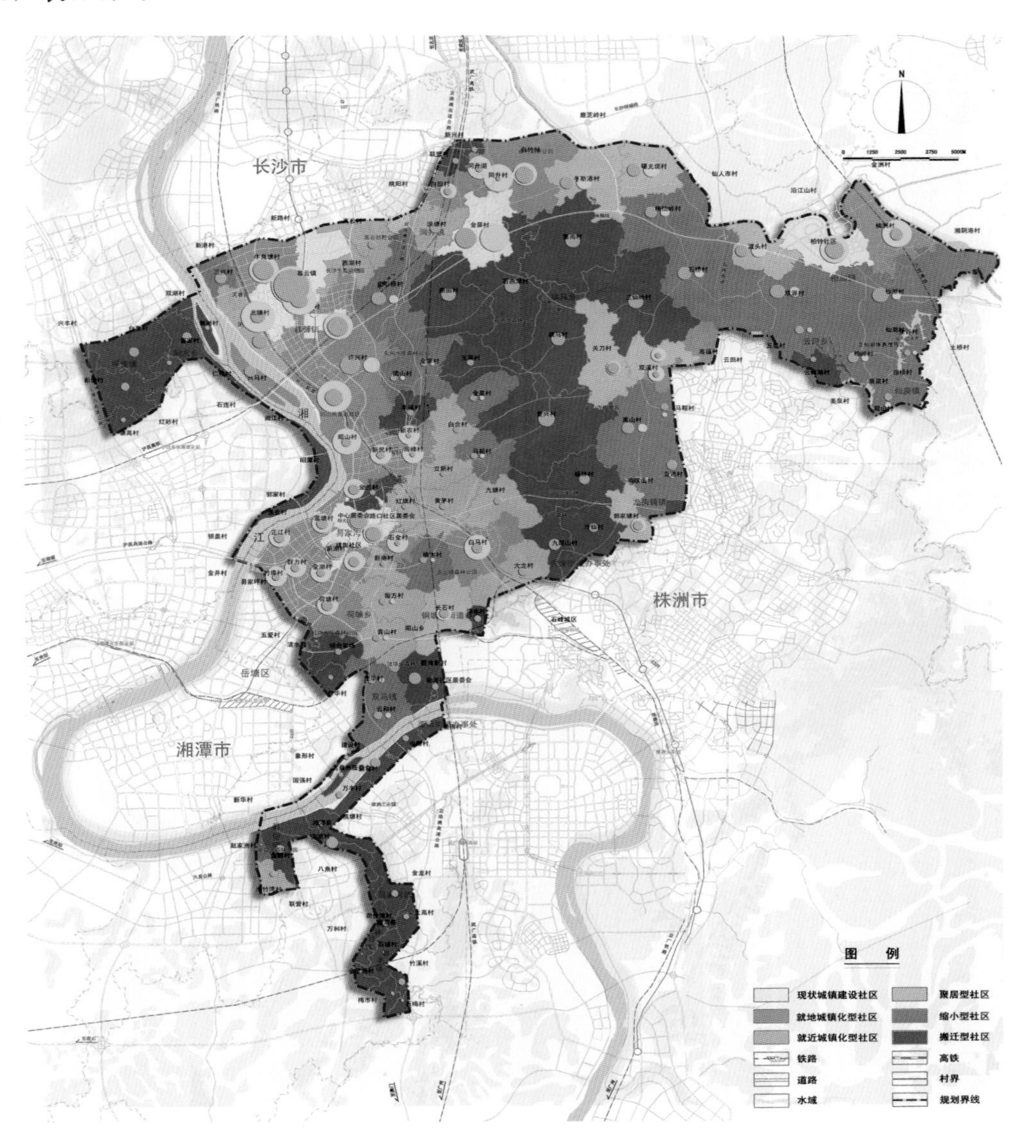

图8.3　生态绿心地区农村居民点调控规划

资料来源：张曦绘制

表8.1　生态绿心地区居民点安置方向一览表

乡镇（街道）名称	序号	行政村（居委会）名称	人口变化（人）	居民点搬迁去向
洞井镇(5个行政村，1个社区)	1	白田村	-1 017	就地城镇化安置
	2	同升村	-526	就地城镇化安置
	3	新兴村	-620	原白田村辖区
	4	洪塘村	-2 113	原白田村辖区
	5	联盟村	-794	原同升村辖区
	6	亚兴置业发展有限公司	0	就地城镇化安置
		小计	-5 070	
坪塘镇(3个行政村)	7	白泉村	-1 937	原同升村辖区
	8	新塘村	-1 346	原同升村辖区
	9	鹅洲村	-448	原同升村辖区
		小计	-3 731	
暮云镇(11个行政村，2 个居委会)	10	高云村	-1 435	原暮云社区辖区
	11	西湖村	-3 545	原暮云社区辖区
	12	牛角塘村	-3 317	就地城镇化安置
	13	沿江村	-4 120	原莲华村辖区
	14	莲华村	-2 960	就地城镇化安置
	15	暮云新村	-2 995	就地城镇化安置
	16	许兴村	-3 270	就地城镇化安置
	17	三兴村	-885	原牛角塘村辖区
	18	北塘村	-1 205	就地城镇化安置
	19	南塘村	-1 630	就地城镇化安置
	20	兴马村	-1 388	原暮云镇北塘村辖区
	21	南托岭社区	0	就地城镇化安置
	22	暮云社区	0	就地城镇化安置
		小计	-26 750	

续表8.1

跳马乡 （18个行政村）	23	双溪村	3 229	就地安置并接收其他区域搬迁人口
	24	白竹村	−2 494	就地城镇化安置
	25	金屏村	−3 267	就地城镇化安置
	26	石燕湖村	−3 957	原南托岭社区辖区
	27	田心桥村	−1 158	原双溪村辖区
	28	新田村	−3 620	原白竹村辖区
	29	喜雨村	−3 732	原新马村辖区
	30	冬斯港村	829	就地安置并接收其他区域搬迁人口
	31	曙光垸村	665	就地安置并接收其他区域搬迁人口
	32	梅怡岭村	−668	原冬斯港村辖区
	33	石桥村	−1 266	原曙光垸村辖区
	34	三仙岭村	−3 994	原双溪村辖区
	35	关刀村	1 250	就地安置并接收其他区域搬迁人口
	36	嵩山村	−1 166	原关刀村辖区
	37	跳马村	−3 474	原金屏村辖区
	38	复兴村	−4 720	原金屏村辖区
	39	杨林村	−2 170	原白竹村辖区
	40	沙仙村	−1 584	原白竹村辖区
		小计	−31 297	
柏加镇 （4个行政村，1个社区）	41	柏岭社区	0	就地城镇化安置
	42	渡头村	1 150	就地安置并接收其他区域搬迁人口
	43	双源村	−142	就地安置并接收其他区域搬迁人口
	44	楠洲村	−3 562	原柏岭社区辖区
	45	仙湖村	−2 466	原柏岭社区辖区
		小计	−5 020	
仙庾镇 （2个行政村）	46	樟桥村	−283	原柏岭社区辖区
	47	霞山村	−144	原柏岭社区辖区
		小计	−427	
龙头铺镇 （3个行政村）	48	交通村	−25	原郭家塘村辖区
	49	鸡嘴山村	−68	原郭家塘村辖区
	50	郭家塘村	2 134	原郭家塘村辖区
		小计	2 041	

续表8.1

云田镇 (5个行政村)	51	柏岭村	-534	原柏岭社区辖区
	52	五星村	-407	原柏岭社区辖区
	53	云峰湖村	-543	原柏岭社区辖区
	54	高福村	-905	就地城镇化安置
	55	马鞍村	-167	原柏岭社区辖区
		小计	-2 556	
清水塘街道办事处 (3个行政村)	56	大龙村	-1 700	原白马村辖区
	57	白马村	-2 010	就地城镇化安置
	58	九塘村	-1 340	原白马村辖区
		小计	-5 050	
铜塘湾街道办事处 (3个行政村，1个社区)	59	长石村	2 125	就地安置并接收其他区域搬迁人口
	60	清水村	-992	原白马村辖区
	61	霞湾村	-2 454	原白马村辖区
	62	湘河社区	0	原长石村辖区
		小计	-1 321	
井龙街道办事处（1个行政村）	63	九郎山村	-2 745	原白马村辖区
		小计	-2 745	
栗雨街道办事处(1个行政村)	64	栗雨村	-526	原金湖村辖区
		小计	-526	
马家河镇(6个行政村，1个居委会)	65	太高村	-544	天元区其他乡镇就近安置
	66	金龙村	-858	天元区其他乡镇就近安置
	67	高塘村	-501	天元区其他乡镇就近安置
	68	万丰村	-1 024	天元区其他乡镇就近安置
	69	新马村	-1 861	天元区其他乡镇就近安置
	70	中路村	-709	天元区其他乡镇就近安置
	71	古桑州居委会	0	天元区其他乡镇就近安置
		小计	-5 497	
群丰镇 (2个行政村)	72	竹溪村	-933	天元区其他乡镇就近安置
	73	石塘村	-105	天元区其他乡镇就近安置
		小计	-1 038	

续表8.1

昭山乡（15个行政村）	74	昭山村	-1 825	就地城镇化安置
	75	玉屏村	-985	原昭山村辖区
	76	金屏村	-28	原昭山村辖区
	77	团山村	-109	原昭山村辖区
	78	幸福村	-947	原石金村辖区
	79	新农村	-620	就地城镇化安置
	80	高峰村	-665	就地城镇化安置
	81	金星村	-38	原新农村辖区
	82	百合村	-1 150	原新农村辖区
	83	马鞍村	-24	原新民村辖区
	84	立新村	-536	原高峰村辖区
	85	黄毛村	-1 172	原高峰村辖区
	86	楠木村	-132	原新民村辖区
	87	石金村	-642	就地城镇化安置
	88	新民村	-1 284	就地城镇化安置
		小计	-10 157	
易家湾镇（5个行政村，4个社区）	89	大塘社区	0	就地城镇化安置
	90	路口社区	0	就地城镇化安置
	91	双建社区	0	就地城镇化安置
	92	窑洲社区	0	就地城镇化安置
	93	新湖村	-2 096	就地城镇化安置
	94	蒿塘村	-2 226	就地城镇化安置
	95	金南村	-599	原窑洲社区辖区
	96	新南村	-624	原双建社区辖区
	97	红旗村	-557	原路口社区辖区
		小计	-6 102	
荷塘乡（8个行政村，1个农场）	98	综合农场	0	原荷塘村辖区
	99	清水村	-157	原荷塘村辖区
	100	青山村	-42	原荷塘村辖区
	101	指方村	-48	原金湖村辖区
	102	荷塘村	-2 279	就地城镇化安置
	103	金湖村	-1 258	就地城镇化安置
	104	群力村	-1 309	就地城镇化安置
	105	竹埠村	-1 131	就地城镇化安置
	106	正江村	-2 018	就地城镇化安置
		小计	-8 242	
双马镇（4个行政村）	107	建设村	-514	原群力村辖区
	108	云和村	-206	原群力村辖区
	109	法华村	-10	原金湖村辖区
	110	月华村	-505	原金湖村辖区
		小计	-1 235	

续表8.1

响水乡 （4个行政村）	111	富家村	-1 531	原暮云新村辖区
	112	仁伦村	-389	原暮云新村辖区
	113	塘高村	-410	原暮云新村辖区
	114	红砂村	-93	原暮云新村辖区
		小计	-2 423	
易俗河镇 （4个行政村，1个社区）	115	水竹湾村	-553	原赵家洲社区辖区
	116	金霞村	-1 346	原赵家洲社区辖区
	117	八角村	-40	原赵家洲社区辖区
	118	赤湖村	-2 450	原赵家洲社区辖区
	119	赵家洲社区	0	就地城镇化安置
		小计	-4 389	
梅林桥镇 （5个行政村）	120	荷佳村	-656	原大塘社区辖区
	121	万利村	-75	原正江村辖区
	122	金盆洲村	-285	原金湖村辖区
	123	梅市村	-342	原群力村辖区
	124	石梅村	-238	原路口社区辖区
		小计	-1 596	
总计			-119 959	

资料来源：张曦根据相关资料绘制

1）现状城镇居民点

现状城镇居民点包括暮云镇镇场、跳马乡乡政府所在地及现状已经“村改居”的居民点。

2）就地/近城镇化型居民点

结合暮云镇、跳马乡、洞井镇、柏加镇、清水塘社区等的城镇建设，将周边居民点就地/近安置为城镇化居民点。

3）搬迁型居民点

处于禁止开发区范围内的所有居民点；被禁止开发区范围包括或大部分包括的居民点；生产和生活对生态绿心地区生态保护与建设严重干扰甚至破坏的居民点。除保留少数必要的生态、旅游服务功能以外，这类居民点应在规划期内完全搬离核心景区，以保证生态资源不受破坏。最好就近搬迁至城镇或者控制建设区内的乡村社区当中。

4）缩小型居民点

处于限制开发区范围内的居民点，其经济、生产活动对绿心的生态环境造成了较大威胁。规划对这些村庄采取“控制发展，甚至不发展，逐渐减少人口”的策略，逐步缩小其规模，降低对自然环境的破坏。对少数被禁止开发区范围包括或大部分包括的生态、旅游服务功能居民点，也应进行缩小，在保障禁止开发区范围内服务功能正常进行的同时，降低人的活动对禁止开发区生态环境的影响和破坏。

5）聚居型居民点

处于限制开发区内的居民点，选取规模较大，而且经济基础较好，发展经济受到的制约因素较少的作为聚居型居民点，宜加大其建设规模，鼓励和引导生态绿心地区内农村人口向其迁移。

8.2.2 居民点搬迁时序

按照“抓大放小、有序撤出”原则，对生态绿心地区范围内的居民点进行搬迁时序的整体调控。确定近期搬迁村庄和远期搬迁村庄。

近期搬迁村主要为生态核心区范围内村庄和禁止开发区范围内村庄。它们对生态绿心地区的生态功能影响较大，应确立为近期优先搬迁村庄。而位于暮云、跳马、洞井、柏加、昭山、易家湾、荷塘、清水塘等城镇化区域或周边的村庄，也确立为近期优先搬迁村庄，为城镇化提供启动期人口。

远期搬迁村为与生态核心区范围接壤的村庄，为保证生态核心区生态功能不受破坏，这类居民点采取缩小或整体搬迁措施。并结合自愿原则，或就近城镇化，或集中到就近乡村中心社区。

8.2.3 居民点建设要求

生态绿心地区内居民点的改造、撤并、新建要精心规划，谨慎选址，兼顾生态保护、旅游发展和土地利用三方面的要求。居民点建设用地首选为未利用土地和原有居民用地，次选林地、园地，不占用耕地。

居民点建设用地要按照《中华人民共和国土地管理法》，向土地管理部门办理报批手续。旧宅基地必须进行二次开发利用或另作建设用地，不得闲置。严格控制生态绿心地区内居民建设用地指标。对于搬迁型居民点和缩小型居民点不再允许新建房屋，对于控制型居民点只允许在旧房原址上翻建，对于聚居型居民点应做好规划，在规划指导下发展建设。区内建筑应保持传统民居风格，鼓励采用乡土材料。

生态绿心地区内严禁开山采石，毁林开荒。引导农村居民改变燃料结构，采用新型燃气、沼气，为保护生态环境创造条件。

鼓励和引导生态绿心地区内农民发展旅游农业和观光农业，通过发展庭院经济、花卉苗木种植业、中草药种植业、家庭手工业和家庭旅游服务业，走上可持续富裕之路。

8.2.4 新农村建设模式

生态绿心地区现有农民26.27万人，现状农村居民点用地为53.12 km^2，根据昭山地区问卷调查结果发现：该区48.4%的农民愿意集中居住；2/3的年轻人愿意生活在城市，通过宅基地入股，土地流转，以房换房，农民成为产业工人；只有1/3的农民（约6万人）愿意继续生活在农村。

基于这种认识，生态绿心地区新农村建设主要采用如下4种产业组织模式、3种空间组织模式和3种社会组织模式（图8.4，表8.2）。

1）产业组织模式

主要指规模农业型、公司农户型、都市农庄型和三产复合型四种产业组织模式。

规模农业型即第一产业主导模式，主要进行土地流转、现代高效农业、规模农业、居民点缩减，建设社会主义新农村。

公司农户型即第一产业+第二产业（主要指无污染的相关农副产品加工业），农民转变身份成为产业工人，它比较适合于特色农业地区。

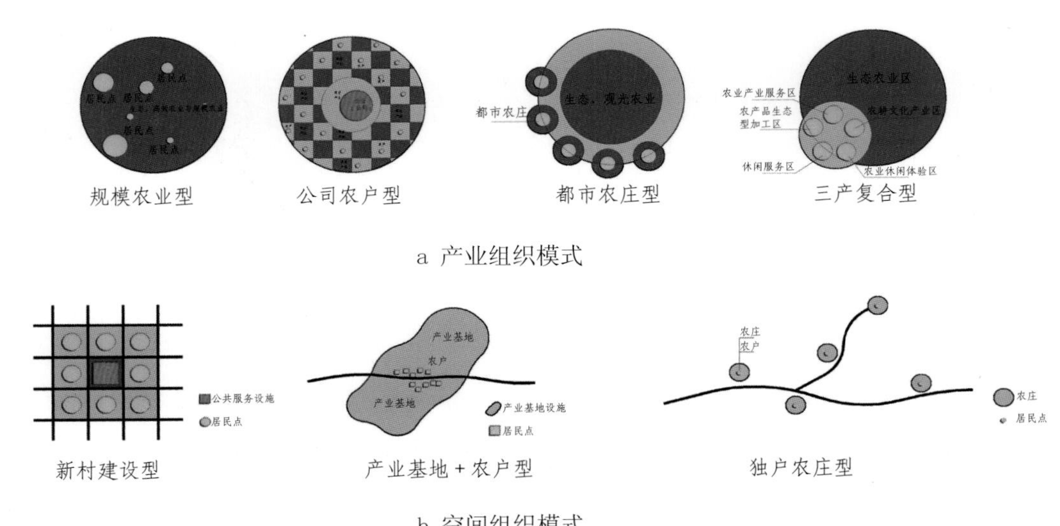

图8.4 生态绿心地区新农村建设模式示意图
资料来源：龙运涛、张强绘制

表8.2 生态绿心地区新农村建设模式一览表

建设模式	社区类型	社区名称	备注
产业导向型	中心社区	双溪社区	发展花卉苗木基地，体育休闲养生农业示范区
		冬斯港社区	发展规模化农业基地
		曙光垸社区	
		关刀社区	发展体育休闲养生农业示范基地
		渡头社区	发展花卉苗木展示和销售基地、生态农业休闲基地
		双源社区	发展花卉苗木基地
		郭家塘社区	发展油茶种植基地、花卉苗木基地，建材项目外迁
		长石社区	发展生态农业观光基地、花卉苗木基地、无公害蔬菜基地
	一般社区	田心桥社区	发展无公害蔬菜基地
		梅怡岭社区	发展规模化农业基地
		石桥社区	
		仙湖社区	发展休闲农业基地
		樟桥社区	发展油茶种植基地
		霞山社区	发展油茶种植基地、花卉苗木基地，建材项目外迁
		交通社区	发展规模化农业示范基地
		柏岭社区	发展生态观光农业基地
		五星社区	发展规模化农业示范基地、生态农业基地
		马鞍社区（株洲市云田镇）	发展特色花卉苗木基地、生态农业休闲基地
		金星社区	发展休闲体育养生服务基地
		马鞍社区（湘潭市昭山乡）	发展休闲山庄、特色花卉苗木基地、无公害蔬菜基地
		楠木社区	发展休闲山庄、无公害蔬菜基地、沥青搅拌场外迁
		团山社区	对535军工厂旧址进行改造发展文化景观，强化“团山乐园”休闲山庄
		青山社区	发展经济林基地，油茶种植基地
		法华社区	发展无公害蔬菜基地、法华青山云雾茶基地
		指方社区	发展农业生态旅游服务基地、无公害蔬菜基地
群众主体建设型	一般社区	三兴社区	发挥群众主观能动性，确定具有自身特色的发展方向
		金屏社区	
帮扶共建型	一般社区	嵩山社区	政府主导、公司参与，发展生态型农业社区、社区试验示范点
		云和社区	
		鸡嘴山社区	

资料来源：周婷统计

都市农庄型即第一产业＋第三产业（都市农庄），主要位于生态核心区内、禁止开发区以外的区域。适合发展特色休闲农业的村庄。居民点分散。

三产复合型即第一产业＋第二产业（主要指无污染的相关农副产品加工业）＋第三产业，主要建设集中型新型乡村社区，壮大居民点。

2）空间组织模式

主要为新村建设型、产业基地+农户型和独户农庄型三种类型。

其中，空间布局形式又可分为线状居民点、岛状居民点、片状居民点三种形式。

3）社会组织模式

主要有产业导向型、群众主体建设型、帮扶共建型三种社会组织模式（表8.2）。

⑴ 产业导向型

依托龙头企业、合作组织和产业基地，整合各类资源，发展优势产业，充分发挥产业的辐射带动作用，推动集约化生产、规模化经营，实现以企带村、村企融合、一体化发展。

⑵ 群众主体建设型

发挥群众建设主体作用和村民理事会的组织作用，自我筹资、自我建设、自我发展，实现环境状况的有效改变，生活条件的显著提升，产业基层的不断增强。

⑶ 帮扶共建型

通过机关事业单位、工商企业与示范村建立对口帮扶机制，强化政策扶持，外力与内力结合、输血与造血结合，以城带乡，强班子、兴经济、促发展。

8.3 “五线”控制

为了确保生态绿心地区的空间管制得到顺利实施，规划对区内绿线、蓝线、黄线、红线和紫线这5种界线在1∶10 000地形图上定标、在地面上定点，以便得到更好的保护（图8.5）。

8.3.1 绿线

主要控制生态绿心地区各类绿地的范围界线。绿线范围包括有风景名胜区、森林公园、耕地、林地、公共绿地和苗木用地。其中苗木用地主要是柏加庭院式总部经济区。对生态绿心地区绿线管制引导详见表8.3。

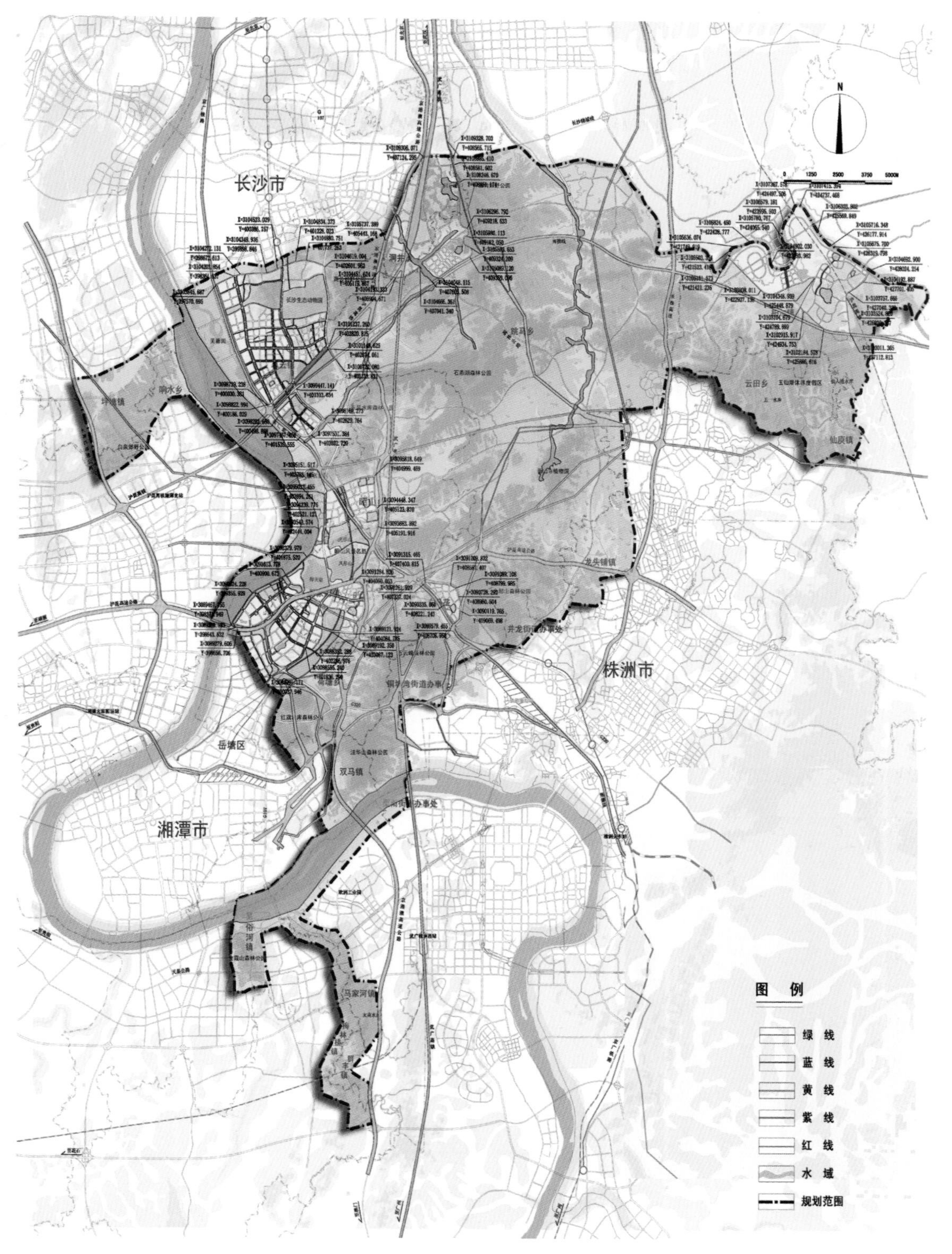

图8.5 生态绿心地区五线控制规划图

资料来源：赵运林、黄田、周婷绘制

表8.3　生态绿心地区绿线管制引导一览表

主要绿线名称	管制重点	行动安排
昭山风景名胜区（昭山森林公园） 东风水库森林公园 石燕湖森林公园 法华山森林公园 五云峰森林公园 金霞山森林公园 九郎山森林公园 嵩山寺植物园 红旗水库森林公园 白泉郊野公园 高云郊野公园 白竹郊野公园 芙蓉园 五仙湖休养度假区 长沙生态动物园	● 进一步明确范围，协调风景名胜区、森林公园、郊野公园与绿线关系； ● 重点保护生物与景观多样性； ● 加强绿化建设，禁止无序开发	● 加快推进区域绿地规划、建设和管理的法规、政策、技术标准的制定工作； ● 参与生态体系中规划监控； ● 协调、验收各级区域绿地规划建设工作，定期检查区域绿地保护状况； ● 重点加强各级风景名胜区、森林公园、郊野公园的管理、监督； ● 编制区域性绿地专项规划； ● 在总体规划及下位规划中，明确绿线范围，并报省人民政府商定，向社会公布，接受社会监督； ● 按照相关法律、法规和职能分工，组织开展区域绿地的各项维护和恢复、重建工作； ● 在区域绿地内进行必要的生态建设、保育，维护自然生态风貌和生物多样性

资料来源：文彤、黄田、曾敏绘制

绿线范围内的公园绿地、防护绿地、生产绿地、附属绿地，必须按照《城市用地分类与规划建设用地标准》、《公园设计规范》等标准进行绿地建设。绿线内的用地，不得改作他用，不得违反法律法规、强制性标准以及批准的规划进行开发建设。

绿线范围内禁止新建不符合绿化规划要求的各类建筑物、构筑物或其他设施，不得进行拦河截溪、取土采石、设置垃圾堆场、排放污水以及其他对生态构成破坏的活动。

近期不进行绿化建设的规划绿地范围内的建设活动，应当进行生态环境影响分析，并按照《城市绿化规划建设指标的规定》的要求进行严格控制。

8.3.2　蓝线

主要控制生态绿心地区范围内江、河、湖、库、渠和湿地等地表水体范围界线。蓝线控制措施详见表8.4。

表8.4　生态绿心地区蓝线控制要求一览表

序号	名称	控制措施	备注
1	湘江	两岸控制50－200 m以上防护林	港区用地、码头及水利设施除外，按专业规划要求控制
2	浏阳河	两岸控制50－100 m以上防护林，城市用地内控制50 m以上防护林	码头及水利设施除外，按专业规划要求控制
3	水库、湖泊	沿水库、湖泊控制200 m绿带，城市岸线控制50 m以上绿化	区内严禁一切生产性项目开发，适当考虑低密度的旅游设施项目开发
4	其他溪流	两岸控制20—100m	

资料来源：马楠绘制

在蓝线范围内禁止进行建设与河道防洪滞洪、湿地保护、水源工程安全无关的各类建筑物、构筑物；禁止擅自填埋、占用城市蓝线内水域；禁止进行影响水系安全的爆破、采石、取土等活动；禁止擅自建设各类排污设施；禁止堆放、倾倒、掩埋或排放污染水体的物质；禁止其他对城市水系保护构成破坏的活动。

8.3.3　黄线

主要控制对城市发展全局有影响的、城市规划中确定的、必须控制的城市基础设施用地的范围界线。主要包括公共交通设施、供水设施、环境卫生设施、供燃气设施、供热设施、供电设施、通信设施、消防设施、防洪设施、抗震防灾设施以及其他对空间发展全局有影响的基础设施（表8.5，表8.6）。其中，对生态绿心地区影响最为明显的基础设施主要为综合交通设施。

表8.5　生态绿心地区黄线管制引导

主要黄线名称	管制引导措施
京港澳高速公路	● 绿地控制范围 ● 绿化树种选择 ● 绿线宽度 ● 道路旁绿线在下续规划中的落实
京港澳高速公路东移线	
沪昆高速公路	
沪昆高速公路南移线	

资料来源：徐娟、马楠绘制

表8.6　生态绿心地区黄线控制要求一览表

序号	基础设施	防护林带每侧控制范围（m）	防护林带每侧绿化范围（m）
1	高速铁路	100	≥50
2	干线铁路	100	≥50
3	城际铁路	50	≥50
4	高速公路	200—500	≥50
5	一级公路	50	≥30
6	二级公路	30	≥20

备注：若设置基础设施走廊，要求绿化控制范围不小于400 m。

资料来源：徐娟、马楠绘制

在黄线范围内禁止违反规划要求，进行建筑物、构筑物及其他设施的建设；禁止违反国家有关技术标准和规范进行建设；禁止未经批准，改装、迁移或拆毁原有基础设施；禁止其他损坏基础设施或者影响基础设施安全和正常运转的行为。

此外，对于不同设施用地的范围界线，分别采取如下控制措施。

1）交通廊道控制措施

交通廊道是影响生态绿心地区发展全局的最重要的基础设施，必须严格进行控制，确保生态廊道的畅通。

2）高压走廊带控制措施

规划城区110 kV及以下等级电力线采用入地敷设方式，高压走廊控制主要是指220 kV及以上电压等级的高压走廊控制宽度。其中，220 kV高压走廊单塔控制宽度为40 m，500 kV高压走廊单塔控制宽度为70 m。

3）天然气长输管线控制措施

根据《城镇燃气设计规范》（GB50028—2006），天然气长输管道安全防护距离为管道两侧不小于30 m。

4）地下管线控制措施

为了合理规划和利用地下管线空间，统一规划，同步建设地下管线。

管线开挖须按有关规定有序进行。道路、重点建设项目和居住区内的给水、污水、雨水、燃气、供热、电力、通信、有线电视、路灯等各类管线均地下埋设。

管线的位置应按管线综合规划的要求确定，在重要道路及地区，设置综合管线共同沟。各类通信线路应共用走廊。

5）其他各市政设施控制措施

供水设施、水处理设施、供电设施、燃气门站储气站、防洪堤等控制要求应严格按照规划中确定的用地边界进行控制，以保证运行安全。

8.3.4 红线

主要控制生态绿心地区禁止开发区和限制开发区的范围界线；生态绿心地区内已规划和已建成的国道、省道、高速公路、供水、排水、燃气、电力、电讯、管沟、消防疏散通道、防洪堤以及组团内的主、次干道。

应在1:10 000地形图上标志禁止开发区、限制开发区和控制建设区的范围界线，明确各范围界线关键控制点的地理坐标，绘制相应的界址地形图；立桩标志禁止开发区界线，进行永久性保护。

交通廊道影响生态绿心地区发展全局，规划时必须严格控制以确保生态廊道畅通。建成区 110 kV及以下等级电力线采用入地敷设方式。天然气长输管道安全防护距离为管道两侧不小于 30 m。

统一规划、同步建设地下管线，合理利用地下管线空间。

8.3.5 紫线

规划时主要控制历史文化街区和省、自治区、直辖市人民政府公布的历史文化街区的保护范围界线，以及历史文化街区外经县级以上人民政府公布保护的历史建筑的保护范围界线（表8.7）。

表8.7 生态绿心地区紫线管制引导

名称	时代	级别	公布机关	公布时间	保护单位	地址	保护范围	建设控制地带
左宗棠墓	清代	长沙市文物保护单位	—	—	—	—	以保护范围为起点至东、至西、至南、至北各向外推 6 m	保护范围外延25 m
昭山寺	唐代	湘潭市文物保护单位	湘潭市人民政府	1982年	湘潭市佛教协会	市郊昭山乡昭山	东西北均以寺庙建筑墙基为界，南以山门前面石台阶为界	以昭山庙为中心向四周辐射各 60 m
昭山古蹬道	清代	湖南省文物保护单位	湖南省人民政府	—	—	湘潭市岳塘区	南起昭山宋家祠堂，北至黄土潭将军渡码头，全长 1 314.2 m，古道两侧各外延 5 m	保护范围外延25 m

在紫线范围内禁止违反保护规划的大面积拆除与开发；禁止对传统格局和风貌构成影响的大面积改建；禁止损坏或者拆毁保护规划确定保护的建筑物、构筑物和其他设施；禁止其他对历史建筑的保护构成破坏性影响的活动。历史文物的维修和整治必须保持原有外形和风貌，保护范围内的各项建设不得影响历史建筑风貌的展示。

8.4 建设强度控制

1）生态绿心地区主要建设强度控制

对生态绿心地区建设强度实施分区管制，对禁止开发区进行最严格的保护；对农村建设用地和各类设施农业用地，主要保护区域生态环境，重点维护良好的自然生态环境；城镇组团建设用地采用集约利用模式，节约土地，提高单位土地承载力和产出，对其建设强度实行分类管制指引（表 8.8）。

表 8.8 生态绿心地区主要建设强度控制一览表

代号	用地类型	区域	建筑限高（m）	建筑密度（%）	容积率	绿地率（%）
R	住宅用地	昭山生态经济区	≤90	≤25	≤3.0	≥45
		暮云低碳科技园	≤90	≤25	≤3.0	≥45
		洞井—跳马体育休闲区	≤60	≤30	≤2.0	≥45
		柏加庭院式总部经济区	≤36	≤30	≤2.0	≥50
		五仙湖休养度假区	≤18	≤25	≤1.5	≥50
		白马垄生态旅游镇	≤36	≤28	≤1.5	≥50
C	办公建筑	昭山生态经济区	≤100	≤30	≤5.0	≥45
		暮云低碳科技园	≤60	≤35	≤4.0	≥45
		洞井—跳马体育休闲区	≤60	≤35	≤3.0	≥45
		柏加庭院式总部经济区	≤60	≤35	≤3.0	≥45
		五仙湖休养度假区	≤18	≤25	≤1.5	≥50
		白马垄生态旅游镇	≤36	≤30	≤2.0	≥40
	商业建筑	昭山生态经济区	≤150	≤40	≤5.0	≥40
		暮云低碳科技园	≤100	≤35	≤4.0	≥45
		洞井—跳马体育休闲区	≤60	≤35	≤3.0	≥45
		柏加庭院式总部经济区	≤60	≤30	≤2.0	≥45
		五仙湖休养度假区	≤36	≤28	≤2.0	≥50
		白马垄生态旅游镇	≤36	≤35	≤2.0	≥45
	文化娱乐	昭山生态经济区	≤100	≤38	≤5.0	≥45
		暮云低碳科技园	≤100	≤38	≤4.0	≥45
		洞井—跳马体育休闲区	≤60	≤35	≤3.0	≥45
		柏加庭院式总部经济区	≤36	≤30	≤2.5	≥45
		五仙湖休养度假区	≤36	≤25	≤1.8	≥50
		白马垄生态旅游镇	≤36	≤35	≤2.0	≥45

续表8.8

代号	用地类型	区域	建筑限高（m）	建筑密度（%）	容积率	绿地率（%）
C	医疗卫生	昭山生态经济区	≤60	≤30	≤3.0	≥45
		暮云低碳科技园	≤60	≤30	≤3.0	≥45
		洞井—跳马体育休闲区	≤60	≤30	≤2.5	≥45
		柏加庭院式总部经济区	≤60	≤30	≤2.5	≥45
		五仙湖休养度假区	≤36	≤25	≤1.0	≥50
		白马垄生态旅游镇	≤36	≤30	≤2.0	≥45
	教育科研	昭山生态经济区	≤100	≤30	≤4.0	≥50
		暮云低碳科技园	≤60	≤30	≤3.0	≥50
		洞井—跳马体育休闲区	≤60	≤30	≤2.0	≥45
		柏加庭院式总部经济区	≤36	≤30	≤1.5	≥50
		五仙湖休养度假区	≤36	≤25	≤1.0	≥50
		白马垄生态旅游镇	≤36	≤30	≤1.5	≥45

资料来源：吕贤军、周婷绘制

2）滨江岸线建设控制

为了保护滨江地区的天际轮廓线，划定湘江沿线向内100—200 m为建筑控制线，在此线以内不允许永久性建筑的建设，以绿地建设为主，可建设少数的景观园林构筑物；建筑高度与湘江堤岸连线的夹角不允许超过45°；绿地率应大于45%；建筑风格和布局要注意与滨江景观协调。

3）滨湖岸线建设控制

为了保护滨湖地区天际轮廓线，划定仰天湖堤向外 50 m为建筑控制线，在此线以内不允许永久性建筑的建设，以绿地建设为主，可建设少数的景观园林构筑物；建筑高度与湖堤岸连线的夹角不允许超过45°；绿地率应大于45%；建筑风格和布局要注意与滨湖景观协调。沿仰天湖的湖岸线，作为城市开发岸线应不超过整体岸线长度的40%。仰天湖西南角滨湖区域可适当建设标志性构筑物，作为滨湖天际轮廓线的制高点。

8.5 建设时序安排

遵循“生态优先、注重整体、滚动开发、有序发展”原则，结合经济社会发展水平，明确各阶段实施总体规划的发展重点和建设时序，有序推进生态建设和城乡建设；强化整体意识，从区域统筹与城乡统筹角度，按照总体规划确定的和土地供应计划和发展时序，引导各组团规模化有序发展。建设时序主要分为近期、中期和远期三个阶段（图8.6）：

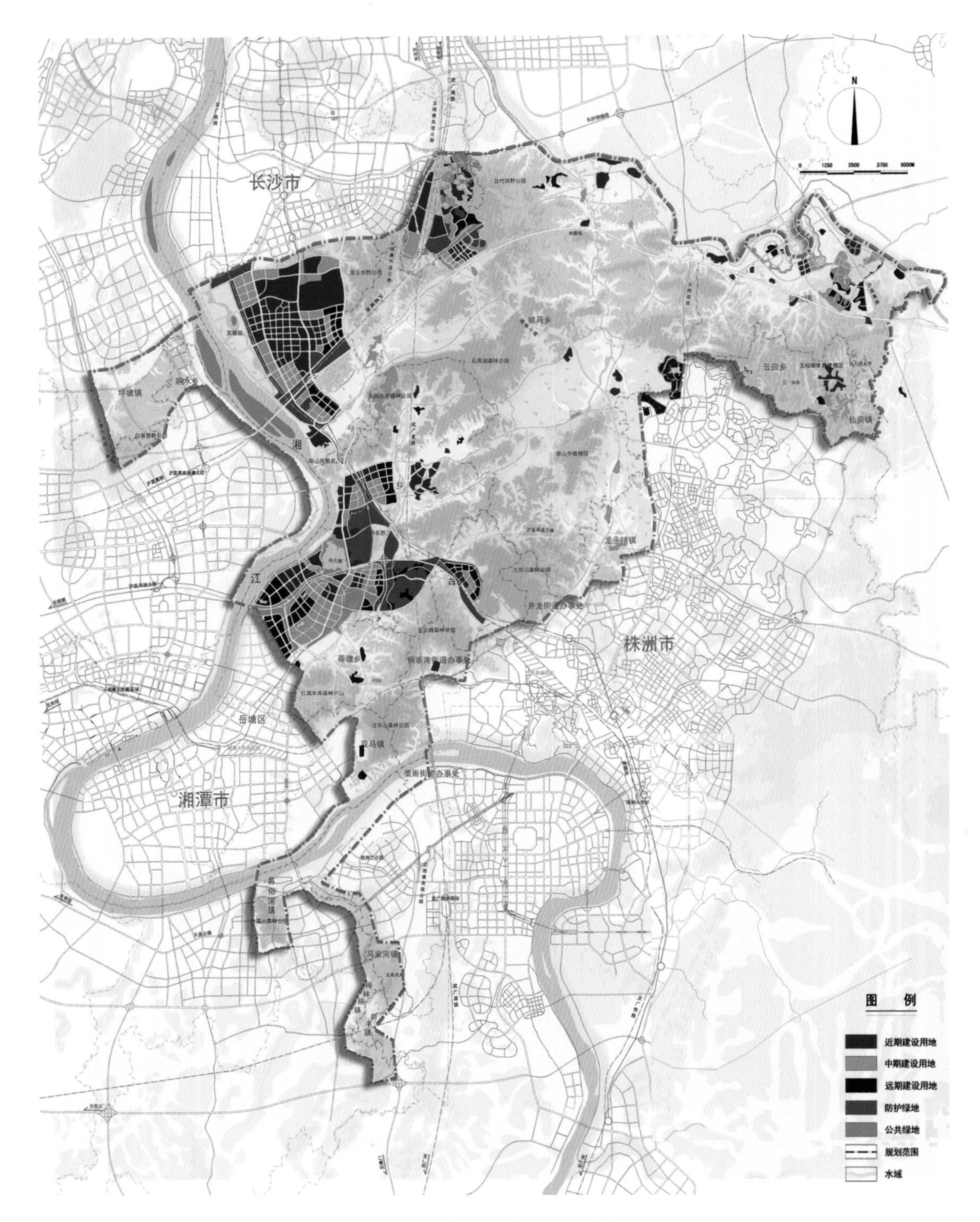

图8.6　生态绿心地区建设时序图

资料来源：汤放华、欧振绘制

1）近期（2010—2015年）

规划重点沿芙蓉南路与南横线进行建设，综合整治规划区环境。重点建设昭山生态经济区、暮云低碳科技园及其相关生态工程，开发旅游用地，建设相关配套设施，提供生态服务，初步树立生态绿心地区整体形象。规划建设用地面积约42.56 km^2。

2）中期（2016—2020年）

中期以综合开发昭山、暮云、跳马、柏加组团为主，建设主题公园，通过生态旅游、湿地旅游、休闲度假等旅游活动，带动旅游业、服务业和生态农业的发展，规划中期建设用地面积约55.58 km^2。

3）远期（2021—2030年）

通过前两期的开发积累，全面推进建设绿心，进一步完善各个组团和各类基础设施、公共服务设施。通过自然生态及文化旅游带动商务旅游和工农业旅游的进一步发展，全面实现生态绿心地区生态服务功能，建设用地面积约66.99 km^2。

8.6 近期建设重点

1）建设年限及规模

近期为2010—2015年。

规划至2015年，总建设规模控制在42.56 km^2以内。各组团建设规模控制在21.96 km^2以内；乡村社区建设规模控制在20.60 km^2以内。

2）规划目标

沿芙蓉南路与南横线两条轴线，综合整治生态绿心地区的整体环境，重点建设昭山、暮云组团，通过各类园区及相关生态工程、开发旅游用地及相关配套设施建设，为周边城镇提供生态服务。初步树立生态绿心地区的整体形象。

3）重点建设区域

（1）重点建设组团

主要有昭山生态经济区、洞井—跳马体育休闲区、柏加庭院式总部经济区和暮云低碳科技园。其中，暮云在现有基础上注重转型、提质与改造；其他三个组团基本上属于新建。其中，暮云低碳科技园重点建设研发园区、科技孵化基地、生态宜居区、生态安置小区等。

昭山生态经济区重点建设总部经济区、隆平论坛区、中部领事区、游客接待中心、生态宜居区、生态安置小区。

洞井—跳马体育休闲区重点建设体育起口公园、体育休闲区、生态宜居区。

柏加庭院式总部经济区重点建设庭院式总部经济区、园艺博览中心。

（2）重点建设生态园区（带）

重点建设长沙生态动物园、昭山风景名胜区（昭山森林公园）、红旗水库森林公园、五云峰森林公园、石燕湖森林公园、湘江风光带暮云—昭山段等生态园区（带）。其中：

长沙生态动物园以野生动物保护、展示设施建设项目为主。

昭山风景名胜区（昭山森林公园）： 以森林生态休闲旅游服务设施、配套基础设施建设为主。

仰天湖主题公园将完成一期工程（包括水系改造、湖底清淤、岸线建设），完成投资8 000万元。

红旗水库森林公园以水上游乐设施建设为主。

湘江风光带暮云—昭山段：以湘江两岸的生态防护以及风光带的开发为主。

石燕湖森林公园以森林生态休闲旅游服务设施、配套基础设施建设为主。

五云峰森林公园将完成一期工程，公园内外生态环境保护设施建设为主，改造现有的林分和绿化全园环境，开发人文景点。

（3） 重点建设乡村社区

主要为渡头社区、双源社区、曙光垸社区、冬斯港社区、长石社区、郭家塘社区6个乡村中心社区，田心桥社区、马鞍社区、金星社区、团山社区、三兴社区、石桥社区、指方社区、青山社区、楠木社区9个乡村一般社区。

近期重点新建曙光垸都市农庄、双源都市农庄、团山都市农庄、马鞍都市农庄（湘潭昭山乡）4个生态农庄，改建双溪都市农庄。

4）重点建设项目

重点建设道路交通、公共设施、市政工程、生态建设、资源开发与环境保护、城际铁路6大类34项重大建设项目，以便完善生态功能、调整优化城乡结构、引导各组团健康有序发展（图8.7，表8.9）。

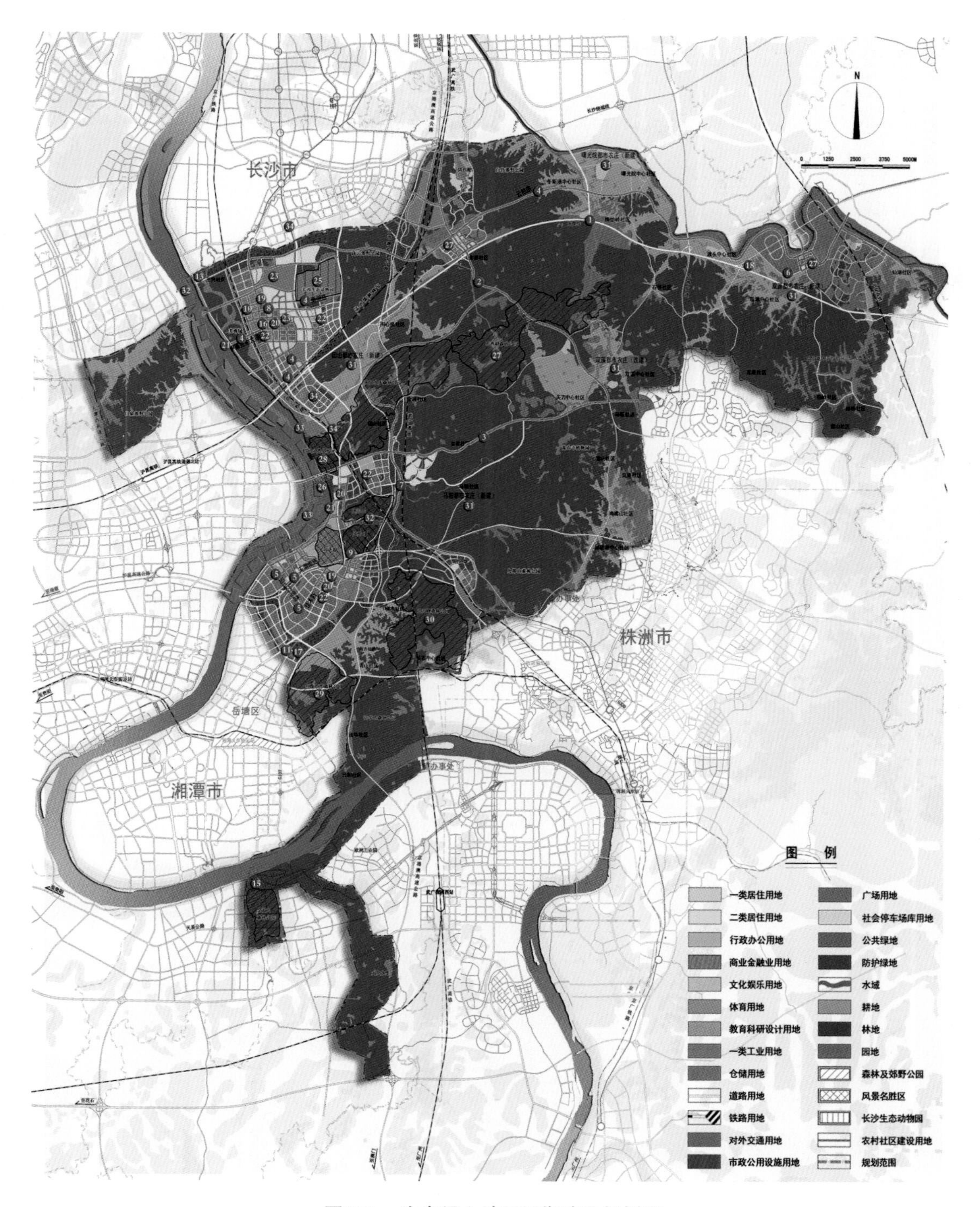

图8.7　生态绿心地区近期建设规划图

资料来源：赵运林、汤放华、欧振、左兰兰绘制

表8.9 生态绿心地区近期重大项目库

分类	序号	项目名称	项目启动日期	内容
道路交通	1	南横线	2012年	新建 33.96 km
	2	洞株公路（跳马段）	2011年	改建 18.05 km
	3	昭云大道	2013年	改建 16.18 km
	4	暮云低碳科技园	2012年	云柏路 新建26.10 km 南湖路 新建4.62 km 伊莱克斯大道 新建4.45 km 盘古路 新建3.54 km 南塘路 新建1.10 km
	5	昭山生态经济区	2011年	天湖南路 新建3.19 km 佳木路 新建0.98 km 昭山二十三号路 新建1.25 km
	6	柏加庭院式总部经济区	2012年	园艺路 新建5.36 km
	7	旅游观光主线	2012年	新建266.22 km
公共设施	8	暮云组团行政办公中心	2014年	规划办公大楼，占地3.4 hm^2
	9	昭山组团行政办公中心	2014年	规划办公大楼，占地11.6 hm^2
市政工程	10	暮云加压站	2013年	近期规模2万t/日
	11	昭山加压站	2013年	近期规模2万t/日
	12	天易生态水厂	2013年	近期规模10万t/日
	13	暮云污水处理厂	2014年	近期规模4万t/日
	14	昭山污水处理厂	2014年	近期规模1万t/日
	15	县城污水处理厂	2014年	扩建规模2万t/日
	16	南托变电站	2013年	扩建南托110 kV变电站为220 kV
	17	荷塘变电站	2013年	新建荷塘110 kV变电站
	18	柏加变电站	2013年	新建柏加110 kV变电站
	19	电信局建设	2013年	新建电信枢纽局2个 新建电信端局3个
	20	邮政局建设	2013年	新建邮政枢纽局2个，邮政支局2个
	21	防洪堤建设	2012年	暮云、昭山组团沿湘江建设100年一遇防洪堤
	22	消防站	2015年	消防站布局4处
	23	避震疏散场地	2015年	避震疏散场地人均1.0 m^2
	24	兴马洲及鹅洲综合治理和防洪设施	2013年	改扩建

续表8.9

生态建设	25	长沙生态动物园	2015年	扩建
	26	湘江风光带	2011年	湘江风光带暮云—昭山段
	27	石燕湖森林公园	2012年	扩建
	28	昭山风景名胜区（昭山森林公园）	2012年	新建（一期）
	29	红旗水库森林公园	2012年	新建（一期）
	30	五云峰森林公园	2012年	新建（一期）
	31	生态农庄	2012年	曙光垸都市农庄（新建）
			2012年	双源都市农庄（新建）
			2012年	双溪都市农庄（新建）
			2012年	团山都市农庄（新建）
			2011年	马鞍（湘潭）都市农庄（新建）
资源环境保护	32	水源保护	2013年	暮云组团内取水水源保护工程
	33	垃圾、滩地清理	2012年	清理湘江河岸和滩地垃圾，河道清淤
城际铁路	34	城际铁路	2011年	新建城际铁路暮云—昭山路段以及暮云北、暮云南、昭山三站

资料来源：周婷汇总整理

8.7 管理机制

1）明确规划审批与实施主体

生态绿心地区总体规划由湖南省政府批准，自批准之日起生效，由湖南省长株潭城市群资源节约型与环境友好型社会建设综合配套改革试验区领导协调工作机构（目前简称长株潭两型办）统一组织实施。

改革创新，协调统一，采取“一张图纸、一个标准、一个审批机关”管理机制。各级政府和政府各部门必须统一思想，充分认识总体规划的重要性、严肃性和权威性，切实保障总体规划对生态绿心地区经济社会发展和城乡建设的指导和调控。

2）界定规划适用范围

生态绿心地区内从事城乡规划编制、规划管理以及相关建设活动，必须符合本规划，遵守土地管理、自然资源和环境保护等相关法律法规。实施总体规划过程中，如确有需要修改，必须依法按程序办理。

3）赋予职责范围

按照“省统筹、市为主、市场化”原则，明确各方职责范围。

长株潭两型办负责组织、协调生态绿心地区规划编制、调整和实施生态建设和环境治理、政府服务、实施管理工作。监督长沙市、株洲市、湘潭市人民政府实施本规划；协调和决定本规划实施中的重大事项。

长沙市、株洲市、湘潭市人民政府负责本行政区域内总体规划的实施，应当定期向省人民政府报告规划实施情况。

省人民政府国土资源、建设、经济、交通、环境保护、水利、林业等部门应按照职责分工，根据本规划编制生态绿心地区内各类专项规划，做好实施和监督管理的有关工作。

4）建立健全规划编制体系

在生态绿心地区总体规划的指导下，完善总体规划以下各层次及各专项规划的编制工作，切实加强总体规划对分区规划、详细规划、专项规划及其建设的指导和调控。

生态绿心地区内城乡建设相关规划应与法定的城乡规划体系一致，必须统一管理。

建立总体规划监控机制和反馈机制，进一步深入研究涉及总体规划的各种城乡问题，滚动编制近期建设规划，做好总体规划维护工作。评价规划效能并进行及时校核，确保规划实施动态调控。

加强长沙市、株洲市、湘潭市城乡规划、发展改革、国土管理、建设管理等部门的城乡规划管理联动机制和城乡规划、国民经济和社会发展规划、土地利用规划互动一体的发展调控体系，促进总体规划及其以下各层次、各专项规划的顺利实施。

5）建立健全相关法制体系

加强规划立法，构建生态绿心地区统一法制平台。建议对保护与开发生态绿心地区专门进行立法保护，确保成为长株潭城市群生态安全屏障和生态服务基地。

加大执法力度，将资源利用、生态环境保护和建设纳入法制化轨道，依法建立重大决策责任追究制度。依法行政、规范执法，落实执法责任制，实行环境稽查制度。

建立健全规划监督检查制度，查处和纠正各种违反规划行为，整治违法建设行为。建立健全社会监督规划实施工作机制，发挥各级人民代表大会、政协、基层社区组织、社会团体及公众在总体规划实施全过程中的监督作用。

6）严格实施“两书三证”制度

创新规划管理机制，严格项目准入门槛，源头上确保保护第一。严格实施“两书三证”制度，即长株潭两型办出具的项目准入意见书，城乡规划建设行政主管部门核准发放的建设项目选址意见书以及建设用地规划许可证、建设工程规划许可证和乡村建设规划许可证。

8.8 保障体系

1）探索已批用地与项目管理机制

针对生态绿心地区内大量已批用地和已批项目，探索土地管理和规划管理机制，分门别类地进行科学管理。

在全面清理、摸清底数的基础上，针对生态绿心地区存在的批而未征、征而未供、供而未用、用而未尽的土地，按照国土资源部的《关于严格建设用地管理促进批而未用土地利用的通知》的规定，及时制定并认真落实处理意见和整改方案，加强对已批用地的跟踪管理和督促。《湖南省长株潭城市群区域规划条例》批准实施之日前已办理完用地手续，按原方案执行。灵活采用协商沟通机制和补偿机制，允许已办用地手续项目，适当调整建设用地区位，并视具体情况，给予经济补偿和优惠政策补偿。严肃查处未批先用、批而不用、批少占多等违法违规用地行为。对取得土地后满2年未动工建设的已批用地，一律收回土地使用权。

对于已开工建设项目，依据国家产业政策、土地供应政策、总体规划、市场准入标准、投资强度、功能定位以及产业准入的生态门槛、环境门槛和节能门槛，进行综合评价：给予优惠政策鼓励符合要求的建设项目；在产业、生态、环保等方面指导并促进提升通过整改能够达标的建设项目；建议转型基本不符合要求或者严重违背功能定位而且整改无望的建设项目。因生态绿心地区总体规划用地调整造成已批项目不能落地的已批项目，允许用地者报经批准后改变土地具体用途，或者通过协商调整安排给其他符合规划的项目，但应依法办理相关供地手续。

2）创新农村人口转移与土地流转机制

创新人口转移与人口迁移补偿机制，灵活采取城镇化和就近属地化方式建立乡村社区等形式，集中安置生态绿心地区内生态移民。

探索土地流转制度，采取转包、出租、土地互换、转让、股份合作、宅基地换住房、承包地换社保等流转模式，集约节约用地，实现城乡发展一体化。

应提高原住民救助和特殊人群迁移安置补偿标准；从实际出发，依法微调行政区划、撤并乡镇与村委会，精简管理机构，提高管理效率。

3）建立与健全生态补偿机制

界定生态补偿主体与对象。按照谁开发谁保护、谁破坏谁恢复、谁受益谁补偿原则，确定生态补偿主体和对象。生态补偿主体主要为湖南省政府、长株潭三市政府。鼓励具体的法人和自然人作为补偿主体，鼓励其他社会主体积极参与。生态补偿对象主要为生态绿心地区生态保护与建设付出代价者，即各类生态公益林投资经营管理者、自然生态保护区和水源涵养区内生态移民以及公益林森林防火、森林病虫害防治、森林资源监测等项目的管理和实施单位。

建立与健全评估机制。正确评估生态资源的价值，依靠制度或规则确定生态补偿标准及合适的比例，减少人为干扰因素。探索加快建立资源环境价值评价体系、生态环境保护标准体系，建立自然资源和生态环境统计监测指标体系以及“绿色GDP”核算体系。制定自然资源和生态环境价值的量化评价方法，提出资源耗减、环境损失的估价方法和单位产值的能源消耗、资源消耗、“三废”排放总量等统计指标，使生态补偿机制的经济性得到显现。建立生态补偿效益评估制度，监督生态补偿资金的使用管理情况和生态补偿政策的落实情况，检验实际效果，以科学衡量生态补偿取得的实际效益。

确定生态补偿标准核算与核定方法。建立资源环境价值评价体系、生态环境保护标准体系、自然资源和生态环境统计监测指标体系以及“绿色GDP”核算体系。依据自然保护区、重要生态组团和流域水环境保护等不同类型，合理确定不同的生态补偿标准，并确保逐年增加。建立生态补偿效益评估制度，监督生态补偿资金使用管理情况和生态补偿政策落实情况，检验实际效果，科学衡量生态补偿实际效益。正确评估生态资源价值，确定生态补偿标准及合理比例，减少人为干扰因素。

建立与健全补偿方式与途径。采取多种生态公益林效益补偿形式；探索市场化生态补偿模式，发挥市场机制的作用，培育资源市场，积极探索资源使用权、碳排放权交易等市场化的补偿模式；积极实行挂钩型生态补偿，建立促进跨行政区的生态补偿专项资金和基金。加大生态建设投入，采取多元化资金筹集模式，多渠道、多层次筹集生态补偿资金；逐步建立政府引导、市场推进、社会参与的生态补偿和生态建设投融资机制，扩大生态公益林补偿资金来源。积极引导国内资金投向生态建设和环境保护；探索发行生态补偿公益彩票，引导社会资金投向生态补偿，改善环境。

实施生态补偿保障机制。加快建立生态补偿机制，湖南省、长株潭三市、产业三个层面合理补偿生态补偿对象。尽快建立省级生态公益林效益补偿基金制度，将省级公益林生态效益补偿基金列入年度财政预算。 建立平衡生态绿心地区（区际）资源补偿、森林保护和生态补偿机制。探索建立统筹生态补偿、人口迁移补偿与居民社会调控相结合的联动机制，与政府信息公开制度相结合，实现生态补偿制度的公开化和透明度，保证实施生态补偿的经济、社会、环境效益。探索长株潭城市群内实施异地集中发展战略，在异地建设工业基地、产业园区，充分利用资源。建立健全生态补偿公共财政制度，加强区域经济结构调整；建立以生态环境为导向的经济政策，引导社会生产力要素流动，鼓励有利于资源保护、生态环境建设的建设项目。建立公众参与程序，积极引导社会各方参与环境保护和生态建设，鼓励生态环境保护者和受益者之间通过自愿协商实现合理的生态补偿。加大财政投入，拓宽融资渠道，促进企业与社会投资。

4）建立与健全金融机制与体制

建设成“金融安全区”。深化信用体系建设、增强金融机构的服务能力和风险防控能力，建立以监管为主导，金融机构内控为基础，行业自律为制约，社会监督为补充的“四位一体”的金融监管运行机制，将生态绿心地区建设成为信誉高、支付清算能力强、资产质量、经营效益、金融秩序良好的“金融安全区”。

建设成“制度示范区”。创新协调机制，加强省与三市之间的沟通协调机制，推进生态绿心地区保护立法与实施监督；加强市场管理机构之间的协调沟通，推进市场管理一体化；创新资源节约体制，大力发展低碳经济，强化低碳经济理念，积极开展低碳经济试点，支持产业结构低碳化；提出低碳发展技术路线图，促进高能效、低排放的技术研发和推广应用；加大清洁能源扶持力度；创新金融制度，将金融制度融入长株潭城市金融一体化中；优化对外开放环境，招商引资扩大对生态绿心地区经济的推动；创新人才管理体制，打造一体化人才战略平台。

发挥长株潭两型办区域协调、政府服务和规划实施监督作用。生态绿心地区位于长株潭三市中心，行政上跨越三市，“两型办”作为一个权威性协调机构，应该拥有一定的财政资金支配能力，能够解决单个城市无法解决、跨行政区域的重大基础设施建设、重大战略资源开发、生态环境保护等问题，建立城市间的资源补偿与生态补偿机制，促进生态绿心地区乃至环长株潭城市群的整体协调发展。纵向统筹各个城市政府与省各厅局的协作，横向协调各城市政府之间的合作协调，搭建统一的融资平台建设，协调区域金融主体的功能整合，促进资金跨行政区域流动，实现资源的优化配置。长株潭两型办必须高度重视规划工作，牢牢把握发展的主动权；需要对生态绿心地区内区域性重大项目进行统筹规划，对规划实施情况进行监督管理和考核，保证项目的顺利完成；需要策划并组织实施一批重大项目，加快“两型社会”建设进程。

健全土地管理体系。加强土地利用规划，规范土地供应管理，使土地出让与规划结合，严格实行土地统一管理，充分利用基础设施所带来的土地增值收益，再次投入到基础设施的建设之中。盘活存量土地，同时强化对土地资源动态管理，严格按照生态空间管制分区（图5.7）进行建设，尽快制定集约用地评价和考核制度。

加快资本市场发展。鼓励设立股权投资类企业，加大财政税收政策支持力度，健全管理、监督和自律机制，完善投资环境。

打造金融统一体系。生态绿心地区应融入环长株潭城市群，与长株潭三市，尤其是长沙金融机构合作，整合和引进各种金融资源。

完善信用体系。加强生态绿心地区信用信息归集、共享、应用、制度建设、市场培育、宣传教育、体系建设，打造信用高地。

推行绿色金融政策。将生态观念融入金融，对于生态绿心地区内远期效益较好但需要大量资金的环保项目和生态工程，可以通过发行金融环保债券、绿色企业债券、绿色基金、绿色彩票,创办生态投资银行等来解决，所筹资金通过优惠贷款提供给企业，支持其研发绿色产品，从事生态农业生产，实现生态工业加工，开展绿色营销活动。金融机构与政府联合对污染企业进行监督、惩治。

营造金融生态环境。构建包括市场环境状况、银行经营状况和资产质量、社会信用建设情况、司法环境状况、政府支持金融发展和信用建设的情况的生态环境综合评价体系。对引进金融机构支持公共基础设施建设、新农村建设、教育产业、湘江流域治理、文化产业等领域，给予财政、制度的适度倾斜。

5）创新投融资机制与模式

以市场化为导向，引入市场竞争机制，建立以社会资本为主导的市场收益性投资模式，宜采取 PPP、BOT、TOT、BLT、股份合作制、建设信托基金及土地收益等市场投融资方式；扩大民营资本投资领域。多渠道、多元化筹集建设资金，使各种资本迅速成为投资主体，形成“政府引导、市场运作、社会参与”的发展格局，实现资金良性循环。树立可持续融资理念，支持融资平台做大做强，增强融资实力。

创新农村金融体制，完善产业建设金融支持体系，扩大农贷规模和覆盖面。创新农村信贷产品，探索多种农村金融服务新模式。创新抵押担保方式，探索开展农村集体建设用地使用权、林权抵押融资服务，建立财政和保险共同参与的担保机制。

坚守产业准入门槛，放开准入产业项目资本限制，提供优质服务。创新生态资本利用方式，探索农村土地流转机制，充分挖掘规划区生态价值和区位优势，采用生态资本入股方式，直接入股产业化经营。

6）调整行政建制和区划

从城乡统筹角度，对所涉及的所有乡镇、行政村，针对性地采取逐步撤销、调整行政建制和区划。

从保护生态空间的角度出发，强调保护第一、永续利用的重要性，对于生态绿心地区所有禁止开发区和大部分限制开发区内的村庄，全部进行人口搬迁后，原来所属的行政建制应该逐步撤销。搬迁进入城镇后，进行社区管理，区划相应进行调整。

对于昭山、暮云、跳马和柏加等将成为长沙、湘潭城市组团的乡镇，建成区按照街道、社区进行管理。

对于生态绿心地区除上述情况以外的居民点，应该采取缩减规划，合并大量居民点，建设乡村社区。相应的行政建制应该逐步撤销或者调整，区划随之调整。

7）创新区域管治体制

在“省统筹、市为主、市场化”的原则下，从区域协调的角度出发，突破行政界线，消除行政界线的约束。生态绿心地区可以作为在长株潭两型办的组织下的一个区域体制改革的特区，彻底改变长株潭三市部门各自为政的管理机制，进行统一管理或者暂时托管。负责对长株潭城市群的重大改革、重大基础设施、重大产业布局、重要资源整合、城市群资源的开发利用、环境综合治理、规划实施进行统筹管理。在制定国民经济和社会发展中长期规划、产业政策、生产力布局规划、区域开发计划时，要充分考虑生态环境的承载能力和建设要求，将环保规划、生态建设规划与城市规划、国土规划、人口计划及国民经济和社会发展中长期规划有机结合起来，互相衔接，互相补充。

鼓励民间自促进协调组织的发育。民间组织参与区域治理突出表现在生态环境保护领域。在环境污染治理上，非政府组织在区域性环境治理、在资源保护和可持续利用等方面往往起着“先锋队作用”，有效制止地方政府环境保护行政不作为现象，突破行政区域界限，促进区域经济协同发展，组织或引导产业协调发展，引导不同地区有关产业经营主体的联合、分工与合作，实现规模经营。

实行生态环境保护“一票否决制”，在开发建设中，对生态绿心地区生态环境有较大影响、不符合规划要求的建设项目，在项目前期工作阶段予以一票否决。

9 发展远景——具有国际品质的都市桃花源

生态整合后，就能打造一个强劲的生态枢纽，构建一个人地和谐的社会—经济—自然复合生态系统，确保长株潭城市群生态安全，可持续地提供优质、丰富多样的生态服务。

空间整合后，就能与周边地区错位发展，以组团发展为基础，以城市通勤为网络，塑造出一种可持续的绿色空间形态。

产业整合后，就能优择与生态主题相协调的第一、第三产业，尤其是生态旅游和生态农业，确立以高端低碳为主旋律的产业体系。

设施整合后，就能共享以高速公路、铁路和航运等交通网络为主体，涵盖能源、给排水、通信和防洪排涝等基础设施的支撑保障体系。

机制整合后，就能建设高效的生态政府、“省统筹、市为主、市场化”的整体最优化调控体制以及保障公众参与的智力平台。

当顺利实施上述五个整合战略之后，在生态绿心地区，未来我们必然：

饱览山花烂漫、润荷飘香、万山红遍、瑞雪迎春的四时秀色；

体验绿色食品、节能建筑、清洁能源、环保交通的惬意生活；

享受休闲娱乐、科普教育、传经送道、思想交流的生态客厅；

践行生态优先、共生融合、高端占领、转型创新的先进理念；

……

这难道不是我们梦寐以求的具有国际品质的都市桃花源？

主要参考文献

一、专著或文章

[1] （丹）Sven Erik Jorgensen，（意）Giuseppe Bendoricchio著；何文珊，陆健健，张修峰，译．生态模型基础[M].3版.北京：高等教育出版社，2008

[2] 曹鉴燎，等．都市生态走廊[M]．北京：气象出版社，2001

[3] 陈彩虹，姚士谋，陈爽．城市化过程中的景观生态环境效应[J]．干旱区资源与环境，2005，19（3）：1-5

[4] 陈爽，刘云霞，彭立华．城市生态空间演变规律及调控机制——以南京市为例[J]．生态学报，2008，25（5）：2 270-2 278

[5] 陈爽，张皓．国外现代城市规划理论中的绿色思考[J]．规划师，2003，19（4）：71-74

[6] 陈莹，尹义星，陈爽．典型流域土地利用/覆被变化预测及景观生态效应分析——以太湖上游西苕溪流域为例[J]．长江流域资源与环境，2009，18（8）：765-770

[7] 戴亦欣．中国低碳城市发展的必要性和治理模式分析[J]．中国人口•资源与环境，2009，19（3）：12-17

[8] 董哲仁．河流形态多样性与生物群落多样性[J]．水利学报，2003（11）：1-6

[9] 方淑波，肖笃宁，安树青.基于土地利用分析的兰州市城市区域生态安全格局研究[J]．应用生态学报，2005，16（12）：2 284-2 290

[10] 高峻，宋永昌．基于遥感和GIS 的城乡交错带景观演变研究——以上海西南地区为例[J]．生态学报，2003，23（4）：805-813

[11] 顾朝林．低碳城市规划发展模式[J]．城乡建设，2009（11）：71-72

[12] 顾朝林，谭纵波，刘宛，等．气候变化、碳排放与低碳城市规划研究进展[J]．城市规划学刊，2009（3）：38-45

[13] 顾朝林，谭纵波，刘宛．低碳城市规划:寻求低碳化发展[J]．建设科技，2009（15）：40-41

[14] 顾朝林．中国城市发展的新趋势[J]．城市规划，2006，30（3）：26-31

[15] 官卫华，何流，姚士谋，等．城市生态廊道规划思路与策略研究——以南京为例[J]．现代城市研究，2007（1）：51-58

[16] 官卫华，姚士谋，朱英明，等．关于城市群规划的思考[J]．地理学与国土研究，2002，18（1）：54-58

[17] 洪世键，张京祥．基于调控机制的大都市区管治模式探讨[J]．城市规划，2009，33（6）：9-12

[18] 胡初枝，黄贤金，钟太洋，等．中国碳排放特征及其动态演进分析[J]．中国人口•资源与环境，2008，18（3）：38-42

[19] 胡麓华，张虹．长株潭城市群核心区大气环境承载力初探[J]．四川环境，2009，28（5）：31-35

[20] 胡艳琳，戚仁海，由文辉，等．城市森林生态系统生态服务功能的评价[J]．南京林业大学学报（自然科学版），2005，29（3）：111-114

[21] 李剑，陈眉舞，宗跃光．基于可持续运营的城市绿心发展模式研究[J]．合肥工业大学学报（自然科学版），2008，31（4）：652-657

[22] 李文华，欧阳志云，赵景柱．生态系统服务功能研究[M]．北京：气象出版社，2002

[23] 李晓江．关于“城市空间发展战略研究”的思考[J]．城市规划，2003，27（2）：28-34

[24] 李秀珍．从第十五届美国景观生态学年会看当前景观生态学发展的热点和前沿[J]．生态学报，2000，20（6）：1 113-1 115

[25] 历华，曾永年，贠培东，等．基于MODIS数据的长株潭地区城市热岛时空分析[J]．测绘科学，2007，32（5）：108-110

[26] 刘海龙，李迪华，韩西丽．生态基础设施概念及其研究进展综述[J]．城市规划，2005，29（9）：70-75

[27] 刘怡君，付允，汪云林．国家低碳城市发展的战略问题[J]．建设科技，2009（15）：44-45

[28] 刘志林，戴亦欣，董长贵，等．低碳城市理念与国际经验[J]．城市发展研究，2009，16（6）：1-7

[29] 罗震东，王兴平，张京祥. 1980年代以来我国战略规划研究的总体进展[J]. 城市规划汇刊，2002（3）：49-53
[30] 马世骏，王如松. 社会—经济—自然复合生态系统[J]. 生态学报，1984，4（1）：1-9
[31] 潘海啸，汤諹，吴锦瑜，等. 中国“低碳城市”的空间规划策略 [J]. 城市规划学刊，2008（6）：57-64
[32] 彭立华，陈爽，刘云霞，等. Citygreen模型在南京城市绿地固碳与削减径流效益评估中的应用[J]. 应用生态学报，2007，18（6）：1 293-1 298
[33] 仇保兴. 我国低碳生态城市发展的总体思路[J]. 建设科技，2009（15）：12-17
[34] 仇昊. 江苏海滨湿地生态旅游可持续发展模式研究[D]. 南京师范大学，2003
[35] 任海，彭少麟. 恢复生态学导论[M]. 北京：科学出版社，2001
[36] 苏伟忠，杨桂山，甄峰. 长江三角洲生态用地破碎度及其城市化关联[J]. 地理学报，2007，62（12）：1 309-1 317
[37] 苏伟忠，杨桂山，甄峰. 生态用地破碎度及演化机制——以长江三角洲为例[J]. 城市问题，2007（9）：7-11
[38] 孙阁，张志强，周国逸，等. 森林流域水文模拟模型的概念、作用及其在中国的应用[J]. 北京林业大学学报，2007，29（3）：178-184
[39] 索安宁，熊友才，王天明，等. 黄土高原子午岭森林破碎化对流域水文过程的影响[J]. 林业科学，2007，43（6）：13-19
[40] 汪朝辉，田定湘，刘艳华. 中外生态安全评价对比研究[J]. 生态经济，2008（7）：44-49
[41] 汪洋，赵万民，杨华. 基于多源空间数据挖掘的区域生态基础设施识别模式研究[J]. 中国人口•资源与环境，2007，17（6）：72-76
[42] 王成新，姚士谋，王书国. 现代化城市的生态枢纽建设实证分析[J]. 地理研究，2007，26（1）：149-156

[43] 王芳. 城市生态基础设施安全研究[D]. 华中科技大学，2005

[44] 王耕，王利，吴伟. 区域生态安全概念及评价体系的再认识[J]. 生态学报，2007，27（4）：1 627-1 637

[45] 王建华，田景汉，李小雁. 基于生态系统管理的湿地概念生态模型研究[J]. 生态环境学报，2009，18（2）：738-742

[46] 王如松，周启星，胡聃. 城市生态调控方法[M]. 北京：气象出版社，2000

[47] 王兴平. 都市区化:中国城市化的新阶段[J]. 城市规划汇刊，2002（4）：56-59

[48] 王智睿. 生物多样性与一类多物种生态模型[D]. 大连理工大学，2008

[49] 肖海燕，赵军，蒋峰，等. GAP分析与区域生物多样性保护[J]. 北京大学学报（自然科学版），2006，42（2）：153-158

[50] 谢晶仁. 长株潭生态型城市群发展对策[J]. 企业家天地下半月刊（理论版），2009（10）：20-21

[51] 姚士谋，陈爽，房国坤，等. 现代生态城市建设与空间布局的若干思路——以科隆与南京城市比较为例[J]. 规划师，2004，20（1）：79-81

[52] 姚士谋，陈振光，吴松，等. 我国城市群区战略规划的关键问题[J]. 经济地理，2008，28（4）：529-534

[53] 姚士谋，管驰明，王书国，等. 我国城市化发展的新特点及其区域空间建设策略[J]. 地球科学进展，2007，22（3）：271-280

[54] 姚士谋，朱英明，陈振光. 中国城市群[M]. 合肥：中国科技大学出版社，2001

[55] 俞孔坚，韩西丽，朱强. 解决城市生态环境问题的生态基础设施途径[J]. 自然资源学报，2007，22（5）：808-816

[56] 俞孔坚，李迪华，潮洛蒙. 城市生态基础设施建设的十大景观战略[J]. 规划师，2001，17（6）：9-17

[57] 俞孔坚，李迪华，李伟. 论大运河区域生态基础设施战略和实施途径[J]. 地理科学进展，2004，23（1）：1-12

[58] 俞孔坚，李迪华，刘海龙，等．基于生态基础设施的城市空间发展格局——“反规划”之台州案例[J].城市规划，2005，29（9）：76-80
[59] 俞孔坚．生物保护的景观生态安全格局[J]．生态学报，1999，19（1）：8-15
[60] 俞孔坚，张蕾．基于生态基础设施的禁建区及绿地系统——以山东菏泽为例 [J]．城市规划，2007，31（12）：89-92
[61] 曾万涛．长株潭城市群研究综述[J]．城市，2008（10）：48-53
[62] 曾勇，沈根祥，黄沈发，等．上海城市生态系统健康评价[J]．长江流域资源与环境，2005，14（2）：208-212
[63] 张帆，郝培尧，梁伊任．生态基础设施概念、理论与方法[J]．贵州社会科学，2007，213（9）：105-109
[64] 张坤民，温宗国，杜斌，等．生态城市评估与指标体系[M]．北京：化学工业出版社，2003
[65] 张利权，陈小华，王海珍．厦门市生态城市建设的空间形态战略规划[J]．复旦学报（自然科学版），2004，43（6）：995-1000
[66] 张林英，周永章，温春阳，等．生态城市建设的景观生态学思考[J]．生态科学，2005，24（3）：273-277
[67] 赵慧霞，吴绍洪，姜鲁光．生态阈值研究进展[J]．生态学报，2007，27（1）：338-345
[68] 赵晓英，陈怀顺，孙成权．恢复生态学——生态恢复的原理与方法[M]．北京：中国环境科学出版社，2001
[69] 赵运林，黄田，李黎武，等.基于GIS空间分析的生态服务功能重要性评价:以长株潭城市群生态绿心地区为例［J］.城市发展研究，2010（11）:中彩页1-4
[70] 赵运林，黄田，曹永卿.一种多用途的隶属度的用地模糊评价方法——以长株潭城市群生态绿心地区为例［J］.城市发展研究，2012（01）：中彩页12-14

[71] 中国科学院中国现代化研究中心编．生态现代化：原理与方法——第五期中国现代化研究论坛论文选集[M]．北京：中国环境科学出版社，2008

[72] 周启星，魏树和，张倩茹．生态修复[M]．北京：中国环境科学出版社，2006

[73] 周宇峰，周国模．斑块边缘效应的研究综述[J]．华东森林地理，2007，21（2）：1-8

[74] 朱强，李迪华，方琬丽．基于生态基础设施的格网城市模式——台州市永宁江中心段城市设计[J]．城市规划，2005，29（9）：81-84

[75] 宗跃光．城市景观生态规划中的廊道效应研究——以北京市区为例[J]．生态学报，1999，19（2）：145-150

[76] 宗跃光．大都市空间扩展的廊道效应与景观结构优化——以北京市区为例[J]．地理研究，1998，17（2）：119-124

[77] 宗跃光．廊道效应与城市景观结构[J]．城市环境与城市生态，1996，9（3）：21-25

[78] 左伟，王桥，王文杰，等．区域生态安全评价指标与标准研究[J]．地理学与国土研究，2002，18（1）：67-71

二、其他参考资料

[1] 中华人民共和国城乡规划法

[2] 中华人民共和国土地管理法

[3] 中华人民共和国环境保护法

[4] 中华人民共和国防洪法

[5] 中华人民共和国水土保持法

[6] 中华人民共和国水污染防治法

[7] 中华人民共和国森林法

[8] 中华人民共和国环境影响评价法

[9] 全国生态示范区建设规划纲要（1996—2050年）

[10] 城乡规划编制办法

[11] 湖南省长株潭城市群区域规划条例

[12] 长株潭城市群区域规划（2008—2020年）

[13] 湖南省3+5城市群城镇体系规划

[14] 长株潭城市群资源节约型和环境友好型社会建设综合配套改革试验总体方案

[15] 长沙市土地利用总体规划（2006—2020年）

[16] 株洲市土地利用总体规划（2006—2020年）

[17] 湘潭市土地利用总体规划（2006—2020年）

[18] 长沙市国民经济和社会发展第十一个五年规划（2006—2010年）

[19] 株洲市国民经济和社会发展第十一个五年规划纲要

[20] 湘潭市国民经济和社会发展第十一个五年规划纲要

[21] 长株潭城市群城际轨道交通网规划（2009—2020年）

[22] 长株潭3+5城市群综合交通体系发展规划（2009—2020年）

[23] 湖南省人民政府办公厅关于长株潭城市群“两型社会”示范区规划编制有关事项的通知

[24] 长株潭城市群生态绿心地区总体规划

[25] 长株潭城市群生态绿心地区发展与建设专题研究

[26] 湘江生态经济带开发建设总体规划

[27] 湖南省“十二五”环长株潭城市群发展规划

[28] 长沙市城市总体规划（2003—2020年）

[29] 株洲市城市总体规划（2006—2020年）

[30] 湘潭市城市总体规划（2008—2020年）

[31] 湖南省环保科技产业园控制性详细规划

[32] 长沙市暮云控制性详细规划

[33] 湘潭市九华新城发展战略规划

[34] 湘潭市九华经济区总体规划

[35] 昭山风景名胜区总体规划

[36] 昭山南片区控制性详细规划

[37] 云田“两型”社会示范区总体规划

附件一　为之于未有 治之于未乱

——长株潭“绿心”赋

历史文化名城省府长沙，工业交通枢纽新城株洲，名人伟人故里古城湘潭，呈品字格局之城市群。濒洞庭，贯湘江，依山傍水，洲岛浮动。赏万山红遍，层林尽染；看漫江碧透，鱼翔浅底，鹰击长空，百舸争流。江山如此多娇，引无数英雄竞折腰。潇湘大地，物华天宝，人杰地灵。我欲因之梦寥廓，芙蓉国里尽朝晖。

哥本哈根大会，打无硝烟战争，保卫地球，保卫所有生灵赖以生存之空间环境。安徒生童话寄望：蓝天白云，春风雨露……长株潭“两型社会”建设，泽被子孙，影响深远，诚为应时顺民之举。

城市发展，生态优先，防止无序蔓延。遵循老子教诲：“为之于未有，治之于未乱”。未雨绸缪，择三市之交，方圆数十里，拟建都市桃花源。打造生态文明样板区、湖湘文化展示区、两型社会创新窗口、城乡统筹试验平台。 故此：

以昭山腹地为核心形成生态枢纽——绿色总汇；

以湘江水系为纽带打造生态长廊——蓝色通衢；

以三城交界之山陵构筑生态壁垒——绿色长城；

以四通八达之交通修建林荫大道——绿色林渠。

城内绿荫覆盖，山塘湖泊，公园林地，星罗棋布；

城外山清水秀，河谷纵横，良田美池，世外桃源。

丘陵盆地交错，青山绿水互融，田园湖泊相依，城镇乡村共荣。湘江碧透，昭山如画；柏加百花争艳，暮云繁荣昌盛；清水塘山环水绕，同升湖生态宜居。环乡村田野，构绿色空间；绕城亲山水，三市卫绿心。乡村包围城市群，城市群中嵌乡村。

以科学发展观为指导；以“两型社会”建设为契机；以节能减排、低碳发展为目标。遵循“保护第一、永续利用、高端占领、共生融合、转型创新”。运用生态枢纽理论，增强绿心生态安全保障能力，确保人与经济、社会、环境可持续发展。

发展是硬道理，环境保护乃关键。力举环保产业，发展生态经济。“天人合一，以人为本。”大自然之物质环境，为人类发展奠定坚实基础。

水乃生命之源。森林植被，肤之护体，山脉水系，气血相行。拦河筑坝，蓄水修闸，水土保持，土生万物。自然之道，得之于天地，而用之于民，其乐无穷。居安思危，山水天候，人文地利，毁之不能再生。

爱绿之心人皆有，绿色主题自永恒。修复山林湿地，保护自然林，扩充野生动物生存环境。择乡土树种、高碳汇群落，景观植被，本土特色，构架植物种群。绿心、绿带、绿环，绿色生活；湘情、湘音、湘韵，情景交融。

网络交通，主次分明，动静结合，快慢分离，人车分流，通达随意，路隐于林。少占良田沃土，无损地形地貌。或穿隧，或高架，曲直自如，因地制宜。

主者：生境保护，禁止开发。维护生物多样性、群落季相性、景观特异性、人文包容性。名胜古迹，遗址墓葬，历史建筑，非物质文化，均需严加保护。倡导生态旅游，体验湖湘文化；生物考察，游山阅水；传经送道，考古探源。

次者：保护优先，限制开发，地偏丘壑，村舍俨然。旅游接待、体育休闲、动漫影视、文化创意。生态村镇，绿色产业，组团格局。荷塘月色，田园风光，桑麻引道，鸡犬迎宾。食农家烟火，识五谷杂粮。

再者：控制建设，城乡结合处，高端占领，适度开发，共生融合。高等教育、博览论坛、中部领事、高新研发。低碳社会，节能减排，碳零排放。

常言道：“无湘不成军”。革命洪流，伟人业绩；湖湘文化，潇湘风情；前人栽树，后人乘凉。踏着先人足迹，弘扬其思想，野蛮其体魄，文明其精神，天地国亲师，佳境自然成。

“夜醉长沙酒，晓行湘水春，岸花飞送客，樯燕语留人”。潇湘大地，千古风韵，生态城市群；具国际品质，明朝更惹人。

2010年1月于益阳

附件二 环长株潭城市群生态绿心地区空间发展战略规划项目组织框图

项目负责人：赵运林

城市设计组

昭山城市设计组
负责人：吕文明
组 员：蒋 刚
文 强
谭文杰
倪 洋
欧 振
李小舟

跳马城市设计组
负责人：邱国潮
组 员：李 胜
唐正君
樊卢丽
文盛宇

地理信息组

负责人：曹永卿
组 员：黄 田
柳树华
马 楠

战略规划组

负责人：汤放华
组 员：赵运林
郑卫民
吕文明
曹永卿
曹扬明
李黎武
文 彤
谭献良
吕贤军
邱国潮
张 强
蒋 刚
李志学
黄 田
彭 华
周 婷
左兰兰
徐 娟

生态环境组

负责人：赵运林
组 员：李黎武
曹永卿
文 彤
阴彦芳
胡小敏
石爱民

专题研究组

产业专题组
负责人：汤腊梅
组 员：尹建中
王 丽
张 晴

新农村建设专题组
负责人：汤放华
组 员：曹永卿
张 强
夏 琳
马 楠

附件三　环长株潭城市群生态绿心地区总体规划项目组织框图

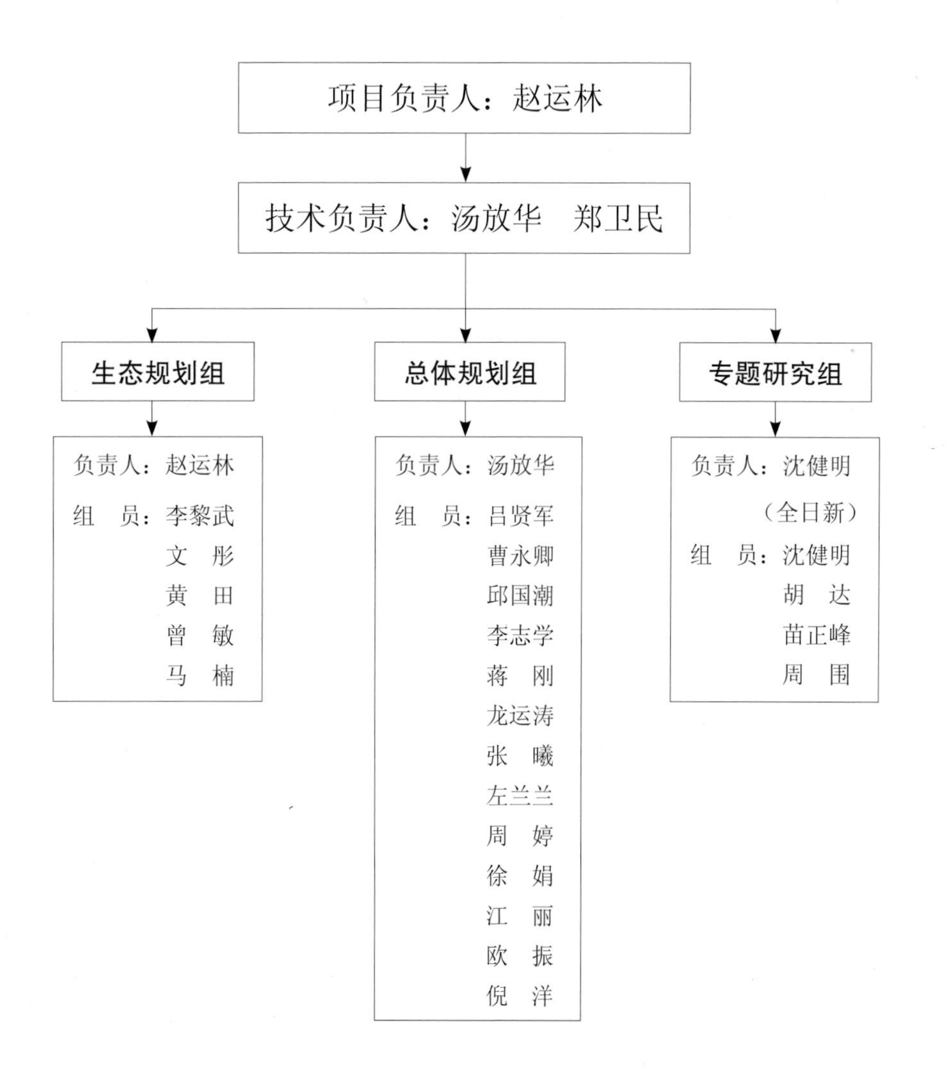